普通高等教育"十一五"规划教材

21世纪大学数学创新教材

丛书主编 陈 化

高 等 数 学
多元微积分学

李书刚 刘汉平 方华强 编

科 学 出 版 社

北 京

版权所有,侵权必究

举报电话:010-64030229;010-64034315;13501151303

内 容 简 介

本书是根据"高等数学教学基本要求",由作者们多年来讲授高等数学课程的讲义整理编写而成的. 全书共分 7 章,分别为向量代数与空间解析几何、多元函数微分法及其应用、重积分、曲线积分、无穷级数、微分方程、数学实验.

本书可作为高等学校教材,也可供考研复习使用.

图书在版编目(CIP)数据

高等数学. 多元微积分学/李书刚,刘汉平,方华强编. —北京:科学出版社,2011.3

普通高等教育"十一五"规划教材. 21 世纪大学数学创新教材
ISBN 978-7-03-030256-4

Ⅰ.①高⋯ Ⅱ.①李⋯ ②刘⋯ ③方⋯ Ⅲ.①高等数学-高等学校-教材 ②微积分-高等学校-教材 Ⅳ.①O13 ②O172

中国版本图书馆 CIP 数据核字(2011)第 021769 号

责任编辑:杨瑰玉 冯桂层/责任校对:王望容
责任印制:彭 超/封面设计:苏 波

科学出版社 出版
北京东黄城根北街 16 号
邮政编码:100717
http://www.sciencep.com

京山德兴印刷有限公司印刷
科学出版社发行 各地新华书店经销

*

2011 年 2 月第 一 版 开本:B5(720×1000)
2011 年 2 月第一次印刷 印张:12 3/4
印数:1—5 000 字数:243 000

定价:**22.80 元**
(如有印装质量问题,我社负责调换)

《21世纪大学数学创新教材》丛书序

《21世纪大学数学创新教材》为大学本科数学系列教材,大致划分为公共数学类、专业数学类两大块,创新是其主要特色和要求.经组编委员会审定,列选普通高等教育"十一五"规划教材.

一、组编机构

《21世纪大学数学创新教材》丛书由多所985和211大学联合组编:

丛书主编 陈 化

常务副主编 樊启斌

副 主 编 吴传生 何 穗 刘安平

丛书编委 (按姓氏笔画为序)

王卫华 王展青 刘安平 严国政 李 星

杨瑞琰 肖海军 吴传生 何 穗 汪晓银

陈 化 罗文强 赵东方 黄樟灿 梅全雄

彭 放 彭斯俊 曾祥金 谢民育 樊启斌

二、教材特色

创新是本套教材的主要特色和要求,创造双重品牌:

先进.把握教改、课改动态和学科发展前沿,学科、课程的先进理念、知识和方法原则上都要写进教材或体现在教材结构及内容中.

知识与方法创新.重点教材、高层次教材,应体现知识、方法、结构、内容等方面的创新,有所建树,有所创造,有所贡献.

教学实践创新.教材适用,教师好教,学生好学,是教材的基本标准.应紧跟和引领教学实践,在教学方法、教材结构、知识组织、详略把握、内容安排上有独到之处.

继承与创新.创新须与继承相结合,是继承基础上的创新;创新须转变为参编者、授课者的思想和行为,避免文化冲突.

三、指导思想

遵循国家教育部高等学校数学与统计学教学指导委员会关于课程教学的基本要求,力求教材体系完整,结构严谨,层次分明,深入浅出,循序渐进,阐述精炼,富有启发性,让学生打下坚实的理论基础.除上述一般性要求外,还应具备下列特点:

(1)恰当融入现代数学的新思想、新观点、新结果,使学生有较新的学术视野.

（2）体现现代数学创新思维,着力培养学生运用现代数学软件的能力,使教材真正成为基于现代数学软件的、将数学软件融合到具体教学内容中的现代精品教材.

（3）在内容取舍、材料组织、叙述方式等方面具有较高水准和自身特色.

（4）数学专业教材要求同步给出重要概念的英文词汇,章末列出中文小结,布置若干道(少量)英文习题,并要求学生用英文解答.章末列出习题和思考题,并列出可进一步深入阅读的文献.书末给出中英文对照名词索引.

（5）公共数学教材具有概括性和简易性,注重强化学生的实验训练和实际动手能力,加强内容的实用性,注重案例分析,提高学生应用数学知识和数学方法解决实际问题的能力.

四、主编职责

丛书组编委员会和出版社确定全套丛书的编写原则、指导思想和编写规范,在这一框架下,每本教材的主编对本书具有明确的责权利:

1. 拟定指导思想

按照丛书的指导思想和特色要求,拟出编写本书的指导思想和编写说明.

2. 明确创新点

教改、课改动态,学科发展前沿,先进理念、知识和方法,如何引入教材;知识和内容创新闪光点及其编写方法;教学实践创新的具体操作;创新与继承的关系把握及其主客体融合.

3. 把握教材质量

质量是图书的生命,保持和发扬科学出版社"三高"、"三严"的传统特色,创出品牌;适用性是教材的生命力所在,应明确读者对象,篇幅要结合大部分学校对课程学时数的要求.

4. 掌握教材编写环节

（1）把握教材编写人员水平,原则上要求博士、副教授以上,有多年课程教学经历,熟悉课程和学科领域的发展状况,有教材编写经验,有扎实的文字功底.

（2）充分注意著作权问题,不侵犯他人著作权.

（3）讨论、拟定教材提纲,并负责编写组的编写分工、协调与组织.

（4）拟就内容简介、前言、目录、样章,统稿、定稿,确定交稿时间.

（5）负责出版事宜,敦促编写组成员使用本教材,并优先选用本系列教材.

《21世纪大学数学创新教材》组编委员会

2009 年 6 月

前　　言

　　本教材是为大学一年级学生继续学习微积分的多元函数部分而编写的。内容包括向量代数与空间解析几何、多元函数微分法及其应用、重积分、曲线积分、无穷级数、微分方程、数学实验等七章。

　　教材的编写充分考虑了高等数学教学的需要,与《高等数学——一元微积分学》配合使用效果很好.增加了数学实验,对培养学生的动手能力十分有益.本书内容安排十分合理,便于自学,也可作为考研复习用书.

　　本教材的编写与出版得到了华中师范大学数学与统计学学院领导的亲切指导与大力支持,公共数学教研室的教师们积极参与了本教材的内容讨论与编写工作.具体执笔的是刘汉平(负责第1～3章)、方华强(负责第4～6章)、李书刚(负责第7章),全书由李书刚统稿.

　　由于编者水平有限,书中难免有缺点和错误,欢迎广大师生批评指正.

编者

2010 年 12 月

目　　录

第1章

向量代数与空间解析几何

空间解析几何是用代数方法来研究空间几何问题的. 我们通过在空间建立直角坐标系, 使得空间的点和三个有序数之间建立一一对应关系, 这样就可以把空间的图形和方程对应起来. 空间解析几何的知识对于我们将要学习的多元函数的微积分来说是不可缺少的.

本章先介绍向量代数, 然后用向量代数作工具研究平面与空间直线, 最后讨论二次曲面.

1.1 向量及其线性运算

1. 向量概念

在物理学中我们所遇到的量, 可以分为两类. 其中一类可以用数值来决定, 如质量、温度、密度、时间等都属于这一类, 叫做**数量**. 另一类的量, 只知道它们的数值大小是不够的, 还需要说明它们的方向, 例如力、速度、加速度等就属于这一类量, 叫做**向量**.

我们通常用一条有向线段 $\overrightarrow{AB}$ 来表示向量, 点 A 称为向量的起点, 点 B 称为向量的终点, 线段 AB 的长度表示向量的大小, 称为**向量 $\overrightarrow{AB}$ 的模**, 记作 $|\overrightarrow{AB}|$, 从起点 A 到终点 B 的方向表示**向量 $\overrightarrow{AB}$ 的方向**(图 1-1).

图 1-1　　　　　　　图 1-2

为简便起见, 常用一个黑体字母表示向量, 如 a, b, c 等等.

模等于零的向量叫做**零向量**, 记作 **0**. 零向量的起点和终点是重合的, 它的方向可以看做是任意的. 模等于 1 的向量叫做**单位向量**.

在数学中, 我们把长度相等且方向相同的向量叫做是**相等**的. 因此, 向量 $\overrightarrow{AB}$ 等于由它经过平行移动而得到的一切向量. 即向量由它的长度和方向完全确定, 而起点的位置可以任意选择. 如图 1-2 所示, $\overrightarrow{AB} = \overrightarrow{CD}$. 这样的向量称为**自由向量**.

2. 向量的线性运算

1) 向量的加减法

如图 1-3 所示,设有两个向量 a 与 b,任取一点 A 作为向量 a 的起点,作 $\overrightarrow{AB} = a$. 再以 B 为起点作 $\overrightarrow{BC} = b$,连接 AC,则向量 $\overrightarrow{AC} = c$ 叫做向量 a,b 的和,记作 $a+b$. 向量 a 加向量 b 构成向量 $a+b$ 的这种作图法,叫做向量相加的**三角形法则**.

图 1-3   图 1-4

以 A 为起点作 $\overrightarrow{AB} = a,\overrightarrow{AD} = b$(图 1-4),以 AB,AD 为邻边作平行四边形 $ABCD$,容易看出,$\overrightarrow{AC} = a+b$,像这样作出 $a+b$ 的方法,叫做向量相加的**平行四边形法则**.

向量的加法满足下列运算规律:

(1) 交换律 $a+b = b+a$;

(2) 结合律 $(a+b)+c = a+(b+c)$.

事实上,由图 1-4 可以看出

$$a+b = \overrightarrow{AB} + \overrightarrow{BC} = \overrightarrow{AC},$$
$$b+a = \overrightarrow{AD} + \overrightarrow{DC} = \overrightarrow{AC},$$

所以满足交换律. 又如图 1-5 所示,

$$(a+b)+c = (\overrightarrow{AB} + \overrightarrow{BC}) + \overrightarrow{CD} = \overrightarrow{AC} + \overrightarrow{CD} = \overrightarrow{AD},$$
$$a+(b+c) = \overrightarrow{AB} + (\overrightarrow{BC} + \overrightarrow{CD}) = \overrightarrow{AB} + \overrightarrow{BD} = \overrightarrow{AD}.$$

这就表明:向量的加法满足结合律.

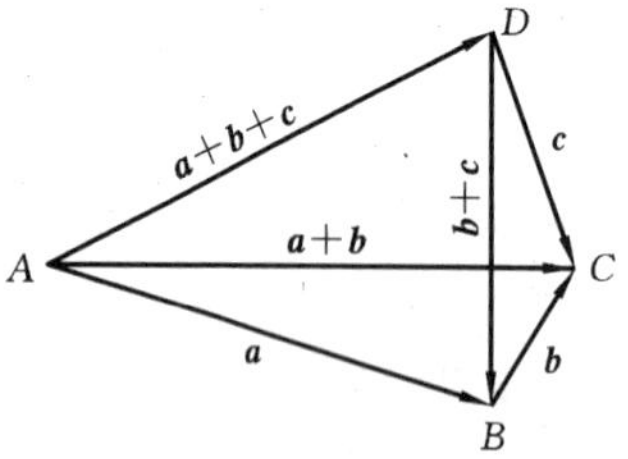

由于向量的加法满足交换律和结合律,因此 n 个向量 $a_1,a_2,\cdots,a_n$ 相加的法则是:总是以前一个向量的终点作为后一个向量的起点,于是它们作成一条折线,以第一个向量的起点为起点,最后一个向量的终点为终点作成的向量就是向量 $a_1 + a_2 + \cdots + a_n$.

图 1-5

对于向量 a,称与它的模相同而方向相反的向量为它的负向量,记作 $-a$. 由三角形法则,可得

$$a+(-a) = 0.$$

在这里,我们规定两个向量 a 与 b 的**差**为

$$b-a = b+(-a).$$

2) 向量与数的乘法

向量 a 与实数 λ 的**乘积**是一个向量,记作 λa:

(1) 当 $\lambda > 0$ 时,λa 的模 $|\lambda a| = \lambda |a|$,$\lambda a$ 的方向与 a 的方向相同.

(2) 当 $\lambda < 0$ 时,λa 的模 $|\lambda a| = |\lambda| |a|$,$\lambda a$ 的方向与 a 的方向相反.

(3) 当 $\lambda = 0$ 时,$0a = \mathbf{0}$,即 $0a$ 为零向量.

由这个定义得到

$$1a = a, \quad (-1)a = -a.$$

向量与数的乘积满足下列运算规律:

(1) 分配律　　$(\lambda + \mu)a = \lambda a + \mu a, \quad \lambda(a + b) = \lambda a + \lambda b;$

(3) 结合律　　$\lambda(\mu a) = \mu(\lambda a) = (\lambda \mu)a.$

向量相加及数乘向量统称为向量的**线性运算**.

如果两个非零向量方向相同或者相反,就称这两个向量**平行**.互相平行的向量叫**共线向量**,共线向量经过平行移动,它们就会落在同一直线上,因此可以用落在一条直线上的向量来表示.设 a 是一非零向量,那么每一个与 a 共线的向量 b 都可以表示成数 λ 与 a 的乘积:$b = \lambda a$,其中 $\lambda = \pm \dfrac{|b|}{|a|}$,当 b 与 a 同向时取正号,反向时取负号.

空间里平行于同一平面的向量叫**共面向量**.它们可以用落在一个平面上的向量来表示.设向量 a, b, c 共面,而向量 b, c 不共线,则向量 a 可以用向量 b, c 来表示.事实上,将它们的起点移到同一点 A,过向量 a 的终点分别作平行于向量 b 和 c 的直线,并设分别交向量 b, c 所在直线于 B, C 两点(图 1-6),则一定存在实数 λ, μ,使得

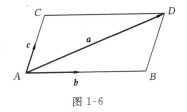

图 1-6

$$a = \lambda b + \mu c.$$

3. 空间直角坐标系

在空间里取交于原点 O 且两两互相垂直的坐标轴 Ox, Oy, Oz,分别叫做 x **轴**（**横轴**）、y **轴**（**纵轴**）、z **轴**（**竖轴**）,它们组成空间直角坐标系,它们的交点 O 叫**坐标原点**.通常把 x 轴和 y 轴置于水平面上,而 z 轴则是铅垂线.三个坐标轴的正向通常符合右手法则,如图 1-7 所示,将右手拇指、食指和中指两两互相垂直地伸开,并用拇指和食指分别指向 x 轴和 y 轴的方向,则中指指向 z 轴的方向.

图 1-7

由 x 轴和 y 轴、y 轴和 z 轴、z 轴和 x 轴组成的平面叫做**坐标平面**,分别叫做 $\boldsymbol{xOy}$ **面**、$\boldsymbol{yOz}$ **面**、$\boldsymbol{zOx}$ **面**. 三个坐标平面把空间分成八个部分,每一部分叫做一个**卦限**. 含有 x 轴、y 轴和 z 轴正半轴的那个卦限叫做**第一卦限**,其他第二、第三、第四卦限在 xOy 面的上方,按逆时针方向旋转而确定. 第五至第八卦限在 xOy 面的下方,第一卦限之下为第五卦限,第二卦限之下为第六卦限,依此类推. 这八个卦限分别用字母 I,II,III,IV,V,VI,VII,VIII 表示(图 1-8).

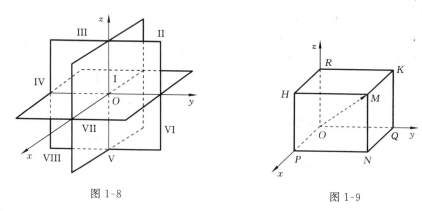

图 1-8　　　　　　　　　　　图 1-9

设向量 $\boldsymbol{i},\boldsymbol{j},\boldsymbol{k}$ 是与 x 轴、y 轴、z 轴正向同向的三个单位向量. 任意给定向量 $\boldsymbol{r}$,由于向量可以平行移动,我们可以把向量 $\boldsymbol{r}$ 的起点移到坐标原点 O,使 $\overrightarrow{OM} = \boldsymbol{r}$. 如图 1-9 所示,以 OM 为对角线,三条坐标轴为棱作长方体 $RHMK\text{-}OPNQ$,有

$$\boldsymbol{r} = \overrightarrow{OM} = \overrightarrow{ON} + \overrightarrow{NM} = \overrightarrow{OP} + \overrightarrow{PN} + \overrightarrow{NM} = \overrightarrow{OP} + \overrightarrow{OQ} + \overrightarrow{OR},$$

设 $\overrightarrow{OP} = x\boldsymbol{i}, \overrightarrow{OQ} = y\boldsymbol{j}, \overrightarrow{OR} = z\boldsymbol{k}$,代入上式得

$$\boldsymbol{r} = \overrightarrow{OM} = x\boldsymbol{i} + y\boldsymbol{j} + z\boldsymbol{k}.$$

上式称为向量 $\boldsymbol{r}$ 的**坐标表示式**. $x\boldsymbol{i},y\boldsymbol{j},z\boldsymbol{k}$ 称为向量 $\boldsymbol{r}$ 沿三个坐标轴方向的**分向量**.

由上面的分析可以看出,给定一个向量 $\boldsymbol{r}$ 就能唯一确定点 M,同时也能唯一确定三个有序实数 x,y,z. 反之,给定三个有序数,按上面的方法,也能唯一确定一个点 M 和向量 $\boldsymbol{r}$. 因此我们可以定义这三个有序数 x,y,z 称为向量 $\boldsymbol{r}$ 的坐标,记作 $\boldsymbol{r} = (x,y,z)$;有序数 x,y,z 也称为点 M 的坐标,记作 $M(x,y,z)$.

由此,我们得到

$$\boldsymbol{i} = (1,0,0), \quad \boldsymbol{j} = (0,1,0), \quad \boldsymbol{k} = (0,0,1).$$

向量 $\boldsymbol{r} = \overrightarrow{OM}$ 称为点 M 关于原点 O 的**向径**. 一个点与该点的向径有着相同的坐标.

下面我们给出一些特殊点的坐标. 坐标原点的坐标为 $(0,0,0)$;x 轴上点的坐标为 $(x,0,0)$;y 轴上点的坐标为 $(0,y,0)$;z 轴上点的坐标为 $(0,0,z)$;xOy 面上点的坐标为 $(x,y,0)$;yOz 面上点的坐标为 $(0,y,z)$;zOx 面上点的坐标为 $(x,0,z)$.

4. 利用坐标作向量的线性运算

定理 1-1　设 $a = (x_1, y_1, z_1)$，$b = (x_2, y_2, z_2)$，λ 为常数，则
$$a \pm b = (x_1 \pm x_2, y_1 \pm y_2, z_1 \pm z_2),$$
$$\lambda a = (\lambda x_1, \lambda y_1, \lambda z_1).$$

证　由向量的运算法则，有
$$\begin{aligned}
a \pm b &= (x_1 i + y_1 j + z_1 k) \pm (x_2 i + y_2 j + z_2 k) \\
&= (x_1 i \pm x_2 i) + (y_1 j \pm y_2 j) + (z_1 k \pm z_2 k) \\
&= (x_1 \pm x_2) i + (y_1 \pm y_2) j + (z_1 \pm z_2) k \\
&= (x_1 \pm x_2, y_1 \pm y_2, z_1 \pm z_2);
\end{aligned}$$
$$\begin{aligned}
\lambda a &= \lambda(x_1 i + y_1 j + z_1 k) \\
&= (\lambda x_1) i + (\lambda y_1) j + (\lambda z_1) k \\
&= (\lambda x_1, \lambda y_1, \lambda z_1).
\end{aligned}$$

推论　两向量 $a = (x_1, y_1, z_1)$ 和 $b = (x_2, y_2, z_2)$ 平行的充要条件是它们的对应坐标成比例，即
$$\frac{x_2}{x_1} = \frac{y_2}{y_1} = \frac{z_2}{z_1}.$$

证　向量 a, b 平行的充要条件是 $b = \lambda a$，这样就有
$$x_2 = \lambda x_1, \quad y_2 = \lambda y_1, \quad z_2 = \lambda z_1.$$
所以
$$\frac{x_2}{x_1} = \frac{y_2}{y_1} = \frac{z_2}{z_1}.$$

例 1-1　设 $a = (1, -1, 2)$，$b = (-2, 3, 2)$，求 $2a + b$.

解
$$\begin{aligned}
2a + b &= 2(1, -1, 2) + (-2, 3, 2) \\
&= (2, -2, 4) + (-2, 3, 2) \\
&= (0, 1, 6).
\end{aligned}$$

例 1-2　在点 $A(x_1, y_1, z_1)$ 和 $B(x_2, y_2, z_2)$ 的连线上求一点 M，使
$$\overrightarrow{AM} = \lambda \overrightarrow{MB},$$
其中实数 $\lambda \neq -1$.

解　如图 1-10 所示，设点 M 的坐标为 (x, y, z)，由于
$$\overrightarrow{OA} = (x_1, y_1, z_1), \quad \overrightarrow{OB} = (x_2, y_2, z_2),$$
$$\overrightarrow{OM} = (x, y, z).$$
所以

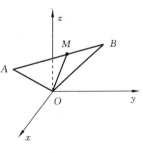

图 1-10

$$\overrightarrow{AM} = \overrightarrow{OM} - \overrightarrow{OA} = (x - x_1, y - y_1, z - z_1),$$

$$\overrightarrow{MB} = \overrightarrow{OB} - \overrightarrow{OM} = (x_2 - x, y_2 - y, z_2 - z).$$

由已知,得

$$(x - x_1, y - y_1, z - z_1) = \lambda(x_2 - x, y_2 - y, z_2 - z).$$

比较式子两边,得

$$x = \frac{x_1 + \lambda x_2}{1 + \lambda}, \quad y = \frac{y_1 + \lambda y_2}{1 + \lambda}, \quad z = \frac{z_1 + \lambda z_2}{1 + \lambda},$$

这就是点 M 的坐标.

本例中的点 M 叫做有向线段 $\overrightarrow{AB}$ 的 λ 分点. 特别地,当 $\lambda = 1$ 时,得线段 AB 的中点为

$$M = \left(\frac{x_1 + x_2}{2}, \frac{y_1 + y_2}{2}, \frac{z_1 + z_2}{2} \right).$$

5. 向量的模、方向角、投影

1) 向量的模与两点间的距离公式

如图 1-9 所示,有

$$\overrightarrow{OM} = \overrightarrow{OP} + \overrightarrow{OQ} + \overrightarrow{OR},$$

$$|\overrightarrow{OM}| = \sqrt{|\overrightarrow{OP}|^2 + |\overrightarrow{OQ}|^2 + |\overrightarrow{OR}|^2}.$$

因为

$$\overrightarrow{OP} = x\boldsymbol{i}, \quad \overrightarrow{OQ} = y\boldsymbol{j}, \quad \overrightarrow{OR} = z\boldsymbol{k},$$

所以

$$|\overrightarrow{OP}| = |x|, \quad |\overrightarrow{OQ}| = |y|, \quad |\overrightarrow{OR}| = |z|,$$

于是

$$|\overrightarrow{OM}| = \sqrt{x^2 + y^2 + z^2}.$$

这就是向量模的坐标表示式.

设有两点 $A(x_1, y_1, z_1)$ 和 $B(x_2, y_2, z_2)$,由于

$$\overrightarrow{AB} = \overrightarrow{OB} - \overrightarrow{OA} = (x_2, y_2, z_2) - (x_1, y_1, z_1)$$

$$= (x_2 - x_1, y_2 - y_1, z_2 - z_1),$$

所以

$$|AB| = |\overrightarrow{AB}| = \sqrt{(x_2 - x_1)^2 + (y_2 - y_1)^2 + (z_2 - z_1)^2}.$$

这就是两点间的距离公式.

例 1-3 求 $A(3, 2, -4)$ 和 $B(0, -2, -1)$ 间的距离.

解 $|AB| = \sqrt{(0-3)^2 + (-2-2)^2 + (-1+4)^2} = \sqrt{34}.$

2) 方向角与方向余弦

我们先来定义两个向量的夹角. 设有两非零向量 a 和 b，任取空间一点 O，作 $\overrightarrow{OA} = a, \overrightarrow{OB} = b, \angle AOB = \varphi$ 称为**向量 a 与 b 的夹角**（图 1-11），这里规定 $0 \leqslant \varphi \leqslant \pi$. 当 a, b 同向时，$\varphi = 0$；当 a, b 反向时，$\varphi = \pi$. 向量 a 与 b 的夹角记作 $\widehat{(a, b)}$ 或 $\widehat{(b, a)}$.

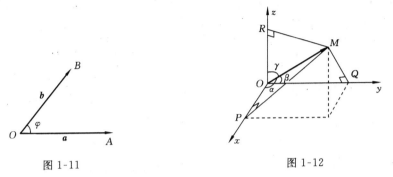

图 1-11　　　　　　　图 1-12

设非零向量 r 与三个坐标轴正向的夹角为 α, β, γ，且规定 $0 \leqslant \alpha, \beta, \gamma \leqslant \pi$（图 1-12），则称 α, β, γ 为非零向量 r 的**方向角**，它们的余弦 $\cos\alpha, \cos\beta, \cos\gamma$ 称为向量 r 的**方向余弦**. 非零向量 r 的方向可用它的方向角或方向余弦来表示.

设向量 $r = \overrightarrow{OM} = (x, y, z)$，则有

$$\cos\alpha = \frac{x}{|r|}, \quad \cos\beta = \frac{y}{|r|}, \quad \cos\gamma = \frac{z}{|r|}.$$

显然有

$$\cos^2\alpha + \cos^2\beta + \cos^2\gamma = 1.$$

这就是说，任一非零向量的方向余弦的平方和等于 1.

由于

$$(\cos\alpha, \cos\beta, \cos\gamma) = \left(\frac{x}{|r|}, \frac{y}{|r|}, \frac{z}{|r|} \right)$$
$$= \frac{1}{|r|}(x, y, z) = e_r,$$

所以非零向量 r 的方向余弦就是向量 r 的单位向量 e_r 的坐标.

例 1-4　已知两点 $M_1(1, -2, 3)$ 和 $M_2(4, 2, -1)$，求向量 $\overrightarrow{M_1M_2}$ 的模与方向余弦.

解　$\overrightarrow{M_1M_2} = (4-1, 2-(-2), -1-3) = (3, 4, -4)$，向量 $\overrightarrow{M_1M_2}$ 的模为

$$|\overrightarrow{M_1M_2}| = \sqrt{3^2 + 4^2 + (-4)^2} = \sqrt{41},$$

向量 $\overrightarrow{M_1M_2}$ 的方向余弦为

$$\cos\alpha = \frac{3}{\sqrt{41}}, \quad \cos\beta = \frac{4}{\sqrt{41}}, \quad \cos\gamma = -\frac{4}{\sqrt{41}}.$$

3) 向量在有向直线上的投影

设 A 为空间一点，l 为有向直线，过 A 点作有向直线 l 的垂直平面交 l 于点 A'，称点 A' 为点 A 在有向直线 l 上的投影(图 1-13). 设 $\overrightarrow{AB}$ 为已知向量，向量的起点 A 和终点 B 在有向直线 l 上的投影分别为点 A' 与点 B'(图 1-14)，称向量 $\overrightarrow{A'B'}$ 为向量 $\overrightarrow{AB}$ 在有向直线 l 上的分向量. 设与向量 $\overrightarrow{A'B'}$ 同向的单位向量为 e，且 $\overrightarrow{A'B'} = \lambda e$，则数 λ 称为**向量 $\overrightarrow{AB}$ 在有向直线 l 上的投影**. 记作

$$\mathrm{Prj}_l \overrightarrow{AB}.$$

按照定义，向量在有向直线上的投影是一个数量，向量 a 在直角坐标系 $Oxyz$ 中的坐标 x, y, z 就是 a 在三条坐标轴上的投影.

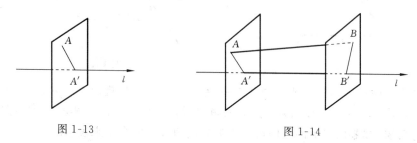

图 1-13　　　　　　　　　　　　　图 1-14

定理 1-2(投影定理)　设向量 $\overrightarrow{AB}$ 与有向直线 l 的夹角为 φ，则向量 $\overrightarrow{AB}$ 在有向直线 l 上的投影等于向量的模乘以夹角 φ 的余弦，即

$$\mathrm{Prj}_l \overrightarrow{AB} = |\overrightarrow{AB}| \cos\varphi.$$

定理证明略去.

习　题　1.1

1. 三个坐标平面将空间分成八个卦限，试确定每个卦限内点的坐标的符号.

2. 设 $a = 2i + 4j - 5k, b = i + 2j + 3k$，求 $a + b$ 和 $2a - b$.

3. 求点 (a, b, c) 分别关于各坐标面、各坐标轴、坐标原点的对称点的坐标.

4. 过点 $P_0(x_0, y_0, z_0)$ 分别作平行于 z 轴的直线和平行于 xOy 面的平面，问在它们上面的点的坐标各有什么特点？

5. 已知向量 $a = (-4, 7, 5)$，它的终点是 $(0, 4, 2)$，求它的起点.

6. 求与向量 $a = (6, 7, -6)$ 同向的单位向量.

7. 求点 $M(4, -3, 5)$ 到各坐标轴的距离.

8. 用向量方法证明三角形两边中点连线平行于第三边，且其长等于第三边的一半.

9. 试证明以三点 $A(4, 1, 9), B(10, -1, 6), C(2, 4, 3)$ 为顶点的三角形是等腰直角三角形.

10. 设已知两点 $M_1(4,\sqrt{2},1)$ 和 $M_2(3,0,2)$,计算向量 $\overrightarrow{M_1M_2}$ 的模、方向余弦和方向角.

11. x,z 为何值时,向量 $a=(-1,4,z)$ 与 $b=(x,-8,6)$ 平行.

12. 已知向量 r 与各坐标轴成相等的锐角,如果 $|r|=\sqrt{3}$,求 r 的坐标.

13. 已知一向量与 x 轴、y 轴的夹角相等,而与 z 轴的夹角是前者的两倍,求这向量的方向余弦.

14. 设 $m=2i+3j+k,n=3i+4j-3k,p=5i+j-7k$,求向量 $a=2m+n-3p$ 在 y 轴上的投影及在 z 轴上的分向量.

1.2　　数量积　　向量积　　混合积

1. 两向量的数量积

定义 1-1　　设 a 与 b 是两个非零向量,它们的夹角为 θ,则称数量 $|a||b|\cos\theta$ 为向量 a 与向量 b 的**数量积**(也称内积或点积),记作 $a \cdot b$,即

$$a \cdot b = |a||b|\cos\theta.$$

如果 a 或 b 是零向量,则规定 $a \cdot b = 0$.

设 a 为非零向量,由于 $|b|\cos\theta$ 是向量 b 在向量 a 的方向上的投影,因此有

$$a \cdot b = |a|\,\mathrm{Prj}_a b,$$

同理,当 b 为非零向量时有

$$a \cdot b = |b|\,\mathrm{Prj}_b a.$$

即两向量的数量积等于其中一个向量的模乘以另一个向量在这个向量上的投影.

由数量积的定义可得

(1) $a \cdot a = |a|^2$.

上式成立是因为 $\theta=0$,有

$$a \cdot a = |a|^2\cos 0 = |a|^2.$$

(2) 对两个非零向量 a 和 b,如果 $a \cdot b = 0$,则向量 a 与 b 垂直;反之,若 a 与 b 垂直,则 $a \cdot b = 0$.

这是因为若 $a \cdot b = 0$,由于 $|a|\neq 0$,$|b|\neq 0$,所以 $\cos\theta=0$,从而 $\theta=\dfrac{\pi}{2}$,即 a 与 b 垂直;反之,若 a 与 b 垂直,则 $\theta=\dfrac{\pi}{2}$,$\cos\theta=0$,有 $a \cdot b = 0$.

向量的数量积符合下列运算规律:

(1) 交换律　　$a \cdot b = b \cdot a$;

(2) 分配律　　$a \cdot (b+c) = a \cdot b + a \cdot c$;

(3) 结合律　　$\lambda(a \cdot b) = (\lambda a) \cdot b = a \cdot (\lambda b)$.

下面给出数量积的坐标表示式.

设 $a = a_x i + a_y j + a_z k, b = b_x i + b_y j + b_z k$,则有

$$
\begin{aligned}
a \cdot b &= (a_x i + a_y j + a_z k) \cdot (b_x i + b_y j + b_z k) \\
&= a_x i \cdot (b_x i + b_y j + b_z k) + a_y j \cdot (b_x i + b_y j + b_z k) \\
&\quad + a_z k \cdot (b_x i + b_y j + b_z k) \\
&= a_x b_x i \cdot i + a_x b_y i \cdot j + a_x b_z i \cdot k \\
&\quad + a_y b_x j \cdot i + a_y b_y j \cdot j + a_y b_z j \cdot k \\
&\quad + a_z b_x k \cdot i + a_z b_y k \cdot j + a_z b_z k \cdot k.
\end{aligned}
$$

考虑到 i, j, k 互相垂直,有 $i \cdot j = 0, j \cdot k = 0, k \cdot i = 0$. 又由于 i, j, k 都是单位向量,因此 $i \cdot i = 1, j \cdot j = 1, k \cdot k = 1$. 这样,就有

$$
a \cdot b = a_x b_x + a_y b_y + a_z b_z.
$$

当 a, b 都是非零向量时,有

$$
\cos\theta = \frac{a \cdot b}{|a||b|},
$$

因此,两非零向量 a 与 b 的夹角余弦的坐标表示式为

$$
\cos\theta = \frac{a_x b_x + a_y b_y + a_z b_z}{\sqrt{a_x^2 + a_y^2 + a_z^2}\ \sqrt{b_x^2 + b_y^2 + b_z^2}}.
$$

由上式得到两个非零向量 a, b 垂直的充要条件是

$$
a_x b_x + a_y b_y + a_z b_z = 0.
$$

例 1-5 质点在力 $F = 5i - 3j - 2k$ 的作用下,由 $A(2,1,3)$ 移动到 $B(4,-1,5)$,求 F 所做的功 w.

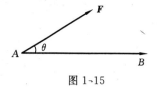

图 1-15

解 如图 1-15 所示,质点在力 F 的作用下产生位移 $\overrightarrow{AB}$ 时,力 F 所做的功为

$$
\begin{aligned}
w &= |\overrightarrow{AB}|(|F|\cos\theta) = F \cdot \overrightarrow{AB} \\
&= (5, -3, -2) \cdot (2, -2, 2) \\
&= 12.
\end{aligned}
$$

例 1-6 已知三点 $A(1,1,1), B(2,2,1)$ 和 $C(2,1,2)$,求向量 $\overrightarrow{AB}$ 与 $\overrightarrow{AC}$ 的夹角.

解 $\overrightarrow{AB} = (1,1,0), \overrightarrow{AC} = (1,0,1)$,因此,$\overrightarrow{AB}$ 与 $\overrightarrow{AC}$ 的夹角余弦为

$$
\begin{aligned}
\cos\theta &= \frac{\overrightarrow{AB} \cdot \overrightarrow{AC}}{|\overrightarrow{AB}||\overrightarrow{AC}|} \\
&= \frac{1 \cdot 1 + 1 \cdot 0 + 0 \cdot 1}{\sqrt{1^2 + 1^2 + 0^2}\ \sqrt{1^2 + 0^2 + 1^2}} \\
&= \frac{1}{2},
\end{aligned}
$$

则 $\theta = \dfrac{\pi}{3}$.

2. 两向量的向量积

定义 1-2　设 a 与 b 是两个非零向量,它们的夹角为 θ,a 与 b 的**向量积**是一个向量,记作 $a \times b$,它的模为

$$|a \times b| = |a||b|\sin\theta,$$

它的方向垂直于 a,b 确定的平面,且使得 a,b,$a \times b$ 形成右手系(图 1-16).

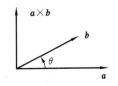

图 1-16

若 a 或 b 是零向量,则规定

$$a \times b = 0.$$

向量积也称为**外积**或**叉积**.

由向量积的定义可得:

(1) $a \times a = 0$.

显然,$(\widehat{a,a}) = 0$,有 $|a \times a| = |a|^2 \sin 0 = 0$.

(2) 对于两个非零向量 a 与 b,若 $a \times b = 0$,则 $a /\!/ b$;反之,若 $a /\!/ b$,则 $a \times b = 0$.

事实上,若 $a \times b = 0$,由于 $|a| \neq 0$,$|b| \neq 0$,一定有 $\sin\theta = 0$,即 $\theta = 0$ 或 π,故 $a /\!/ b$;反之,若 $a /\!/ b$,则一定有 $\theta = 0$ 或 π,就有 $|a \times b| = 0$,故 $a \times b = 0$.

向量积符合下列运算法则:

(1) $a \times b = -b \times a$.

这是因为 a,b,$a \times b$ 及 b,a,$b \times a$ 形成右手系,如图 1-16 所示,$a \times b$ 和 $b \times a$ 方向相反.

(2) 分配律　$(a + b) \times c = a \times c + b \times c$.

(3) 结合律　$\lambda(a \times b) = (\lambda a) \times b = a \times (\lambda b)$.

下面给出向量积的坐标表示式. 设

$$a = a_x i + a_y j + a_z k,\quad b = b_x i + b_y j + b_z k,$$

则有

$$\begin{aligned}
a \times b &= (a_x i + a_y j + a_z k) \times (b_x i + b_y j + b_z k)\\
&= a_x i \times (b_x i + b_y j + b_z k)\\
&\quad + a_y j \times (b_x i + b_y j + b_z k)\\
&\quad + a_z k \times (b_x i + b_y j + b_z k).
\end{aligned}$$

注意到 $i \times i = j \times j = k \times k = 0$,$i \times j = k$,$j \times k = i$,$k \times i = j$,则有

$$\boldsymbol{a}\times\boldsymbol{b}=(a_yb_z-a_zb_y)\boldsymbol{i}+(a_zb_x-a_xb_z)\boldsymbol{j}+(a_xb_y-a_yb_x)\boldsymbol{k}.$$

为了方便记忆，上式可写成三阶行列式的形式

$$\boldsymbol{a}\times\boldsymbol{b}=\begin{vmatrix} \boldsymbol{i} & \boldsymbol{j} & \boldsymbol{k} \\ a_x & a_y & a_z \\ b_x & b_y & b_z \end{vmatrix}.$$

例 1-7 求作用在点 P 的力 $\boldsymbol{F}$ 关于点 O 的力矩(图 1-17).

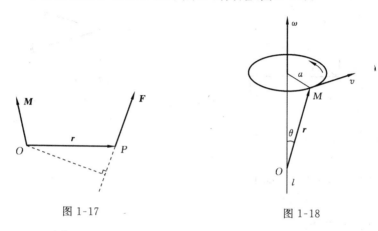

图 1-17　　　　　　　图 1-18

解 设 $\boldsymbol{r}=\overrightarrow{OP}$，则 $\boldsymbol{F}$ 关于点 O 的力矩可以表示成垂直于 $\boldsymbol{F}$ 和 $\boldsymbol{r}$ 的向量 $\boldsymbol{M}$，即

$$\boldsymbol{M}=\boldsymbol{r}\times\boldsymbol{F}.$$

它的长度 $|\boldsymbol{M}|=|\boldsymbol{F}||\boldsymbol{r}|\sin\theta$ 等于力 $\boldsymbol{F}$ 的大小 $|\boldsymbol{F}|$ 乘以点 O 到力 $\boldsymbol{F}$ 的作用线的垂直距离 $|\boldsymbol{r}|\sin\theta$.

例 1-8 设刚体以等角速度 ω 绕 l 轴旋转，求刚体上一点 M 的线速度(图 1-18).

解 设 M 到旋转轴 l 的距离为 a，在 l 轴上取定一点 O，作向量 $\boldsymbol{r}=\overrightarrow{OM}$，$\theta$ 表示 $\boldsymbol{\omega}$ 与 $\boldsymbol{r}$ 的夹角，那么

$$a=|\boldsymbol{r}|\sin\theta.$$

设线速度为 $\boldsymbol{v}$，则 $\boldsymbol{v}$ 的大小为

$$|\boldsymbol{v}|=|\boldsymbol{\omega}|a=|\boldsymbol{\omega}||\boldsymbol{r}|\sin\theta$$

$\boldsymbol{v}$ 的方向垂直于通过 M 点与 l 轴的平面，即 $\boldsymbol{v}$ 垂直于 $\boldsymbol{\omega}$ 与 $\boldsymbol{r}$，即 $\boldsymbol{\omega},\boldsymbol{r},\boldsymbol{v}$ 构成右手系，则有

$$\boldsymbol{v}=\boldsymbol{\omega}\times\boldsymbol{r}.$$

例 1-9 已知 $\boldsymbol{a}=(3,1,-2),\boldsymbol{b}=(-2,-3,1)$，求 $\boldsymbol{a}\times\boldsymbol{b}$.

解 $\boldsymbol{a}\times\boldsymbol{b}=\begin{vmatrix} \boldsymbol{i} & \boldsymbol{j} & \boldsymbol{k} \\ 3 & 1 & -2 \\ -2 & -3 & 1 \end{vmatrix}=-5\boldsymbol{i}+\boldsymbol{j}-7\boldsymbol{k}.$

例 1-10 求顶点是 $A(1,-1,0),B(2,1,-1),C(-1,1,2)$ 的三角形的面积.

解　$\overrightarrow{AB} = (2-1)\boldsymbol{i} + (1+1)\boldsymbol{j} + (-1-0)\boldsymbol{k} = \boldsymbol{i} + 2\boldsymbol{j} - \boldsymbol{k}$,

　　$\overrightarrow{AC} = (-1-1)\boldsymbol{i} + (1+1)\boldsymbol{j} + (2-0)\boldsymbol{k} = -2\boldsymbol{i} + 2\boldsymbol{j} + 2\boldsymbol{k}$,

因此

$$\overrightarrow{AB} \times \overrightarrow{AC} = \begin{vmatrix} \boldsymbol{i} & \boldsymbol{j} & \boldsymbol{k} \\ 1 & 2 & -1 \\ -2 & 2 & 2 \end{vmatrix} = 6\boldsymbol{i} + 6\boldsymbol{k},$$

$\triangle ABC$ 的面积为

$$\frac{1}{2} \left| \overrightarrow{AB} \times \overrightarrow{AC} \right| = \frac{1}{2} \sqrt{6^2 + 6^2} = 3\sqrt{2}.$$

3. 向量的混合积

定义 1-3　已知三个向量 $\boldsymbol{a}, \boldsymbol{b}, \boldsymbol{c}$,称 $\boldsymbol{a} \cdot (\boldsymbol{b} \times \boldsymbol{c})$ 为向量 $\boldsymbol{a}, \boldsymbol{b}, \boldsymbol{c}$ 的**混合积**.

下面给出三向量的混合积的坐标表示式.

设 $\boldsymbol{a} = (a_x, a_y, a_z), \boldsymbol{b} = (b_x, b_y, b_z), \boldsymbol{c} = (c_x, c_y, c_z)$,因为

$$\begin{aligned} \boldsymbol{b} \times \boldsymbol{c} &= \begin{vmatrix} \boldsymbol{i} & \boldsymbol{j} & \boldsymbol{k} \\ b_x & b_y & b_z \\ c_x & c_y & c_z \end{vmatrix} \\ &= \begin{vmatrix} b_y & b_z \\ c_y & c_z \end{vmatrix} \boldsymbol{i} - \begin{vmatrix} b_x & b_z \\ c_x & c_z \end{vmatrix} \boldsymbol{j} + \begin{vmatrix} b_x & b_y \\ c_x & c_y \end{vmatrix} \boldsymbol{k}, \end{aligned}$$

所以

$$\boldsymbol{a} \cdot (\boldsymbol{b} \times \boldsymbol{c}) = a_x \begin{vmatrix} b_y & b_z \\ c_y & c_z \end{vmatrix} - a_y \begin{vmatrix} b_x & b_z \\ c_x & c_z \end{vmatrix} + a_z \begin{vmatrix} b_x & b_y \\ c_x & c_y \end{vmatrix},$$

写成行列式的形式,得

$$\boldsymbol{a} \cdot (\boldsymbol{b} \times \boldsymbol{c}) = \begin{vmatrix} a_x & a_y & a_z \\ b_x & b_y & b_z \\ c_x & c_y & c_z \end{vmatrix}.$$

混合积有如下性质:

(1) $\boldsymbol{a}, \boldsymbol{b}, \boldsymbol{c}$ 共面的充要条件是 $\boldsymbol{a} \cdot (\boldsymbol{b} \times \boldsymbol{c}) = 0$.

事实上,因为

$$\boldsymbol{a} \cdot (\boldsymbol{b} \times \boldsymbol{c}) = |\boldsymbol{a}| |\boldsymbol{b} \times \boldsymbol{c}| \cos\theta,$$

这里 θ 是 $\boldsymbol{a}$ 与 $\boldsymbol{b} \times \boldsymbol{c}$ 的夹角. 如果 $\boldsymbol{a} \cdot (\boldsymbol{b} \times \boldsymbol{c}) = 0$,必有 $\boldsymbol{b} \times \boldsymbol{c} = \boldsymbol{0}$ 或 $\boldsymbol{a} = \boldsymbol{0}$ 或 $\cos\theta = 0$. 反之亦然. 如果 $\cos\theta = 0$,则 $\theta = \dfrac{\pi}{2}$,$\boldsymbol{a}$ 垂直于 $\boldsymbol{b} \times \boldsymbol{c}$,即它们共面;若 $\boldsymbol{b} \times \boldsymbol{c} = \boldsymbol{0}$,即 $\boldsymbol{b}, \boldsymbol{c}$ 共线,则 $\boldsymbol{a}, \boldsymbol{b}, \boldsymbol{c}$ 共面;若 $\boldsymbol{a} = \boldsymbol{0}$,则 $\boldsymbol{a}, \boldsymbol{b}, \boldsymbol{c}$ 也共面.

由性质(1)和混合积的坐标表示式,得 $\boldsymbol{a}, \boldsymbol{b}, \boldsymbol{c}$ 共面的充要条件是

$$\begin{vmatrix} a_x & a_y & a_z \\ b_x & b_y & b_z \\ c_x & c_y & c_z \end{vmatrix} = 0.$$

如果 a,b,c 不共面,将它们的起点移到一起,它们之间的位置关系有两种可能,成右手系或左手系(图 1-19).

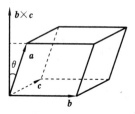 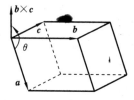

图 1-19

(2) 混合积

$$a \cdot (b \times c) = \begin{cases} V, & \text{当 } a,b,c \text{ 成右手系时;} \\ -V, & \text{当 } a,b,c \text{ 成左手系时.} \end{cases}$$

其中 V 是以 a,b,c 为棱的平行六面体的体积(图 1-19).

这是因为

$$a \cdot (b \times c) = |a| |b \times c| \cos\theta,$$

θ 是 a 与 $b \times c$ 的夹角.考察以 a,b,c 为棱构成的平行六面体,可知

$$|b \times c| = \text{这个平行六面体的底面积.}$$

而 $|a| \cos\theta$ 是 a 在 $b \times c$ 上的投影,由于 $b \times c$ 垂直于 b,c 所在的平面,因此当 $a,b,$ c 成右手系时,$|a| \cos\theta$ 为平行六面体的高;当 a,b,c 成左手系时,$|a| \cos\theta$ 为平行六面体高的相反数.故性质(2)成立.

由上面的分析我们可以得出

$$a \cdot (b \times c) = b \cdot (c \times a) = c \cdot (a \times b).$$

习 题 1.2

1. 设 $a = (3,-1,2)$, $b = (1,2,-1)$,求:

(1) $a \cdot b$ 及 $a \times b$;

(2) $(-2a) \cdot 3b$ 及 $a \times 2b$;

(3) a,b 的夹角的余弦.

2. 设 $a = 3i+j-k$, $b = 2i+j-2k$,求 b 在 a 上的投影.

3. 证明 $(a+b) \cdot (a-b) = a \cdot a - b \cdot b$.

4. 已知 $M_1(1,-1,2)$, $M_2(3,3,1)$ 和 $M_3(3,1,3)$. 求与 $\overrightarrow{M_1M_2}$, $\overrightarrow{M_2M_3}$ 同时垂直

的单位向量.

5. 求同时垂直于 $\boldsymbol{a} = (3,6,8)$ 与 x 轴的单位向量.

6. 有一个 10^{-3} 牛的力作用在一物体上,力的方向余弦为 $\left(\dfrac{1}{2}, \dfrac{1}{2}, \dfrac{\sqrt{2}}{2}\right)$,求这个力使物体从点 $P(1,2,0)$ 沿直线运动到点 $Q(2,5,3\sqrt{2})$ 所做的功.

7. 设 $\boldsymbol{a} = (3,5,-2)$,$\boldsymbol{b} = (2,1,4)$,问 λ 与 μ 有怎样的关系,能使得 $\lambda\boldsymbol{a} + \mu\boldsymbol{b}$ 与 z 轴垂直?

8. 设 S 是以 $\boldsymbol{a}$,$\boldsymbol{b}$ 为邻边的平行四边形的面积,证明
$$S^2 = (\boldsymbol{a} \cdot \boldsymbol{a})(\boldsymbol{b} \cdot \boldsymbol{b}) - (\boldsymbol{a} \cdot \boldsymbol{b})^2.$$

9. 已知 $\overrightarrow{AB} = \boldsymbol{i} + 3\boldsymbol{k}$,$\overrightarrow{AC} = \boldsymbol{j} + 3\boldsymbol{k}$,求 $\triangle ABC$ 的面积.

10. 试用向量证明不等式:
$$\sqrt{a_1^2 + a_2^2 + a_3^2}\ \sqrt{b_1^2 + b_2^2 + b_3^2} \geqslant |\, a_1b_1 + a_2b_2 + a_3b_3 \,|,$$
其中 $a_1, a_2, a_3, b_1, b_2, b_3$ 为任意实数. 并指出等号成立的条件.

1.3 平面及其方程

在这一节里,将以向量代数为工具,建立平面的方程.

1. 平面的点法式方程

我们知道,过空间一点能作且只能作一个平面垂直于一已知直线,因此,一个平面的位置都可由它所通过的一点和垂直于它的一个向量(非零向量)来确定. 这个向量叫做这个平面的**法向量**. 法向量不是唯一的,因为任何一个与该平面垂直的非零向量都是这个平面的一个法向量. 下面我们来建立平面的方程.

设 $P_0(x_0, y_0, z_0)$ 是平面上的一个已知点,$\boldsymbol{n} = (A, B, C)$ 是平面的一个法向量,又设 $P(x, y, z)$ 是平面上的任一点(图 1-20),则向量 $\overrightarrow{P_0P}$ 必与 $\boldsymbol{n}$ 垂直,于是
$$\overrightarrow{P_0P} \cdot \boldsymbol{n} = 0,$$
由于 $\overrightarrow{P_0P} = (x - x_0, y - y_0, z - z_0)$,所以有
$$A(x - x_0) + B(y - y_0) + C(z - z_0) = 0. \quad (1\text{-}1)$$
这就是过点 $P_0(x_0, y_0, z_0)$,法向量为 $\boldsymbol{n} = (A, B, C)$ 的平面方程,方程(1-1)称为**平面的点法式方程**.

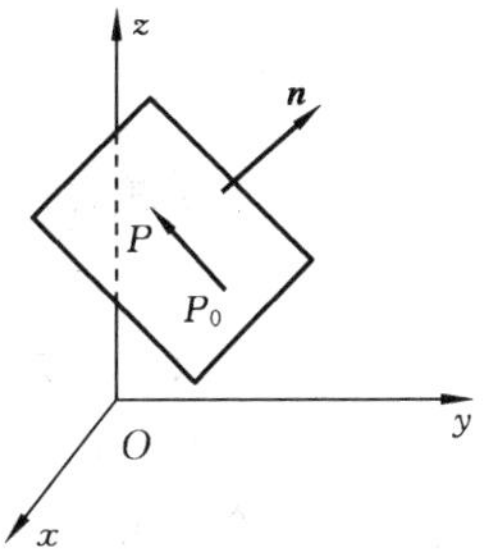

图 1-20

例 1-11 求过点 $(1, -2, 1)$ 且以 $\boldsymbol{n} = (2, -4, 3)$ 为法向量的平面方程.

解 由平面的点法式方程(1-1)得所求平面方程为

$$2(x-1)-4(y+2)+3(z-1)=0,$$

即

$$2x-4y+3z-13=0.$$

例 1-12 求过三点 $P_1(1,1,0)$, $P_2(0,3,1)$, $P_3\left(\dfrac{3}{2},0,2\right)$ 的平面方程.

解 所求平面过点 $P_1(1,1,0)$, 平面的法向量 $\boldsymbol{n}$ 与向量 $\overrightarrow{P_1P_2}\times\overrightarrow{P_1P_3}$ 平行, 因为

$$\overrightarrow{P_1P_2}=-\boldsymbol{i}+2\boldsymbol{j}+\boldsymbol{k}, \quad \overrightarrow{P_1P_3}=\frac{1}{2}\boldsymbol{i}-\boldsymbol{j}+2\boldsymbol{k},$$

所以

$$\overrightarrow{P_1P_2}\times\overrightarrow{P_1P_3}=\begin{vmatrix} \boldsymbol{i} & \boldsymbol{j} & \boldsymbol{k} \\ -1 & 2 & 1 \\ \dfrac{1}{2} & -1 & 2 \end{vmatrix}=5\boldsymbol{i}+\frac{5}{2}\boldsymbol{j}=\frac{5}{2}(2\boldsymbol{i}+\boldsymbol{j}).$$

现可取 $\boldsymbol{n}=2\boldsymbol{i}+\boldsymbol{j}$, 故所求平面方程为

$$2(x-1)+(y-1)=0,$$

即

$$2x+y-3=0.$$

2. 平面的一般方程

平面的点法式方程(1-1)是一个三元一次方程. 由上面的讨论知, 任一平面都可用一个三元一次方程来表示.

反过来, 任一关于 x,y,z 的一次方程是否都表示平面呢?

设有三元一次方程

$$Ax+By+Cz+D=0, \tag{1-2}$$

任取方程(1-2)的一组解 x_0,y_0,z_0, 即

$$Ax_0+By_0+Cz_0+D=0, \tag{1-3}$$

将方程(1-2)减去方程(1-3), 得

$$A(x-x_0)+B(y-y_0)+C(x-x_0)=0. \tag{1-4}$$

方程(1-4)表示过点 (x_0,y_0,z_0) 且法向量为 (A,B,C) 的平面. 因此, 任一三元一次方程(1-2)对应的图形总是一个平面(方程(1-4)与方程(1-2)同解). 方程(1-2)称为**平面的一般方程**. 方程(1-2)中 x,y,z 的系数就是该平面的一个法向量 $\boldsymbol{n}$ 的坐标, 即 $\boldsymbol{n}=(A,B,C)$.

注意, 在方程(1-2)中, 系数 A,B,C 不能全为零. 下面我们针对常数 A,B,C, D 进行讨论.

当 $D=0$ 时, 方程(1-2)变为 $Ax+By+Cz=0$, 可以看出, 平面过原点.

当 $A = 0$ 时,方程(1-2)变为 $Bx + Cz + D = 0$,平面的法向量 $\boldsymbol{n} = (0, B, C)$,$\boldsymbol{n}$ 与 x 轴垂直,平面与 x 轴平行. 同样,当 $B = 0$ 或 $C = 0$ 时,有类似结论.

当 $A = B = 0$ 时,方程(1-2)变为 $Cz + D = 0$,平面的法向量 $\boldsymbol{n} = (0, 0, C)$,$\boldsymbol{n}$ 垂直于 xOy 平面,平面平行于 xOy 面. 同样,当 $B = C = 0$ 或 $A = C = 0$ 时,有类似结论.

例 1-13　试用平面的一般方程求解本节例 1-12.

解　设所求平面方程为
$$Ax + By + Cz + D = 0,$$
因为 P_1, P_2, P_3 三点在平面上,将它们代入方程,得
$$\begin{cases} A + B + D = 0, \\ 3B + C + D = 0, \\ \dfrac{3}{2}A + 2C + D = 0, \end{cases}$$
解方程组,得
$$A = 2B, \quad C = 0, \quad D = -3B.$$
令 $B = 1$,得
$$A = 2, \quad B = 1, \quad C = 0, \quad D = -3.$$
则所求平面方程为
$$2x + y - 3 = 0.$$

在本例中,若 P_1, P_2, P_3 的坐标分别为 $(a, 0, 0)$,$(0, b, 0)$,$(0, 0, c)$,将这三点的坐标分别代入方程(1-2),就可得到平面的方程为(其中 $a \neq 0, b \neq 0, c \neq 0$)
$$\frac{x}{a} + \frac{y}{b} + \frac{z}{c} = 1. \tag{1-5}$$
方程(1-5)叫做**平面的截距式方程**,而 a, b, c 依次叫做平面在 x, y, z 轴上的**截距**(图 1-21).

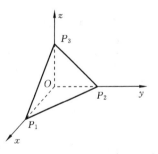

图 1-21

3. 两平面的夹角

两平面的法向量的夹角(通常指锐角)称为**两平面的夹角**.

设两平面的方程分别为
$$A_1 x + B_1 y + C_1 z + D_1 = 0,$$
$$A_2 x + B_2 y + C_2 z + D_2 = 0.$$
它们的法向量分别为
$$\boldsymbol{n}_1 = (A_1, B_1, C_1), \quad \boldsymbol{n}_2 = (A_2, B_2, C_2).$$

17

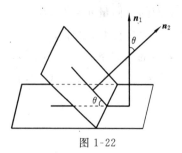

图 1-22

如图 1-22 所示，两平面的夹角的余弦为

$$\cos\theta = \frac{|A_1A_2 + B_1B_2 + C_1C_2|}{\sqrt{A_1^2 + B_1^2 + C_1^2}\sqrt{A_2^2 + B_2^2 + C_2^2}}.$$

$$(1\text{-}6)$$

例 1-14　求两平面 $2x - y + z - 6 = 0, x + y + 2z - 5 = 0$ 的夹角.

解　两平面的法向量分别为

$$\boldsymbol{n}_1 = (2, -1, 1), \quad \boldsymbol{n}_2 = (1, 1, 2).$$

由公式(1-6)有

$$\cos\theta = \frac{|2\times1 + (-1)\times1 + 1\times2|}{\sqrt{2^2 + (-1)^2 + 1^2}\sqrt{1^2 + 1^2 + 2^2}} = \frac{1}{2},$$

因此，两平面的夹角为 $\theta = \dfrac{\pi}{3}$.

由于两平面平行相当于两平面的法向量平行，两平面垂直相当于两平面的法向量垂直，因此，就有

(1) 两平面平行的充要条件是

$$\frac{A_1}{A_2} = \frac{B_1}{B_2} = \frac{C_1}{C_2}.$$

(2) 两平面垂直的充要条件是

$$A_1A_2 + B_1B_2 + C_1C_2 = 0.$$

例 1-15　求过点 $(1, -1, 3)$ 且平行于平面 $x - 2y + 3z - 5 = 0$ 的平面方程.

解　平面 $x - 2y + 3z - 5 = 0$ 的法向量为 $\boldsymbol{n} = (1, -2, 3)$，因所求平面与已知平面平行，故所求平面的法向量也是 $\boldsymbol{n} = (1, -2, 3)$. 由点法式方程(1-1)得所求平面方程为

$$(x - 1) - 2(y + 1) + 3(z - 3) = 0,$$

即
$$x - 2y + 3z - 12 = 0.$$

例 1-16　设平面方程为 $Ax + By + Cz + D = 0$，求平面外一点 $P_0(x_0, y_0, z_0)$ 到该平面的距离.

解　设 $P_1(x_1, y_1, z_1)$ 是平面上任意点，则有

$$Ax_1 + By_1 + Cz_1 + D = 0.$$

作向量(图 1-23)

$$\overrightarrow{P_1P_0} = (x_0 - x_1)\boldsymbol{i} + (y_0 - y_1)\boldsymbol{j} + (z_0 - z_1)\boldsymbol{k},$$

则它在该平面的法向量上的投影的绝对值等于点 P_0 到该平面的距离，即

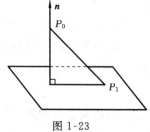

图 1-23

$$d = \frac{|\overrightarrow{P_1P_0} \cdot \boldsymbol{n}|}{|\boldsymbol{n}|}$$

$$= \frac{|A(x_0 - x_1) + B(y_0 - y_1) + C(z_0 - z_1)|}{\sqrt{A^2 + B^2 + C^2}}$$

$$= \frac{|Ax_0 + By_0 + Cz_0 + D|}{\sqrt{A^2 + B^2 + C^2}}. \tag{1-7}$$

例如,求点 $P(2,3,-4)$ 到平面 $x + 2y + 2z + 13 = 0$ 的距离,由公式(1-7)得

$$d = \frac{|1 \times 2 + 2 \times 3 + 2 \times (-4) + 13|}{\sqrt{1^2 + 2^2 + 2^2}} = \frac{13}{3}.$$

<h2 style="text-align:center">习　题　1.3</h2>

1. 求过点 $(4,-3,1)$ 且垂直于 y 轴的平面方程.

2. 求过点 $(5,0,0)$ 与 $(0,-1,0)$ 且平行于 z 轴的平面方程.

3. 求过三点 $(1,1,-1),(-2,-2,2)$ 与 $(1,-1,2)$ 的平面方程.

4. 一平面过点 $(1,0,-1)$ 且平行于向量 $\boldsymbol{a} = (2,1,1)$ 和 $\boldsymbol{b} = (1,-1,0)$,试求这平面方程.

5. 求平面 $3x - 2y + z - 12 = 0$ 与各坐标轴的交点的坐标.

6. 求平面 $2x - 2y + z + 5 = 0$ 与各坐标面的夹角的余弦.

7. 求点 $(1,2,3)$ 到平面 $x + 2y + 2z - 10 = 0$ 的距离.

1.4　空间直线及其方程

1. 空间直线的点向式方程和参数方程

如果一个非零向量平行于一条已知直线,这个向量就叫做这条直线的**方向向量**.

设已知直线 L 上一定点 $P_0(x_0,y_0,z_0)$ 与这条直线的方向向量 $\boldsymbol{s} = (m,n,p)$,现在来建立这条直线的方程.

设 $P(x,y,z)$ 是直线上任一点(图 1-24),作向量 $\overrightarrow{P_0P}$. 显然,$\overrightarrow{P_0P}$ 与直线的方向向量 $\boldsymbol{s}$ 平行. 因为

$$\overrightarrow{P_0P} = (x - x_0, y - y_0, z - z_0),$$

所以

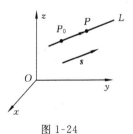

图 1-24

$$\frac{x - x_0}{m} = \frac{y - y_0}{n} = \frac{z - z_0}{p}. \tag{1-8}$$

(1-8)式就是直线 L 的方程,叫做直线的**点向式方程**或标准方程.

直线的任一方向向量 $\boldsymbol{s}$ 的坐标 m,n,p 叫做这直线的一组**方向数**,而向量 $\boldsymbol{s}$ 的方

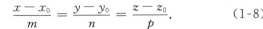

19

向余弦叫做该直线的**方向余弦**.

在式(1-8)中,如设

$$\frac{x-x_0}{m} = \frac{y-y_0}{n} = \frac{z-z_0}{p} = t,$$

则有

$$\begin{cases} x = x_0 + mt, \\ y = y_0 + nt, \\ z = z_0 + pt. \end{cases} \tag{1-9}$$

(1-9)式就是**直线的参数方程**.

例 1-17   求过点 $P_0(4,2,1)$ 且平行于直线 $\dfrac{x-3}{2} = y = \dfrac{z+1}{-5}$ 的直线方程.

解   直线 $\dfrac{x-3}{2} = y = \dfrac{z+1}{-5}$ 的方向向量 $s = (2,1,-5)$,因所求直线与已知直线平行,故所求直线的方向向量就是向量 s,所求直线方程为

$$\frac{x-4}{2} = \frac{y-2}{1} = \frac{z-1}{-5}.$$

例 1-18   求过两点 $P_1(x_1,y_1,z_1)$ 与 $P_2(x_2,y_2,z_2)$ 的直线方程.

解   向量 $\overrightarrow{P_1P_2} = (x_2-x_1,y_2-y_1,z_2-z_1)$ 就是所求直线的方向向量,故所求直线方程为

$$\frac{x-x_1}{x_2-x_1} = \frac{y-y_1}{y_2-y_1} = \frac{z-z_1}{z_2-z_1}.$$

2. 空间直线的一般方程

空间直线 L 可以看做是两个平面的交线. 设直线 L 是两个平面 $A_1x + B_1y + C_1z + D_1 = 0$ 和 $A_2x + B_2y + C_2z + D_2 = 0$ 的交线,则方程组

$$\begin{cases} A_1x + B_1y + C_1z + D_1 = 0, \\ A_2x + B_2y + C_2z + D_2 = 0 \end{cases} \tag{1-10}$$

就是直线 L 的方程,称为**空间直线的一般方程**.

通过空间直线 L 的平面有无穷多个,因此只要在这无穷多个平面中任选两个,把它们联立起来,所得方程组就是直线 L 的方程.

直线方程的三种表示方式之间可以转换,事实上,(1-9)式可写成

$$\begin{cases} \dfrac{x-x_0}{m} = \dfrac{y-y_0}{n}, \\ \dfrac{y-y_0}{n} = \dfrac{z-z_0}{p}. \end{cases}$$

这就是直线的一般方程. 而直线的一般方程也可以转换成点向式方程,请看下例.

例 1-19 把直线的一般方程

$$\begin{cases} x - 2y - z + 4 = 0, \\ 5x + y - 2z + 8 = 0 \end{cases}$$

化为直线的点向式方程.

解 在方程组中令 $x = 0$,代入方程组,解得 $y = 0, z = 4$.点 $(0,0,4)$ 就是直线上的一点,直线的方向向量为

$$s = \begin{vmatrix} \boldsymbol{i} & \boldsymbol{j} & \boldsymbol{k} \\ 1 & -2 & -1 \\ 5 & 1 & -2 \end{vmatrix} = 5\boldsymbol{i} - 3\boldsymbol{j} + 11\boldsymbol{k},$$

因此直线的点向式方程为

$$\frac{x}{5} = \frac{y}{-3} = \frac{z-4}{11}.$$

3. 两直线的夹角

两直线的**夹角**是指两直线的方向向量的夹角(通常取锐角).

设直线 L_1 的方向向量为 $s_1 = (m_1, n_1, p_1)$,直线 L_2 的方向向量为 $s_2 = (m_2, n_2, p_2)$,则两直线 L_1 和 L_2 的夹角 φ 可由

$$\cos\varphi = \frac{|m_1 m_2 + n_1 n_2 + p_1 p_2|}{\sqrt{m_1^2 + n_1^2 + p_1^2} \sqrt{m_2^2 + n_2^2 + p_2^2}} \tag{1-11}$$

来确定.

显然,有如下结论:

(1) 两直线 L_1, L_2 互相垂直的充要条件为

$$m_1 m_2 + n_1 n_2 + p_1 p_2 = 0;$$

(2) 两直线 L_1, L_2 互相平行或重合的充要条件为

$$\frac{m_1}{m_2} = \frac{n_1}{n_2} = \frac{p_1}{p_2}.$$

例 1-20 求直线 $L_1: \dfrac{x+2}{-4} = \dfrac{y-1}{1} = \dfrac{z-3}{1}$ 和 $L_2: \dfrac{x-3}{2} = \dfrac{y-4}{-2} = \dfrac{z-1}{1}$ 的夹角.

解 直线 L_1 和 L_2 的方向向量分别为 $s_1 = (-4,1,1)$ 和 $s_2 = (2,-2,1)$.设直线 L_1 和 L_2 的夹角为 φ,则

$$\cos\varphi = \frac{|(-4) \times 2 + 1 \times (-2) + 1 \times 1|}{\sqrt{(-4)^2 + 1^2 + 1^2} \sqrt{2^2 + (-2)^2 + 1^2}} = \frac{1}{\sqrt{2}},$$

所以 $\varphi = \dfrac{\pi}{4}$.

4. 直线与平面的夹角

直线和它在平面上的投影直线的夹角 $\varphi\left(0\leqslant\varphi\leqslant\dfrac{\pi}{2}\right)$ 称为**直线与平面的夹角**

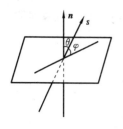

图 1-25

（图 1-25），当直线与平面垂直时，规定直线与平面的夹角为 $\dfrac{\pi}{2}$.

设直线的方向向量 $\boldsymbol{s}=(m,n,p)$，平面的法向量为 $\boldsymbol{n}=(A,B,C)$，如图 1-25 所示，向量 $\boldsymbol{s}$ 与 $\boldsymbol{n}$ 的夹角 θ 与 φ 互余，而

$$\cos\theta=\frac{|Am+Bn+Cp|}{\sqrt{A^2+B^2+C^2}\,\sqrt{m^2+n^2+p^2}},$$

从而

$$\sin\varphi=\frac{|Am+Bn+Cp|}{\sqrt{A^2+B^2+C^2}\,\sqrt{m^2+n^2+p^2}}. \qquad (1\text{-}12)$$

显然，有如下结论：

(1) 直线与平面垂直的充要条件是

$$\frac{A}{m}=\frac{B}{n}=\frac{C}{p};$$

(2) 直线与平面平行的充要条件是

$$Am+Bn+Cp=0.$$

例 1-21　求直线 $x-1=y-2=\dfrac{z-4}{2}$ 与平面 $2x-y+z-6=0$ 的夹角.

解　直线的方向向量为 $\boldsymbol{s}=(1,1,2)$，平面的法向量为 $\boldsymbol{n}=(2,-1,1)$，则直线与平面的夹角 φ 的正弦为

$$\sin\varphi=\frac{|1\times2+1\times(-1)+2\times1|}{\sqrt{1^2+1^2+2^2}\,\sqrt{2^2+(-1)^2+1^2}}=\frac{1}{2},$$

从而 $\varphi=\dfrac{\pi}{6}$.

习　题　1.4

1. 求过点 $(2,-1,-3)$ 且垂直于平面 $x=4$ 的直线方程.

2. 求过点 $(-1,2,1)$ 且平行于直线 $\begin{cases}x+y-2z-1=0,\\x+2y-z+1=0\end{cases}$ 的直线方程.

3. 求过点 $(0,2,4)$ 且与两平面 $x+2z=1$ 和 $y-3z=2$ 平行的直线方程.

4. 求两直线 $\begin{cases}x+y+z=5,\\x-y+z=2\end{cases}$ 与 $\begin{cases}y+3z=4,\\3y-5z=1\end{cases}$ 的夹角.

5. 求直线 $\begin{cases} x = 3 + 2t, \\ y = 1 + t, \\ z = 5 - t \end{cases}$ 与平面 $3x + 6y + 3z = 1$ 的夹角.

6. 试确定下列各组中直线和平面间的关系:

(1) $\dfrac{x}{3} = \dfrac{y}{-2} = \dfrac{z}{7}$ 和 $3x - 2y + 7z = 8$;

(2) $\dfrac{x - 2}{3} = \dfrac{y + 2}{1} = \dfrac{z - 3}{-4}$ 和 $x + y + z = 3$.

7. 求直线 $\dfrac{x - 1}{2} = \dfrac{y - 8}{1} = \dfrac{z - 8}{3}$ 与 xOy 面的交点.

8. 求坐标原点到直线 $\dfrac{x - 2}{3} = \dfrac{y - 1}{4} = \dfrac{z - 3}{5}$ 的距离.

9. 求通过直线 $\dfrac{x + 1}{2} = \dfrac{y - 1}{1} = \dfrac{z - 3}{-2}$ 且与平面 $2x + y - z + 3 = 0$ 垂直的平面方程.

10. 设 M_0 是直线 L 外一点, M 是直线 L 上任意一点, 且直线的方向向量为 s, 试证: 点 M_0 到直线 L 的距离

$$d = \frac{|\overrightarrow{M_0M} \times s|}{|s|}.$$

1.5　曲面及其方程

1. 曲面方程的概念

在解析几何中, 任何曲面都可看做点的几何轨迹. 在这里, 我们可以用一个关于 x, y, z 的方程来表达一个曲面上所有点的共同性质. 凡在这曲面上的点的坐标都满足这个方程, 而不在这曲面上的点的坐标都不满足这个方程, 那么这个方程就叫做该**曲面的方程**. 这样我们就可把曲面的几何性质的研究归结到它的方程的解析性质的研究.

平面是最简单的曲面, 它的方程为

$$Ax + By + Cz + D = 0.$$

球面是日常生活中常见的曲面, 下面我们来建立球面的方程.

设球面的球心在点 $P_0(x_0, y_0, z_0)$, 半径为 R. 又设球面上任意一点的坐标为 $P(x, y, z)$, 则点 P 到点 P_0 的距离等于 R, 因此

$$|P_0P| = \sqrt{(x - x_0)^2 + (y - y_0)^2 + (z - z_0)^2} = R,$$

即

$$(x - x_0)^2 + (y - y_0)^2 + (z - z_0)^2 = R^2. \tag{1-13}$$

这就是球面的方程.

若球心在原点,则 $x_0 = y_0 = z_0 = 0$,球面方程为

$$x^2 + y^2 + z^2 = R^2.$$

将方程(1-13)展开后得

$$x^2 + y^2 + z^2 - 2x_0 x - 2y_0 y - 2z_0 z + x_0^2 + y_0^2 + z_0^2 - R^2 = 0.$$

在球面方程中 x^2, y^2, z^2 的系数相等,且没有 xy, xz, yz 三项. 这是球面方程的两个特点. 如果一个关于 x, y, z 的二次方程具有这两个特点,通常情况下它就表示一个球面.

2. 柱面

设一曲面的方程为

$$F(x, y) = 0.$$

我们来分析这个曲面的特点. 在 xOy 平面上,这方程表示一曲线 L,曲线 L 上点的坐标满足这方程. 除了曲线 L 上的点外,在空间还有其他点的坐标也满足这方程,只要这些点的横坐标和纵坐标与曲线 L 上点的横坐标和纵坐标相同即可. 显然,过曲线 L 上任一点且平行于 z 轴的直线上的所有点的坐标都满足这个方程. 因此,曲面是由平行于 z 轴的直线沿曲线 L 移动所构成. 这个曲面叫做柱面,曲线 L 叫做准线,平行于 z 轴而沿 L 移动的直线叫做母线(图 1-26).

一般地,由平行于定直线并沿着定曲线 C 移动的直线 L 而形成的曲面叫做**柱面**. 动直线 L 叫做柱面的**母线**,定曲线 C 叫做柱面的**准线**(图 1-27).

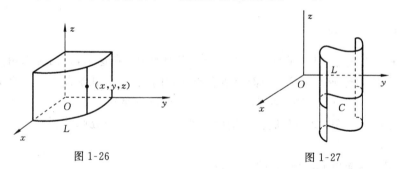

图 1-26   图 1-27

方程 $F(y, z) = 0$ 及 $F(x, z) = 0$ 都表示柱面,它们的母线分别平行于 x 轴及 y 轴.

例 1-22 作曲面 $x^2 + y^2 - 4x - 12 = 0$.

解 方程中不含变量 z,因此,这是母线平行于 z 轴的柱面,它与 xOy 面的交线是圆

$$(x - 2)^2 + y^2 = 4^2, \quad z = 0.$$

所作曲面是一个**圆柱面**(图 1-28).

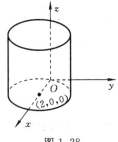

图 1-28

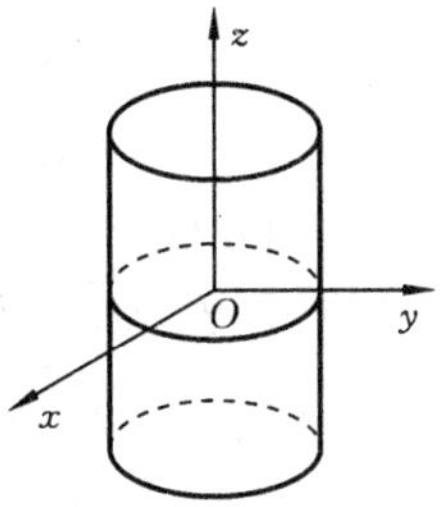

图 1-29

类似地,下列方程

$$\frac{x^2}{a^2}+\frac{y^2}{b^2}=1,\quad \frac{x^2}{a^2}-\frac{y^2}{b^2}=1,\quad x^2=2py$$

所表示的图形都是母线与 z 轴平行的柱面,分别称为**椭圆柱面**、**双曲柱面**和**抛物柱面**(图 1-29,图 1-30,图 1-31).

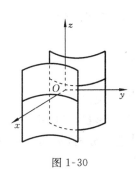

图 1-30

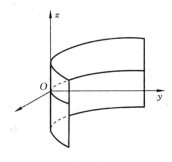

图 1-31

3. 旋转曲面

一条平面曲线绕同一平面上的一条直线旋转,所产生的曲面叫做**旋转曲面**,旋转曲线和定直线分别叫做旋转面的**母线**和**轴**.

设在 yOz 坐标面上有一已知曲线 C,其方程为

$$f(y,z)=0,$$

曲线 C 绕 z 轴旋转一周,得到旋转曲面(图 1-32),现求旋转曲面的方程.

设 $M(x,y,z)$ 是旋转曲面上任一点,点 M 是由曲线 C 上某点 M_1 旋转而得到,并设 M_1 点的坐标为 $(0,y_1,z_1)$,则

$$f(y_1,z_1)=0. \tag{1-14}$$

由 M 和 M_1 的位置关系,得

$$z=z_1,\quad \sqrt{x^2+y^2}=|y_1|.$$

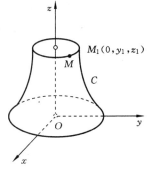

图 1-32

将 $z_1 = z, y_1 = \pm \sqrt{x^2 + y^2}$ 代入 (1-14) 式, 得

$$f(\pm \sqrt{x^2 + y^2}, z) = 0, \qquad (1\text{-}15)$$

这就是所求旋转曲面的方程.

类似地可得曲线 C 绕 y 轴旋转而得的旋转曲面方程为

$$f(y, \pm \sqrt{x^2 + z^2}) = 0.$$

例 1-23 写出 xOy 面上的直线 $y = ax$ 绕 x 轴旋转所成旋转曲面的方程.

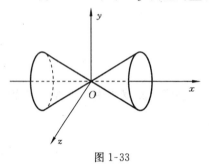

图 1-33

解 由上面的分析可知, 要求旋转曲面的方程, 只要在直线方程中将 y 换成 $\pm \sqrt{y^2 + z^2}$, 即得所求旋转曲面的方程, 从而

$$\pm \sqrt{y^2 + z^2} = ax,$$

两边平方, 得

$$y^2 + z^2 = a^2 x^2.$$

这就是所求旋转曲面的方程, 旋转曲面是一个圆锥面 (图 1-33).

4. 二次曲面

通常把由关于 x, y, z 的二次方程表示的曲面称为**二次曲面**.

下面来讨论几个常见的二次曲面. 为了了解曲面的形状, 可以用平行于坐标平面的平面来截割曲面, 所得截线称为截口. 对截口进行分析, 就可以看出曲面的轮廓.

(1) 椭球面

方程

$$\frac{x^2}{a^2} + \frac{y^2}{b^2} + \frac{z^2}{c^2} = 1$$

所表示的曲面叫做**椭球面**, 其中 a, b, c 是正数.

椭球面关于坐标面、坐标轴与坐标原点是对称的. 由方程可得

$$\frac{x^2}{a^2} \leqslant 1, \quad \frac{y^2}{b^2} \leqslant 1, \quad \frac{z^2}{c^2} \leqslant 1,$$

即

$$|x| \leqslant a, \quad |y| \leqslant b, \quad |z| \leqslant c.$$

可知椭球面位于由平面 $x = \pm a, y = \pm b, z = \pm c$ 所围成的长方体中.

令 $z = 0$, 代入椭球面方程, 得曲面与 xOy 面的交线为

$$\frac{x^2}{a^2} + \frac{y^2}{b^2} = 1, \quad z = 0.$$

交线是椭圆. 同样, 椭球面与 yOz 面、zOx 面的交线也是椭圆.

用平行于 xOy 面的平面 $z = h(|h| < c)$ 截椭球面,截口是个椭圆

$$\frac{x^2}{a^2} + \frac{y^2}{b^2} = 1 - \frac{h^2}{c^2}$$

或

$$\frac{x^2}{\left(\dfrac{a}{c}\sqrt{c^2 - h^2}\right)^2} + \frac{y^2}{\left(\dfrac{b}{c}\sqrt{c^2 - h^2}\right)^2} = 1.$$

它的中心在 $(0,0,h)$,半轴长 $\dfrac{a}{c}\sqrt{c^2 - h^2}$ 和 $\dfrac{b}{c}\sqrt{c^2 - h^2}$

随 $|h|$ 的增大而逐渐减小,当 $|h| = c$ 时,截口是一个点 $(0,0,\pm c)$.

用平行于 yOz 面或 zOx 面的平面去截椭球面,截口与上述讨论类似,椭球面形状如图 1-34 所示.

当 $a = b = c$ 时,椭球面变成球面,当 a,b,c 中有两个相等时,椭球面是一旋转曲面.

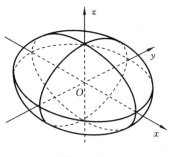

图 1-34

(2) 单叶双曲面

方程

$$\frac{x^2}{a^2} + \frac{y^2}{b^2} - \frac{z^2}{c^2} = 1$$

表示的曲面叫做**单叶双曲面**,其中 a,b,c 是正数.

单叶双曲面关于坐标面、坐标轴和坐标原点是对称的. 它在 xOy 面上的截口是椭圆

$$\frac{x^2}{a^2} + \frac{y^2}{b^2} = 1, \quad z = 0;$$

在 yOz 面和 zOx 面上的截口分别是双曲线

$$\frac{y^2}{b^2} - \frac{z^2}{c^2} = 1, \quad x = 0$$

和

$$\frac{x^2}{a^2} - \frac{z^2}{c^2} = 1, \quad y = 0.$$

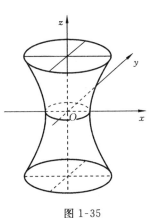

图 1-35

在平面 $z = h$ 上的截口是椭圆 $\dfrac{x^2}{a^2} + \dfrac{y^2}{b^2} = 1 + \dfrac{h^2}{c^2}$,这个椭

圆的半轴长 $\dfrac{a}{c}\sqrt{c^2 + h^2}$ 和 $\dfrac{b}{c}\sqrt{c^2 + h^2}$ 随 $|h|$ 的增大而

增大,因此曲面向上、下无限延伸,且截口越来越大,其形状如图 1-35.

当 $a = b$ 时,单叶双曲面是旋转曲面.

（3）双叶双曲面

方程

$$\frac{x^2}{a^2} - \frac{y^2}{b^2} - \frac{z^2}{c^2} = 1$$

表示的曲面叫做**双叶双曲面**，其中 a, b, c 是正数.

双叶双曲面关于坐标面、坐标轴和坐标原点对称. 它在 xOy 面和 zOx 面上的截口分别是双曲线

$$\frac{x^2}{a^2} - \frac{y^2}{b^2} = 1, \quad z = 0$$

和

$$\frac{x^2}{a^2} - \frac{z^2}{c^2} = 1, \quad y = 0.$$

在方程中，令 $x = 0$，无实数解，故它与 yOz 面不相交.

用平行于 yOz 面的平面 $x = h$ 来截曲面，当 $|h| < a$ 时，平面 $x = h$ 与这个曲面不相交；当 $|h| = a$ 时，截口为点 $(a, 0, 0)$ 与点 $(-a, 0, 0)$；当 $|h| > a$ 时，截口是椭圆

$$\frac{y^2}{\left(\frac{b}{a}\sqrt{h^2 - a^2}\right)^2} + \frac{z^2}{\left(\frac{c}{a}\sqrt{h^2 - a^2}\right)^2} = 1,$$

两个半轴随 $|h|$ 的增大而增大，其形状如图 1-36 所示.

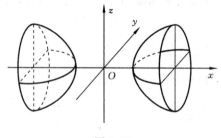

图 1-36

当 $b = c$ 时，双叶双曲面是旋转曲面.

（4）**椭圆锥面**

方程

$$\frac{x^2}{a^2} + \frac{y^2}{b^2} = z^2$$

所表示的曲面叫做**椭圆锥面**，其中 a, b 是正数.

椭圆锥面关于坐标面、坐标轴和原点对称. 它在 xOy 面上的截口是一点 $(0, 0, 0)$，在 yOz 面和 zOx 面上的截口都是两条相交的直线

$$y = \pm bz, \quad x = 0$$

及

$$x = \pm az, \quad y = 0.$$

在平行于 xOy 面的平面 $z = h$ 上的截口是椭圆

$$\frac{x^2}{a^2 h^2} + \frac{y^2}{b^2 h^2} = 1.$$

综合上述讨论,可得椭圆锥面的形状如图 1-37 所示.

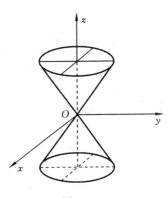

图 1-37

（5）椭圆抛物面

方程

$$\frac{x^2}{a^2} + \frac{y^2}{b^2} = z$$

所表示的曲面叫做**椭圆抛物面**,其中 a, b 是正数.

椭圆抛物面关于 yOz 面、zOx 面及 z 轴对称. 曲面在 xOy 面的上方.

曲面在 yOz 面和 zOx 面上的截口分别是抛物线

$$y^2 = b^2 z, \quad x = 0$$

和

$$x^2 = a^2 z, \quad y = 0.$$

曲面在 xOy 面上的截口是点 $(0, 0, 0)$.

曲面在平行于 xOy 面的平面 $z = h (h > 0)$ 上的截口是椭圆

$$\frac{x^2}{a^2} + \frac{y^2}{b^2} = h,$$

图 1-38

椭圆的两个半轴长 $a\sqrt{h}$ 和 $b\sqrt{h}$ 随 h 的增大而增大. 综合以上讨论,可得椭圆抛物面的形状如图 1-38 所示.

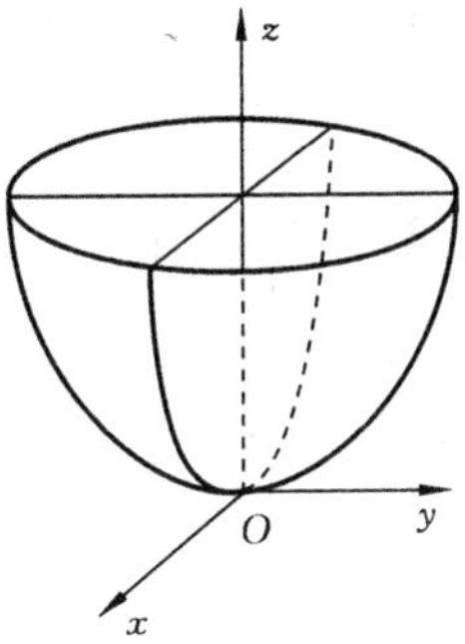

（6）双曲抛物面

方程

$$\frac{x^2}{a^2} - \frac{y^2}{b^2} = z$$

所表示的曲面叫做**双曲抛物面**,其中 a, b 为正数.

双曲抛物面又叫**马鞍面**,关于 yOz 面、zOx 面及 z 轴对称. 曲面在 yOz 面和 zOx 面上的截口分别是抛物线

$$y^2 = -b^2 z, \quad x = 0$$

和

$$x^2 = a^2 z, \quad y = 0.$$

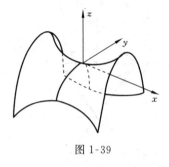

图 1-39

在平面 $z = h$ 上的截口是双曲线

$$\frac{x^2}{a^2} - \frac{y^2}{b^2} = h.$$

当 $h > 0$ 时,该双曲线的实轴平行于 x 轴;当 $h < 0$ 时,该双曲线的实轴平行于 y 轴;当 $h = 0$ 时,该双曲线是一对相交的直线 $\frac{x}{a} \pm \frac{y}{b} = 0$. 双曲抛物面的形状如图 1-39 所示.

习　题　1.5

1. 方程 $x^2 + y^2 + z^2 - 2x - 4y + 4z = 0$ 表示什么曲面?

2. 将 xOz 面上的抛物线 $z^2 = 5x$ 绕 x 轴旋转一周,求所生成的旋转曲面的方程.

3. 考察曲线 $x^2 + y^2 - \dfrac{z^2}{9} = 0$ 在平面 $z = 0, z = 3, z = -3, x = 0, x = \dfrac{1}{3}$, $y = 0, y = \dfrac{1}{3}$ 上的截口曲线. 说出该曲面的名称并作出它的简单图形.

4. 画出下列方程所表示的曲面:

(1) $x^2 + 2y^2 = 1$;　　(2) $y^2 - z = 0$;　　　　(3) $-\dfrac{x^2}{4} + \dfrac{z^2}{9} = 1$.

5. 说明下列旋转曲面是怎样形成的:

(1) $x^2 + y^2 - z^2 = 1$;　(2) $2z^2 = x^2 + y^2$;　　(3) $\dfrac{x^2}{4} + \dfrac{y^2}{4} + \dfrac{z^2}{9} = 1$.

6. 画出下列方程所表示的曲面:

(1) $z = \dfrac{x^2}{4} + \dfrac{y^2}{9}$;　　(2) $4x^2 + y^2 - z^2 = 4$;　(3) $x^2 - y^2 - 4z^2 = 4$.

1.6　空　间　曲　线

1. 空间曲线的一般方程

设有两个相交的曲面,它们的方程分别为

$$F(x, y, z) = 0, \quad G(x, y, z) = 0.$$

它们的交线是曲线 C. 因为曲线 C 上任意一点都同时在这两个曲面上,所以 C 上所有点的坐标都满足这两个曲面的方程. 反之,坐标同时满足这两个曲面方程的点一定在它们的交线 C 上. 因此,联立方程组

$$\begin{cases} F(x, y, z) = 0, \\ G(x, y, z) = 0 \end{cases} \tag{1-16}$$

是空间曲线 C 的方程. 方程组(1-16) 叫做**空间曲线 C 的一般方程**.

例 1-24　方程组

$$\begin{cases} x^2 + \dfrac{y^2}{4} = 1, \\ 2x + 3y + 3z = 6 \end{cases}$$

表示什么样的曲线?

解　第一个方程表示母线平行于 z 轴的椭圆柱面, 其准线是 xOy 面上的椭圆 $x^2 + \dfrac{y^2}{4} = 1$. 第二个方程表示一个平面, 平面方程可化为 $\dfrac{x}{3} + \dfrac{y}{2} + \dfrac{z}{2} = 1$, 平面在 x 轴、y 轴、z 轴上的截距依次为 $3, 2, 2$. 方程组就表示椭圆柱面与平面的交线 (图 1-40).

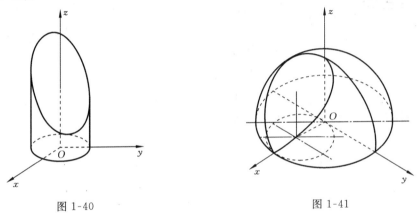

图 1-40　　　　　　　　　　　　　　　图 1-41

例 1-25　方程组

$$\begin{cases} z = \sqrt{a^2 - x^2 - y^2}, \\ \left(x - \dfrac{a}{2}\right)^2 + y^2 = \left(\dfrac{a}{2}\right)^2 \end{cases}$$

表示什么样的曲线?

解　第一个方程表示球心在坐标原点、半径为 a 的上半球面. 第二个方程表示母线平行于 z 轴的圆柱面, 其准线是 xOy 面上的圆, 圆心坐标为 $\left(\dfrac{a}{2}, 0\right)$, 半径为 $\dfrac{a}{2}$. 方程组就表示上半球面与圆柱面的交线 (图 1-41).

2. 空间曲线的参数方程

平面曲线可以用参数方程表示. 同样, 空间曲线也可以用参数方程表示, 我们可以把空间曲线上任意一点的坐标 x, y, z 分别表示为参数 t 的函数:

$$\begin{cases} x = x(t), \\ y = y(t), \\ z = z(t). \end{cases}$$

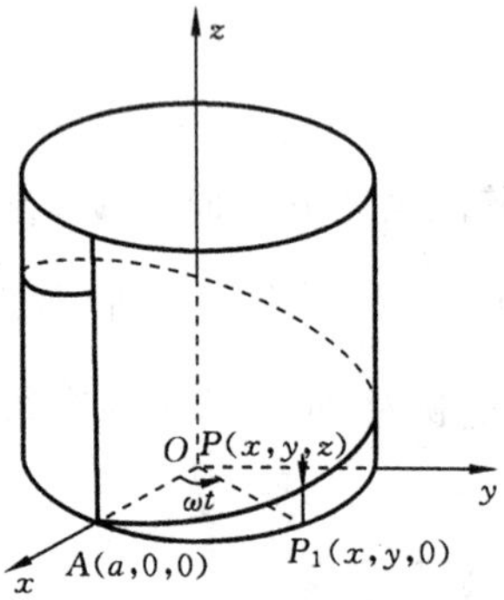

这一组方程叫做**空间曲线的参数方程**.

例 1-26 设空间一点 P 在圆柱面 $x^2 + y^2 = a^2$ 上以角速度 ω 绕 z 轴旋转,同时又以线速度 v 沿平行于 z 轴的方向上升(其中 ω 与 v 都是常数).点 P 运动的轨迹叫做**螺旋线**(图 1-42).试建立其参数方程.

图 1-42

解 取时间 t 为参数.设当 $t = 0$ 时,动点在 x 轴上的点 $A(a,0,0)$ 处,经过时间 t,动点由点 A 运动到点 $P(x,y,z)$.从点 P 作 xOy 面的垂线交 xOy 面于 P_1 点,其坐标为 $P_1(x,y,0)$.因动点在圆柱面上以角速度 ω 绕 z 轴旋转,故 $\angle AOP_1 = \omega t$,从而

$$\begin{cases} x = OP_1 \cos\angle AOP_1 = a\cos\omega t, \\ y = OP_1 \sin\angle AOP_1 = a\sin\omega t. \end{cases}$$

又动点同时以线速度 v 沿平行于 z 轴的方向上升,故有

$$z = P_1 P = vt.$$

因此螺旋线的参数方程为

$$\begin{cases} x = a\cos\omega t, \\ y = a\sin\omega t, \\ z = vt. \end{cases}$$

若令 $\theta = \omega t$,则螺旋线的参数方程变为

$$\begin{cases} x = a\cos\theta, \\ y = a\sin\theta, \\ z = b\theta, \end{cases}$$

其中 $b = \dfrac{v}{\omega}$.

3. 空间曲线在坐标面上的投影

设空间曲线 C 的一般方程为

$$\begin{cases} F(x,y,z) = 0, \\ G(x,y,z) = 0. \end{cases}$$

在方程组中消去变量 z,得

$$H(x,y) = 0. \tag{1-17}$$

由于方程(1-17)是由方程组消去 z 后得到的,因此当 (x,y,z) 满足方程组时,同时也会满足方程(1-17).这就说明曲线 C 在方程(1-17)所表示的曲面上.而方程(1-17)表示一母线平行于 z 轴的柱面,既然曲线 C 在该柱面上,则过曲线 C 上的任意一点所作的 xOy 面的垂线都在该柱面上.因此,称这一柱面为曲线 C 关于 xOy 面的**投影柱面**,投影柱面与 xOy 面的交线叫做曲线 C 在 xOy 面上的**投影曲线**,或简称**投影**.投影曲线的方程为

$$\begin{cases} H(x,y) = 0, \\ z = 0. \end{cases}$$

例 1-27　求曲线 C

$$\begin{cases} x^2 + y^2 = z^2, \\ z^2 = y \end{cases}$$

在坐标平面 xOy 和 yOz 上的投影曲线方程.

　　解　　在曲线方程中消去 z 得

$$x^2 + y^2 = y,$$

即

$$x^2 + \left(y - \frac{1}{2} \right)^2 = \frac{1}{4}.$$

它是曲线 C 关于 xOy 面的投影柱面方程,故曲线 C 在坐标平面 xOy 上的投影曲线方程为

$$\begin{cases} x^2 + \left(y - \dfrac{1}{2} \right)^2 = \dfrac{1}{4}, \\ z = 0. \end{cases}$$

这是以 $\left(0, \dfrac{1}{2}, 0 \right)$ 为圆心、$\dfrac{1}{2}$ 为半径的圆.

　　由于曲面 $z^2 = y$ 是过曲线 C 且其母线平行于 x 轴的柱面,因此它就是曲线 C 关于坐标平面 yOz 的投影柱面,故曲线 C 在坐标平面 yOz 上的投影曲线方程为

$$\begin{cases} z^2 = y, \\ x = 0. \end{cases}$$

这是一条抛物线.

习　　题　　1.6

1. 方程组 $\begin{cases} x^2 + y^2 = 1, \\ y^2 + z^2 = 1 \end{cases}$ 表示什么样的曲线?

2. 方程组 $\begin{cases} x = 3\cos t, \\ y = 3\sin t, \\ z = 3 \end{cases}$ 表示什么样的曲线?

3. 求螺旋线 $\begin{cases} x = 2\cos t, \\ y = 2\sin t, \\ z = 3t \end{cases}$ 与平面 $z = \pi$ 的交点坐标.

4. 求母线平行于 x 轴且通过曲线 $\begin{cases} 2x^2 + y^2 + z^2 = 16, \\ x^2 + z^2 - y^2 = 0 \end{cases}$ 的柱面方程.

5. 求两球面 $x^2 + y^2 + z^2 = 1$ 和 $x^2 + (y-1)^2 + (z-1)^2 = 1$ 的交线在坐标面 yOz 上的投影曲线方程.

6. 求旋转抛物面 $z = x^2 + y^2 (0 \leqslant z \leqslant 4)$ 在三个坐标面上的投影.

复 习 题 一

1. 设 $a = (3,2,1)$，$b = \left(2, \dfrac{4}{3}, k\right)$，当 k 为何值时，$a \perp b$?

2. 设 $|a| = 3$，$|b| = 4$，且 $a \perp b$，求 $|(a+b) \times (a-b)|$.

3. 求与向量 $a = 2i - j + 2k$ 共线且满足 $a \cdot b = -18$ 的向量 b.

4. 求同时垂直于向量 $a = 2i + 2j + k$ 和 $b = 4i + 5j + 3k$ 的单位向量.

5. 若 $a = 4m - n$，$b = m + 2n$，$c = 2m - 3n$，其中 $|m| = 2$，$|n| = 1$，$(\widehat{m,n}) = \dfrac{\pi}{2}$，化简表达式 $a \cdot c + 3a \cdot b - 2b \cdot c + 1$.

6. 求通过三平面：$2x + y - z - 2 = 0$，$x - 3y + z + 1 = 0$ 和 $x + y + z - 3 = 0$ 的交点，且平行于平面 $x + y + 2z = 0$ 的平面方程.

7. 求与两直线 $\begin{cases} x = 1, \\ y = -1 + t, \\ z = 2 + t \end{cases}$ 及 $\dfrac{x+1}{1} = \dfrac{y+2}{2} = \dfrac{z-1}{1}$ 都平行且过原点的平面方程.

8. 求过直线 $\dfrac{x-1}{2} = \dfrac{y+2}{-3} = \dfrac{z-2}{2}$ 且垂直于平面 $3x + 2y - z - 5 = 0$ 的平面方程.

9. 求过点 $(-1, -4, 3)$ 并与下面两直线

$$L_1 : \begin{cases} 2x - 4y + z = 1, \\ x + 3y = -5 \end{cases} \text{和 } L_2 : \begin{cases} x = 2 + 4t, \\ y = -1 - t, \\ z = -3 + 2t \end{cases}$$

都垂直的直线方程.

10. 求平行于平面 $6x + y + 6z + 5 = 0$，而与三坐标面所构成的四面体体积为一个单位的平面（提示：利用平面的截距式方程求解）.

11. 直线过点 $A(-3, 5, -9)$，且与两直线

$$L_1 : \begin{cases} y = 3x + 5, \\ z = 2x - 3 \end{cases} \text{和 } L_2 : \begin{cases} y = 4x - 7, \\ z = 5x + 10 \end{cases}$$

相交，求此直线方程.

12. 设曲线方程为

$$\begin{cases} 2x^2 + 4y + z^2 = 4z, \\ x^2 - 8y + 3z^2 = 12z, \end{cases}$$

求它在三个坐标面上的投影方程.

13. 求以曲线 $\begin{cases} x^2 + y^2 + 4z^2 = 1, \\ x^2 = y^2 + z^2 \end{cases}$ 为准线,而母线平行于 z 轴的柱面方程.

14. 指出下列旋转曲面的一条母线和旋转轴:

(1) $z = 2(x^2 + y^2)$; 　　　　　(2) $\dfrac{x^2}{36} + \dfrac{y^2}{9} + \dfrac{z^2}{36} = 1$;

(3) $z^2 = 3(x^2 + y^2)$; 　　　　　(4) $x^2 - \dfrac{y^2}{4} - \dfrac{z^2}{4} = 1$.

15. 已知点 $A(1,0,0)$ 及点 $B(0,2,1)$,试在 z 轴上求一点 C,使 $\triangle ABC$ 的面积最小.

16. 求锥面 $z = \sqrt{x^2 + y^2}$ 与柱面 $z^2 = 2x$ 所围立体在三个坐标面上的投影.

17. 画出下列各曲面所围立体的图形:

(1) 抛物柱面 $x^2 = 1 - z$,平面 $y = 0, z = 0$ 及 $x + y = 1$;

(2) 圆锥面 $z = \sqrt{x^2 + y^2}$ 及旋转抛物面 $z = 2 - x^2 - y^2$;

(3) 旋转抛物面 $x^2 + y^2 = z$,柱面 $y^2 = x$,平面 $z = 0$ 及 $x = 1$.

第2章

多元函数微分法及其应用

我们在上册所研究的函数都只有一个自变量,这种函数叫一元函数. 但在许多实际问题中,常常需要研究那些依赖于多个自变量的函数,即多元函数. 本章主要讨论二元函数的微分法及其应用,至于二元以上的函数,其讨论方法与二元函数类似.

2.1 多元函数的基本概念

1. 多元函数的概念

先考察几个实例.

例 2-1 矩形的面积 S 和它的长度 x 以及宽度 y 之间有如下关系式

$$S = xy \quad (x > 0, y > 0).$$

这里,当 x, y 在其变化范围内取值时,变量 S 就有唯一确定的值与之对应.

例 2-2 一定量的理想气体的体积 V、压强 P 与绝对温度 T 之间满足状态方程

$$PV = RT \quad (R \text{ 是常数}).$$

变量 P, V, T 是相互依赖的. 当变量 P 与 T 在一定范围内取值时,由关系式

$$V = \frac{RT}{P}$$

可以唯一地确定 V 值. 同样地,当变量 P 与 V 在一定范围内取值时,由 $T = \dfrac{PV}{R}$ 可以唯一地确定 T 值;当变量 V 与 T 在一定范围内取值时,由 $P = \dfrac{RT}{V}$ 可以唯一地确定 P 值.

定义 2-1 设有变量 x, y, z. 如果变量 x 与 y 在某一范围内任取一组值 (x, y) 时,按照某一个确定的法则 f,变量 z 都有唯一确定的值与之对应,则称变量 z 为变量 x, y 的**二元函数**,记作

$$z = f(x, y),$$

这里变量 x, y 称为**自变量**,变量 z 称为**因变量**. 自变量 x, y 的取值范围称为函数的**定义域**.

当自变量 x, y 在定义域内取值 (x_0, y_0) 时,对应的因变量 z 的值 z_0 称为函数 $z = f(x, y)$ 在 (x_0, y_0) 处的**函数值**,记作 $z_0 = f(x_0, y_0)$,这时又称函数 $z = f(x, y)$ 在点 (x_0, y_0) 处有定义. 当变量 x, y 取遍定义域内每一组值时,相应函数值的全体

称为函数 $z = f(x, y)$ 的**值域**.

类似地,可以定义三元函数 $u = f(x, y, z)$ 以及三元以上的函数.

关于函数的定义域,如果是由实际问题给出的函数,我们应根据问题的实际意义来确定它的定义域;如果函数仅仅由一个数学表达式给出,那么使这个数学表达式有意义的自变量的值所确定的点集即为这个函数的定义域.

一元函数的定义域大部分用区间来表示,它们的表示方法比较简单. 而二元函数有两个自变量,它的定义域要用平面上的点集表示,情况比较复杂. 例如:

① 函数 $z = x^2 + y$ 的定义域是整个 xOy 平面;

② 函数 $z = \arcsin x + \arccos \dfrac{y}{2}$ 的定义域是长方形 $-1 \leqslant x \leqslant 1$,$-2 \leqslant y \leqslant 2$(图 2-1);

③ 函数 $z = \sqrt{4 - (x^2 + y^2)}$ 的定义域是圆 $0 \leqslant x^2 + y^2 \leqslant 4$(图 2-2).

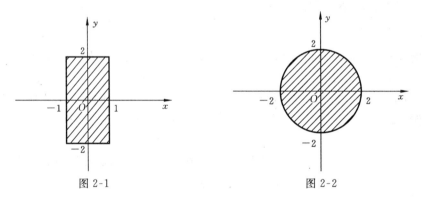

图 2-1   图 2-2

由此可见,二元函数的定义域可能是整个平面,也可能是由闭曲线所围成的平面的一部分. 一般说来,由一条或几条曲线所围成的平面的一部分,称为**平面区域**,简称为**区域**. 围成区域的曲线称为区域的**边界**,不包括边界的区域称为**开区域**,包括边界的区域称为**闭区域**. 如图 2-1 所示的区域是闭区域. 边界上的点称为区域的**边界点**. 区域上不是边界点的点称为区域的**内点**. 开区域中的点都是内点. 若一个区域能被一个以原点为中心、适当长为半径的圆所包围,我们就称这个区域是**有界区域**,否则就叫**无界区域**.

通常把以点 (x_0, y_0) 为中心、以 δ 为半径的圆形区域 $(x - x_0)^2 + (y - y_0)^2 < \delta^2$ 称为**点 (x_0, y_0) 的 δ 邻域**.

若点 (x_0, y_0) 是区域的一个内点,则必存在一个正数 δ,使点 (x_0, y_0) 的 δ 邻域包含在该区域内. 事实上,只要使这个邻域的半径 δ 小于 (x_0, y_0) 到边界的最短距离就行了.

三元函数 $u = f(x, y, z)$ 的定义域可用空间区域来表示. 由一个或几个曲面围成的空间的一部分,称为**空间区域**. 类似地,也有开区域、闭区域和有界区域等概念. 三元以上的函数的定义域就不能用几何图形直观地表示了.

2. 二元函数的图形

我们知道在直角坐标系中,一元函数的图形通常是平面上的一条曲线,对于二元函数 $z = f(x,y)$,我们也可以利用空间直角坐标系来表示它的图形. 设函数

$$z = f(x,y)$$

的定义域是 xOy 坐标面上的某个区域 D,对于 D 中的每一点 $P(x,y)$,按照函数关系,在空间都可以确定一点 $M(x,y,f(x,y))$ 与之相对应. 当点 $P(x,y)$ 取遍 D 中所有点时,$z = f(x,y)$ 所确定的点 $M(x,y,f(x,y))$ 的全体就构成二元函数的图形. 一般说来,这个图形是一个曲面(图 2-3).

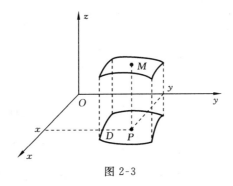

图 2-3

例如,函数 $z = 2x + 3y + 1$ 的图形是一个平面,而函数 $z = \sqrt{a^2 - x^2 - y^2}$ 的图形是以原点为中心、a 为半径的球面的上半部分.

3. 二元函数的极限与连续

现在来讨论二元函数 $z = f(x,y)$ 在点 $P_0(x_0,y_0)$ 的极限. 设函数 $z = f(x,y)$ 的定义域为 D,$P_0(x_0,y_0)$ 是 D 的内点或边界点. 与一元函数极限的叙述类似,如果当点 $P(x,y)$ 在 D 内以任何方式趋于 $P_0(x_0,y_0)$ 时,函数 $f(x,y)$ 的值总趋于确定的数 A,就称 A 为函数 $f(x,y)$ 当 (x,y) 趋于 (x_0,y_0) 时的极限.

为了方便叙述,我们用 ρ 来表示 $P(x,y)$ 与 $P_0(x_0,y_0)$ 之间的距离,即

$$\rho = \sqrt{(x-x_0)^2 + (y-y_0)^2},$$

P 趋于 P_0 可用 $\rho \to 0$ 来描述.

定义 2-2　设函数 $f(x,y)$ 的定义域为 D,点 $P_0(x_0,y_0)$ 是 D 的内点或边界点. 如果存在常数 A,使得对于任意给定的正数 ε,总存在正数 δ,当

$$0 < \rho = \sqrt{(x-x_0)^2 + (y-y_0)^2} < \delta$$

时,都有

$$|f(x,y) - A| < \varepsilon,$$

则称函数 $f(x,y)$ 当 $P(x,y) \rightarrow P(x_0,y_0)$ 时**收敛于** A,且称常数 A 为函数 $f(x,y)$ 当 $P(x,y) \rightarrow P_0(x_0,y_0)$ 时的**极限**,记作

$$\lim_{(x,y) \rightarrow (x_0,y_0)} f(x,y) = A.$$

例 2-3   试证 $\lim\limits_{(x,y) \rightarrow (0,0)} \dfrac{x^2 y}{x^2 + y^2} = 0$.

证明   因为 $x^2 + y^2 \geqslant 2xy$,于是

$$\left| \frac{x^2 y}{x^2 + y^2} \right| \leqslant \left| \frac{x^2 y}{2xy} \right| = \frac{1}{2} |x|.$$

对于任意给定的正数 ε,取 $\delta = 2\varepsilon$,当 $0 < \rho = \sqrt{x^2 + y^2} < \delta$ 时,有

$$0 \leqslant |x| < \delta = 2\varepsilon,$$

此时

$$\left| \frac{x^2 y}{x^2 + y^2} \right| < \varepsilon.$$

由定义得证.

二元函数的极限比一元函数的情况复杂得多. 所谓极限 $\lim\limits_{(x,y) \rightarrow (x_0,y_0)} f(x,y)$ 存在,是指当点 $P(x,y)$ 沿任意路径趋于点 $P_0(x_0,y_0)$ 时函数 $f(x,y)$ 都趋于同一个值 A. 因此,如果点 $P(x,y)$ 按不同的方式趋于点 $P_0(x_0,y_0)$ 时,函数 $f(x,y)$ 趋于不同的值,那么我们可以断定当 $P \rightarrow P_0$ 时函数 $f(x,y)$ 的极限不存在.

例如,考察函数

$$f(x,y) = \frac{x^2 - y^2}{x^2 + y^2} \quad (x^2 + y^2 \neq 0)$$

在点 $(0,0)$ 的极限.

函数在点 (x,y) 趋于 $(0,0)$ 时极限不存在. 这是因为当 (x,y) 沿直线 $y = kx$ 趋于 $(0,0)$ 时,

$$\lim_{x \rightarrow 0} f(x,kx) = \lim_{x \rightarrow 0} \frac{x^2 - k^2 x^2}{x^2 + k^2 x^2} = \frac{1 - k^2}{1 + k^2},$$

这个极限是随着 k 的变化而变化的,这说明当点 (x,y) 沿不同路径趋于点 $(0,0)$ 时,函数 $f(x,y)$ 不趋于同一个值. 因而函数 $f(x,y)$ 当 $(x,y) \rightarrow (0,0)$ 时极限不存在.

二元函数的极限运算法则与一元函数类似,这里就不再赘述了.

由二元函数极限的概念,可以导出二元函数连续性的概念.

定义 2-3   设函数 $f(x,y)$ 在 $P_0(x_0,y_0)$ 的某邻域内有定义,若

$$\lim_{(x,y) \rightarrow (x_0,y_0)} f(x,y) = f(x_0,y_0),$$

就称函数 $f(x,y)$ 在点 $P_0(x_0,y_0)$ 处连续.

如果函数 $f(x,y)$ 在某区域 D 的每一点连续,就称函数 $f(x,y)$ 在 D 上连续.

定义 2-3 也可用 ε-δ 方式来描述,即对于任意给定的正数 ε,存在正数 δ,使得对

于满足不等式

$$\rho = \sqrt{(x - x_0)^2 + (y - y_0)^2} < \delta$$

的一切点 $P(x, y)$，都有

$$|f(x, y) - f(x_0, y_0)| < \varepsilon.$$

与一元函数情形一样，根据极限运算法则，如果 $f(x, y), g(x, y)$ 都在点 $P_0(x_0, y_0)$ 连续，那么 $f(x, y) \pm g(x, y), f(x, y) \cdot g(x, y)$ 也在点 $P_0(x_0, y_0)$ 连续；又如果 $g(x_0, y_0) \neq 0$，那么 $\dfrac{f(x, y)}{g(x, y)}$ 也在点 $P_0(x_0, y_0)$ 连续．．

如果函数 $f(x, y)$ 在点 $P_0(x_0, y_0)$ 不连续，就说它在点 $P_0(x_0, y_0)$ **间断**，这时点 $P_0(x_0, y_0)$ 叫做 $f(x, y)$ 的**间断点**或**不连续点**．

例如前面提到的函数

$$f(x, y) = \frac{x^2 - y^2}{x^2 + y^2} \quad (x^2 + y^2 \neq 0),$$

由于函数 $f(x, y)$ 当 $(x, y) \to (0, 0)$ 时极限不存在，因此点 $P_0(0, 0)$ 是函数 $f(x, y)$ 的一个间断点．

有界闭区域上的二元连续函数也有闭区间上的一元连续函数的类似性质．例如，在有界闭区域上的二元连续函数必定有界，且能取到最大值和最小值．

以上关于二元函数的极限和连续的概念，可以推广到三元以及三元以上的函数上去．

习　题　2.1

1. 求下列函数的定义域：

(1) $z = \sqrt{a^2 - x^2 - y^2}$；

(2) $z = \sqrt{x + y} - \ln(x - y + 2)$；

(3) $u = \arcsin(x^2 + y^2 - z)$；

(4) $u = \dfrac{1}{\sqrt{x}} + \dfrac{1}{\sqrt{y}} + \dfrac{1}{\sqrt{z}}$.

2. 求下列极限：

(1) $\lim\limits_{(x, y) \to (0, 0)} \dfrac{\sin xy}{x}$；

(2) $\lim\limits_{(x, y) \to (0, 1)} \dfrac{1 - xy}{x^2 + y^2}$；

(3) $\lim\limits_{(x, y) \to (0, 0)} (1 + xy)^{\frac{x}{x^2 + y^2}}$；

(4) $\lim\limits_{(x, y) \to (0, 0)} \dfrac{xy}{1 - \sqrt{xy + 1}}$.

3. 证明：当 $(x, y) \to (0, 0)$ 时，函数 $f(x, y) = \dfrac{xy}{x^2 + y^2}$ 不存在极限．

2.2　偏　导　数

1. 偏导数的定义

一元函数的导数表示函数在某一点关于自变量的变化率．对于多元函数来说,因为自变量个数的增多,使得函数关系更加复杂,那么应该怎样研究函数关于自变量的变化率呢?我们可以从最简单的情形开始研究.

定义 2-4 设函数 $z = f(x, y)$ 在区域 D 内有定义,$(x_0, y_0) \in D$. 取 D 内另外的点 $(x_0 + \Delta x, y_0)$,如果极限

$$\lim_{\Delta x \to 0} \frac{f(x_0 + \Delta x, y_0) - f(x_0, y_0)}{\Delta x}$$

存在,则称此极限为函数 $z = f(x, y)$ 在点 (x_0, y_0) 处**对 x 的偏导数**,记作

$$f_x(x_0, y_0), \quad \left.\frac{\partial z}{\partial x}\right|_{(x_0, y_0)}, \quad \left.\frac{\partial f}{\partial x}\right|_{(x_0, y_0)} \text{ 或 } z_x\big|_{(x_0, y_0)}.$$

即

$$f_x(x_0, y_0) = \lim_{\Delta x \to 0} \frac{f(x_0 + \Delta x, y_0) - f(x_0, y_0)}{\Delta x}. \tag{2-1}$$

类似地,函数 $z = f(x, y)$ 在点 (x_0, y_0) 处**对 y 的偏导数** $f_y(x_0, y_0)$ 定义为

$$f_y(x_0, y_0) = \lim_{\Delta y \to 0} \frac{f(x_0, y_0 + \Delta y) - f(x_0, y_0)}{\Delta y}, \tag{2-2}$$

这个偏导数也可类似地记作

$$\left.\frac{\partial z}{\partial y}\right|_{(x_0, y_0)}, \quad \left.\frac{\partial f}{\partial y}\right|_{(x_0, y_0)}, \quad z_y\big|_{(x_0, y_0)}.$$

上述两个偏导数分别表示函数沿 x 轴及 y 轴方向的变化率,它们是通过一元函数导数定义的,因此求一元函数导数的一些公式也可用来求偏导数.

若函数 $z = f(x, y)$ 对区域 D 内每一点 (x, y) 都有对 x(或对 y)的偏导数,则偏导数 z_x(或 z_y)在 D 内仍是 x 与 y 的二元函数,称为函数 $f(x, y)$ **对 x(或对 y)的偏导函数**,简称偏导数,记作

$$\frac{\partial z}{\partial x}, \quad \frac{\partial f}{\partial x}, \quad z_x \text{ 或 } f_x(x, y)$$

$$\left(\text{或}\frac{\partial z}{\partial y}, \quad \frac{\partial f}{\partial y}, \quad z_y \text{ 或 } f_y(x, y)\right).$$

例 2-4 求 $z = x^2 + 3xy$ 的偏导数.

解 把 y 看做常数,得

$$\frac{\partial z}{\partial x} = 2x + 3y;$$

把 x 看做常数,得

$$\frac{\partial z}{\partial y} = 3x.$$

例 2-5 求 $z = x^2 \sin 2y$ 的偏导数.

解 $\frac{\partial z}{\partial x} = 2x \sin 2y, \quad \frac{\partial z}{\partial y} = 2x^2 \cos 2y.$

例 2-6　求函数
$$f(x,y) = \begin{cases} x + y, & x = 0 \text{ 或 } y = 0; \\ 1, & \text{其他情况} \end{cases}$$

在 $(0,0)$ 处的偏导数 $f_x(0,0)$ 及 $f_y(0,0)$.

解　由偏导数的定义得

$$f_x(0,0) = \lim_{\Delta x \to 0} \frac{f(0 + \Delta x, 0) - f(0,0)}{\Delta x} = \lim_{\Delta x \to 0} \frac{\Delta x}{\Delta x} = 1.$$

同样可求得 $f_y(0,0) = 1$.

我们知道,在某一点可导的一元函数一定在这点连续,但如果 $f(x,y)$ 在某一点 (x_0, y_0) 有对 x 及对 y 的偏导数,它在这点却不一定连续. 这是由于 $f_x(x_0, y_0)$ 及 $f_y(x_0, y_0)$ 存在只是说明函数沿 x 轴及 y 轴方向的变化情况,而不涉及 (x,y) 以其他方式趋于 (x_0, y_0) 时 $f(x,y)$ 的性态. 事实上,在例 2-6 中,函数 $f(x,y)$ 在 $(0,0)$ 点有对 x 和对 y 的偏导数,但函数 $f(x,y)$ 在 $(0,0)$ 处不连续.

下面我们来说明二元函数偏导数的几何意义.

设函数 $z = f(x,y)$ 在区域 D 上连续且有偏导函数. 在直角坐标系中,它表示一个曲面. 设 $M_0(x_0, y_0, z_0)$ 是曲面上一点. 这里 $z_0 = f(x_0, y_0)$,曲面 $z = f(x,y)$ 与平面 $y = y_0$ 的交线是一条平面曲线,其方程为

$$\begin{cases} y = y_0, \\ z = f(x,y). \end{cases} \tag{2-3}$$

函数 $z = f(x,y)$ 在点 (x_0, y_0) 对 x 的偏导数 $\dfrac{\partial f}{\partial x}\bigg|_{(x_0, y_0)}$ 就是函数 $f(x, y_0)$ 在 $x = x_0$ 的导数,即曲线 (2-3) 在 (x_0, y_0, z_0) 的切线对 x 轴的斜率(图 2-4).

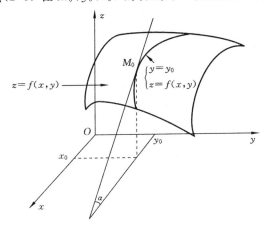

图 2-4

同样,函数 $z=f(x,y)$ 在点 (x_0,y_0) 的偏导数 $\dfrac{\partial f}{\partial y}\Big|_{(x_0,y_0)}$ 是曲线

$$\begin{cases} x=x_0, \\ z=f(x,y) \end{cases}$$

在 (x_0,y_0,z_0) 的切线对 y 轴的斜率.

2. 高阶偏导数

设函数 $z=f(x,y)$ 在区域 D 内有偏导数 $\dfrac{\partial z}{\partial x}$ 和 $\dfrac{\partial z}{\partial y}$,这两个偏导数在 D 内是 x, y 的函数. 若这两个偏导数的偏导数也存在,则分别记作

$$\frac{\partial}{\partial x}\left(\frac{\partial z}{\partial x}\right)=\frac{\partial^2 z}{\partial x^2}=f_{xx}(x,y);$$

$$\frac{\partial}{\partial y}\left(\frac{\partial z}{\partial x}\right)=\frac{\partial^2 z}{\partial x\partial y}=f_{xy}(x,y);$$

$$\frac{\partial}{\partial x}\left(\frac{\partial z}{\partial y}\right)=\frac{\partial^2 z}{\partial y\partial x}=f_{yx}(x,y);$$

$$\frac{\partial}{\partial y}\left(\frac{\partial z}{\partial y}\right)=\frac{\partial^2 z}{\partial y^2}=f_{yy}(x,y).$$

以上四个函数称为函数 $z=f(x,y)$ 的**二阶偏导数**. 同样地可以定义三阶偏导数. 例如

$$\frac{\partial}{\partial x}\left(\frac{\partial^2 z}{\partial y^2}\right)=\frac{\partial^3 z}{\partial y^2\partial x}.$$

一般地, $z=f(x,y)$ 的 $n-1$ 阶偏导数的偏导数称为 $z=f(x,y)$ 的 **n 阶偏导数**. 二阶及二阶以上的偏导数统称为**高阶偏导数**.

例 2-7 设 $z=\mathrm{e}^{2x}\sin y$,求二阶偏导数.

解 $\dfrac{\partial z}{\partial x}=2\mathrm{e}^{2x}\sin y,\qquad \dfrac{\partial z}{\partial y}=\mathrm{e}^{2x}\cos y;$

$\dfrac{\partial^2 z}{\partial x^2}=4\mathrm{e}^{2x}\sin y,\qquad \dfrac{\partial^2 z}{\partial x\partial y}=2\mathrm{e}^{2x}\cos y,$

$\dfrac{\partial^2 z}{\partial y\partial x}=2\mathrm{e}^{2x}\cos y,\qquad \dfrac{\partial^2 z}{\partial y^2}=-\mathrm{e}^{2x}\sin y.$

我们注意到,例 2-7 中的两个偏导数 $\dfrac{\partial^2 z}{\partial x\partial y}$, $\dfrac{\partial^2 z}{\partial y\partial x}$ 相等,也就是说这二个偏导数与求导数的顺序无关. 事实上有如下结论.

定理 2-1 如果函数 $f(x,y)$ 的二阶偏导数 $f_{xy}(x,y)$, $f_{yx}(x,y)$ 在区域 D 内连续,那么在该区域 D 内这两个二阶偏导数必相等.

这就表明二阶偏导数在连续条件下与求偏导的次序无关. 定理证明从略.

作为对定理的补充说明, 我们给出以下例题.

例 2-8　设 $f(x,y) = \begin{cases} xy\,\dfrac{x^2-y^2}{x^2+y^2}, & x^2+y^2 \neq 0, \\ 0, & x^2+y^2 = 0, \end{cases}$　求 $f_{xy}(0,0), f_{yx}(0,0)$.

解　$f_x(0,y) = \lim\limits_{\Delta x \to 0} \dfrac{f(\Delta x, y) - f(0,y)}{\Delta x} = \lim\limits_{\Delta x \to 0} y\,\dfrac{(\Delta x)^2 - y^2}{(\Delta x)^2 + y^2} = -y;$

$f_y(x,0) = \lim\limits_{\Delta y \to 0} \dfrac{f(x, \Delta y) - f(x,0)}{\Delta y} = \lim\limits_{\Delta y \to 0} x\,\dfrac{x^2 - (\Delta y)^2}{x^2 + (\Delta y)^2} = x.$

就有

$$f_{xy}(0,0) = -1, \quad f_{yx}(0,0) = 1,$$

这里

$$f_{xy}(0,0) \neq f_{yx}(0,0).$$

由此可见求偏导数的次序不同, 其结果也可能不同.

习　题　2.2

1. 求下列函数的偏导数:

(1) $z = x^3 + y^3 - 3axy$;

(2) $z = x^2 \ln(x^2 + y^2)$;

(3) $z = \mathrm{e}^x(\cos y + x \sin y)$;

(4) $z = \arcsin\sqrt{\dfrac{x^2 - y^2}{x^2 + y^2}}$.

2. 设 $f(x,y) = \ln(x^2 y + y^2)$, 求 $f_x(x,y), f_y(x,y), f_x(1,2), f_y(1,2)$.

3. 求下列函数的二阶偏导:

(1) $z = \sin(xy)$;

(2) $z = \dfrac{1}{2}\ln(x^2 + y^2)$;

(3) $z = \arctan\dfrac{y}{x}$;

(4) $z = x^y$.

4. 求曲线 $\begin{cases} y = 4, \\ z = \dfrac{x^2 + y^2}{4} \end{cases}$ 在点 $(2,4,5)$ 处切线与 x 轴正向间的夹角.

5. 验证 $u = (x-y)(y-z)(z-x)$ 满足方程

$$\frac{\partial u}{\partial x} + \frac{\partial u}{\partial y} + \frac{\partial u}{\partial z} = 0.$$

6. 设 $r = \sqrt{x^2 + y^2 + z^2}$, 验证

$$\frac{\partial^2 r}{\partial x^2} + \frac{\partial^2 r}{\partial y^2} + \frac{\partial^2 r}{\partial z^2} = \frac{2}{r}.$$

2.3 全 微 分

1. 全微分的概念

一元函数 $y = f(x)$ 在点 x_0 处的微分可表示为

$$\mathrm{d}y = f'(x_0)\Delta x.$$

这里,微分 $\mathrm{d}y = f'(x_0)\Delta x$ 具有下列两个性质:

(1) 它与点 x_0 的改变量 Δx 成正比,即为 Δx 的线性函数;

(2) 当 $\Delta x \to 0$ 时,它与函数 y 的改变量 Δy 相差一个比 Δx 高阶的无穷小量.

在研究二元函数 $z = f(x, y)$ 时,我们也希望引进一个类似性质的量. 考察二元函数 $z = f(x, y)$,当自变量由点 (x_0, y_0) 变到点 $(x_0 + \Delta x, y_0 + \Delta y)$ 时,函数值的差

$$\Delta z = f(x_0 + \Delta x, y_0 + \Delta y) - f(x_0, y_0)$$

叫做函数在点 (x_0, y_0) 处的全增量.

现在要找出一个量,使它对函数 $z = f(x, y)$ 所起的作用与一元函数微分对函数所起的作用一样. 我们引入如下定义:

定义 2-5 设函数 $z = f(x, y)$ 在点 (x_0, y_0) 的某一邻域内有定义,若函数 $f(x, y)$ 在点 (x_0, y_0) 的全增量可表示成

$$\Delta z = A\Delta x + B\Delta y + o(\rho),$$

其中 A, B 是与 $\Delta x, \Delta y$ 无关的常数,

$$\rho = \sqrt{(\Delta x)^2 + (\Delta y)^2},$$

则称函数 $z = f(x, y)$ 在点 (x_0, y_0) **可微分**,$A\Delta x + B\Delta y$ 称为函数 $z = (x, y)$ 在点 (x_0, y_0) 的**全微分**,记作 $\mathrm{d}z$,即

$$\mathrm{d}z = A\Delta x + B\Delta y.$$

二元函数 $z = f(x, y)$ 在点 (x_0, y_0) 处的全微分 $\mathrm{d}z$ 是 $\Delta x, \Delta y$ 的线性函数,与函数在 (x_0, y_0) 处的全增量 Δz 相差一个较 ρ 高阶的无穷小.

从全微分的定义可以看出,若函数 $z = f(x, y)$ 在某一点 (x_0, y_0) 可微分,则必在该点连续. 这是因为

$$\lim_{(x, y) \to (x_0, y_0)} f(x, y) = \lim_{\rho \to 0} f(x_0 + \Delta x, y_0 + \Delta y) = \lim_{\rho \to 0} (f(x_0, y_0) + \Delta z) = f(x_0, y_0).$$

这就表明,函数连续是可微分的必要条件.

下面讨论函数 $f(x, y)$ 在点 (x_0, y_0) 处可微分与偏导数存在的关系.

定理 2-2 若函数 $z = f(x, y)$ 在点 (x_0, y_0) 处可微分,则函数 $f(x, y)$ 在点 (x_0, y_0) 处的偏导数 $f_x(x_0, y_0), f_y(x_0, y_0)$ 存在,且

$$f_x(x_0, y_0) = A, \quad f_y(x_0, y_0) = B,$$

即

$$dz = f_x(x_0, y_0)\Delta x + f_y(x_0, y_0)\Delta y.$$

证　因为函数 $f(x,y)$ 在 (x_0, y_0) 可微分,即

$$\Delta z = A\Delta x + B\Delta y + o(\rho),$$

上式对任意 Δx 与 Δy 都成立,令 $\Delta y = 0$,此时 $\rho = |\Delta x|$,上式变为

$$\Delta z = A\Delta x + o(|\Delta x|),$$

即

$$f(x_0 + \Delta x, y_0) - f(x_0, y_0) = A\Delta x + o(|\Delta x|).$$

再令 $\Delta x \to 0$ 取极限,就得

$$\lim_{\Delta x \to 0} \frac{f(x_0 + \Delta x, y_0) - f(x_0, y_0)}{\Delta x} = A.$$

因此,函数 $f(x,y)$ 在点 (x_0, y_0) 处的偏导数存在,且

$$f_x(x_0, y_0) = A.$$

同理可证 $f_y(x_0, y_0) = B.$

我们知道,若一元函数在某点处可导,则它一定在这点可微分. 但对二元函数来说,情形就不同了. 二元函数在某点处的偏导数即使存在,它在该点处也不一定可微分.

例如,函数

$$f(x,y) = \begin{cases} \dfrac{xy}{x^2 + y^2}, & x^2 + y^2 \neq 0, \\ 0, & x^2 + y^2 = 0 \end{cases}$$

在点 $(0,0)$ 处的偏导数存在,我们不难求得 $f_x(0,0) = 0, f_y(0,0) = 0$,因函数在 $(0,0)$ 处不连续,由此推得函数在 $(0,0)$ 处是不可微分的.

由以上定理和例题说明,二元函数在点 (x_0, y_0) 处的偏导数存在是函数在这点可微分的必要条件,而不是充分条件. 但是,若函数 $f(x,y)$ 在 (x_0, y_0) 处的偏导数连续,则函数 $f(x,y)$ 在 (x_0, y_0) 的全微分存在,即

定理 2-3　若函数 $z = f(x,y)$ 的偏导数 $f_x(x,y), f_y(x,y)$ 在点 (x_0, y_0) 处连续,则函数 $f(x,y)$ 在点 (x_0, y_0) 处可微分.

定理证明从略.

与一元函数类似,将自变量的增量 $\Delta x, \Delta y$ 分别记作 dx, dy,并分别称为自变量 x, y 的微分,则函数 $z = f(x,y)$ 的全微分可以写成

$$dz = f_x(x,y)dx + f_y(x,y)dy.$$

例 2-9　求函数 $z = x^2 y + y^2$ 的全微分.

解　因为 $\dfrac{\partial z}{\partial x} = 2xy, \dfrac{\partial z}{\partial y} = x^2 + 2y$,所以

$$dz = 2xy\,dx + (x^2 + 2y)dy.$$

例 2-10　求函数 $z = e^{xy}$ 在点 $(2,1)$ 处的全微分.

解 因为

$$\frac{\partial z}{\partial x} = y\mathrm{e}^{xy}, \quad \frac{\partial z}{\partial y} = x\mathrm{e}^{xy}, \quad \frac{\partial z}{\partial x}\Big|_{(2,1)} = \mathrm{e}^2, \quad \frac{\partial z}{\partial y}\Big|_{(2,1)} = 2\mathrm{e}^2,$$

所以

$$\mathrm{d}z\,\big|_{(2,1)} = \mathrm{e}^2\,\mathrm{d}x + 2\mathrm{e}^2\,\mathrm{d}y.$$

以上关于二元函数的全微分的概念,全微分存在的必要条件和充分条件,全微分的表达式等,都可以推广到三元以上的函数.

例 2-11 求函数 $u = xy + \sin\dfrac{y}{2} + x^2 z$ 的全微分.

解 因为

$$\frac{\partial u}{\partial x} = y + 2xz, \quad \frac{\partial u}{\partial y} = x + \frac{1}{2}\cos\frac{y}{2}, \quad \frac{\partial u}{\partial z} = x^2,$$

所以

$$\mathrm{d}u = (y + 2xz)\mathrm{d}x + \left(x + \frac{1}{2}\cos\frac{y}{2}\right)\mathrm{d}y + x^2\,\mathrm{d}z.$$

2. 全微分在近似计算中的应用

和一元函数一样,可以利用全微分作近似计算和误差估计.下面只讲近似计算问题.

若函数 $z = f(x,y)$ 在点 (x_0,y_0) 处可微分,则函数在点 (x_0,y_0) 处的全增量 $\Delta z = f(x_0 + \Delta x, y_0 + \Delta y) - f(x_0,y_0) = f_x(x_0,y_0)\Delta x + f_y(x_0,y_0)\Delta y + o(\rho)$. 当 $|\Delta x|,|\Delta y|$ 很小时,可略去较 ρ 高阶的无穷小量 $o(\rho)$,有

$$f(x_0 + \Delta x, y_0 + \Delta y) - f(x_0,y_0) \approx f_x(x_0,y_0)\Delta x + f_y(x_0,y_0)\Delta y,$$

也可写成

$$f(x_0 + \Delta x, y_0 + \Delta y) \approx f(x_0,y_0) + f_x(x_0,y_0)\Delta x + f_y(x_0,y_0)\Delta y.$$

这样,就可对 $f(x_0 + \Delta x, y_0 + \Delta y)$ 作近似计算.

例 2-12 计算 $(1.04)^{2.02}$ 的近似值.

解 设函数 $f(x,y) = x^y$,现在要求当 $x = 1.04, y = 2.02$ 时的函数值. 可令 $x_0 = 1, y_0 = 2, \Delta x = 0.04, \Delta y = 0.02$.

因为

$$f_x(x,y) = yx^{y-1}, \quad f_y(x,y) = x^y\ln x,$$
$$f(1,2) = 1, \quad f_x(1,2) = 2, \quad f_y(1,2) = 0,$$

所以,由上面近似计算公式得

$$(1.04)^{2.02} \approx 1 + 2 \times 0.04 + 0 \times 0.02 = 1.08.$$

习　题　2.3

1. 求下列函数的全微分:

(1) $z = x^3 y^2$;　　　　　　　　　　(2) $z = \mathrm{e}^{\frac{y}{x}}$;

(3) $z = \ln(2x + 3y)$;　　　　　　(4) $z = \sin(x + y)$;

(5) $z = \sqrt{x^2 + y^2}$;　　　　　　(6) $u = x^{yz}$.

2. 求函数 $z = \dfrac{y}{x}$ 当 $x = 2, y = 1, \Delta x = 0.1, \Delta y = -0.2$ 时的全增量和全微分.

3. 写出二元函数 $z = \ln(1 + x^2 + y^2)$ 当 $x = 1, y = 2$ 时的全微分.

4. 求 $(1.97)^{1.05}$ 的近似值(已知 $\ln 2 \approx 0.693$).

2.4　多元复合函数的求导法则

多元复合函数的求导问题比较复杂,为了便于理解,下面分几种情形进行讨论. 先讨论依赖于一个自变量的情形.

定理 2-4　设函数 $u = \varphi(x), v = \psi(x)$ 都在点 x 可导,函数 $z = f(u, v)$ 在对应点 (u, v) 有连续的偏导数,则复合函数 $z = f[\varphi(x), \psi(x)]$ 在点 x 可导,且

$$\frac{\mathrm{d}z}{\mathrm{d}x} = \frac{\partial z}{\partial u} \frac{\mathrm{d}u}{\mathrm{d}x} + \frac{\partial z}{\partial v} \frac{\mathrm{d}v}{\mathrm{d}x}. \tag{2-4}$$

证　设 x 有增量 Δx,对应的 u 和 v 的改变量分别为 Δu 和 Δv,由已知条件知,函数 $z = f(u, v)$ 在 (u, v) 处可微,故 z 的全增量为

$$\Delta z = \frac{\partial z}{\partial u} \Delta u + \frac{\partial z}{\partial v} \Delta v + o(\rho),$$

这里 $\rho = \sqrt{(\Delta u)^2 + (\Delta v)^2}$.

将上式两边除以 Δx,得

$$\frac{\Delta z}{\Delta x} = \frac{\partial z}{\partial u} \frac{\Delta u}{\Delta x} + \frac{\partial z}{\partial v} \frac{\Delta v}{\Delta x} + \frac{o(\rho)}{\Delta x},$$

令 $\Delta x \to 0$,就有

$$\lim_{\Delta x \to 0} \frac{\Delta u}{\Delta x} = \frac{\mathrm{d}u}{\mathrm{d}x}, \quad \lim_{\Delta x \to 0} \frac{\Delta v}{\Delta x} = \frac{\mathrm{d}v}{\mathrm{d}x},$$

并可证明

$$\lim_{\Delta x \to 0} \frac{o(\rho)}{\Delta x} = 0,$$

则有

$$\frac{\mathrm{d}z}{\mathrm{d}x} = \lim_{\Delta x \to 0} \frac{\Delta z}{\Delta x} = \frac{\partial z}{\partial u} \frac{\mathrm{d}u}{\mathrm{d}x} + \frac{\partial z}{\partial v} \frac{\mathrm{d}v}{\mathrm{d}x}.$$

上面定理给出的复合函数中变量的相互关系可由图 2-5 给出. 图 2-5 中从 z 到每一个 x 的连线对应于 $\dfrac{\mathrm{d}z}{\mathrm{d}x}$ 的公式(2-4)中

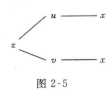

图 2-5

一项. 在求复合函数的导数或偏导数时, 特别是比较复杂的情形, 对初学者来说, 变量关系的图解是有帮助的.

仿照(2-4)式, 可以推广到复合函数的中间变量多于两个的情形.

例如, 设函数 $u = \varphi(x), v = \psi(x), w = \omega(x)$ 在点 x 可导, 函数 $z = f(u, v, w)$ 在对应的点 (u, v, w) 有连续的偏导数, 那么复合函数

$$z = f[\varphi(x), \psi(x), \omega(x)]$$

在点 x 可导, 且

$$\frac{\mathrm{d}z}{\mathrm{d}x} = \frac{\partial z}{\partial u} \frac{\mathrm{d}u}{\mathrm{d}x} + \frac{\partial z}{\partial v} \frac{\mathrm{d}v}{\mathrm{d}x} + \frac{\partial z}{\partial w} \frac{\mathrm{d}w}{\mathrm{d}x}. \tag{2-5}$$

特别地, 若 $w(x) = x$, 则(2.5)式变为

$$\frac{\mathrm{d}z}{\mathrm{d}x} = \frac{\partial z}{\partial u} \frac{\mathrm{d}u}{\mathrm{d}x} + \frac{\partial z}{\partial v} \frac{\mathrm{d}v}{\mathrm{d}x} + \frac{\partial z}{\partial \omega}. \tag{2-6}$$

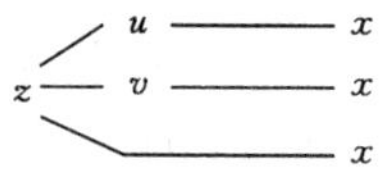

图 2-6

(2-6)式对应的复合函数中变量的相互关系见图 2-6, 图中 z 到 x 的每条连线对应于(2-6)右边的一项.

下面就来进一步讨论依赖于多个自变量的复合函数的情形.

推论 2-1 设函数 $u = \varphi(x, y), v = \psi(x, y)$ 都在点 (x, y) 具有对 x 及对 y 的偏导数, 函数 $z = f(u, v)$ 在对应点 (u, v) 具有连续偏导数, 则复合函数 $z = f[\varphi(x, y), \psi(x, y)]$ 在点 (x, y) 的两个偏导数存在, 且有

$$\frac{\partial z}{\partial x} = \frac{\partial z}{\partial u} \frac{\partial u}{\partial x} + \frac{\partial z}{\partial v} \frac{\partial v}{\partial x}, \tag{2-7}$$

$$\frac{\partial z}{\partial y} = \frac{\partial z}{\partial u} \frac{\partial u}{\partial y} + \frac{\partial z}{\partial v} \frac{\partial v}{\partial y}. \tag{2-8}$$

这两个式子的推导并不困难, 在求 $\frac{\partial z}{\partial x}$ 时, 把 y 看做常量, 此时中间变量 u 和 v 可看做关于 x 的一元函数, 运用(2-4)式就可推得(2-7)式. 同理也可推得(2-8)式. 这里复合函数中变量的相互关系见图 2-7, 其中 z 到 x 的每条连线对应 $\frac{\partial z}{\partial x}$ 中一项.

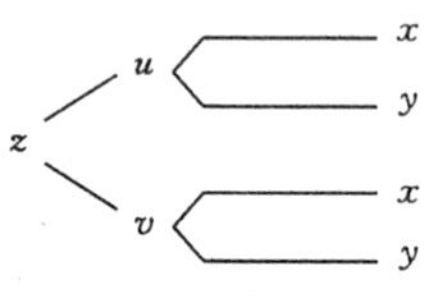

图 2-7

对于多元复合函数来说, 由于中间变量及自变量都可能不只一个, 因此导函数或偏导函数的表示式中可能不只一项. 初学者为了避免混淆, 可先用图解表明有关函数、中间变量及自变量的相互关系. 如果函数到某自变量的连线有几条, 则对该自变量的导函数或偏导函数表达式中就有几项.

以上介绍的复合函数的求导法则常称为链式法则, 读者在学习时应理解其实质, 并能举一反三熟练运用.

以上内容可类推到高阶偏导数以及其他类型复合函数偏导数的计算.

例 2-13　设 $z = \sin uv, u = \mathrm{e}^x, v = \mathrm{e}^{x^2}$，求 $\dfrac{\mathrm{d}z}{\mathrm{d}x}$.

解　$\dfrac{\mathrm{d}z}{\mathrm{d}x} = \dfrac{\partial z}{\partial u}\dfrac{\mathrm{d}u}{\mathrm{d}x} + \dfrac{\partial z}{\partial v}\dfrac{\mathrm{d}v}{\mathrm{d}x} = v\cos uv \cdot \mathrm{e}^x + u\cos uv \cdot 2x\mathrm{e}^{x^2}$

$\qquad = (1 + 2x)\mathrm{e}^{x+x^2}\cos \mathrm{e}^{x+x^2}.$

例 2-14　设 $z = \mathrm{e}^u \sin v, u = xy, v = x + y$，求 $\dfrac{\partial z}{\partial x}$ 和 $\dfrac{\partial z}{\partial y}$.

解　$\dfrac{\partial z}{\partial x} = \dfrac{\partial z}{\partial u}\dfrac{\partial u}{\partial x} + \dfrac{\partial z}{\partial v}\dfrac{\partial v}{\partial x}$

$\qquad = \mathrm{e}^u \sin v \cdot y + \mathrm{e}^u \cos v \cdot 1$

$\qquad = \mathrm{e}^{xy}[y\sin(x+y) + \cos(x+y)],$

$\dfrac{\partial z}{\partial y} = \dfrac{\partial z}{\partial u}\dfrac{\partial u}{\partial y} + \dfrac{\partial z}{\partial v}\dfrac{\partial v}{\partial y}$

$\qquad = \mathrm{e}^u \sin v \cdot x + \mathrm{e}^u \cos v \cdot 1$

$\qquad = \mathrm{e}^{xy}[x\sin(x+y) + \cos(x+y)].$

例 2-15　设 $z = f(x^2 - y^2, \mathrm{e}^{xy})$，求 $\dfrac{\partial z}{\partial x}$ 和 $\dfrac{\partial z}{\partial y}$.

解　令 $u = x^2 - y^2, v = \mathrm{e}^{xy}$，则

$$\dfrac{\partial z}{\partial x} = \dfrac{\partial f}{\partial u}\dfrac{\partial u}{\partial x} + \dfrac{\partial f}{\partial v}\dfrac{\partial v}{\partial x} = 2x\dfrac{\partial f}{\partial u} + y\mathrm{e}^{xy}\dfrac{\partial f}{\partial v},$$

$$\dfrac{\partial z}{\partial y} = \dfrac{\partial f}{\partial u}\dfrac{\partial u}{\partial y} + \dfrac{\partial f}{\partial v}\dfrac{\partial v}{\partial y} = -2y\dfrac{\partial f}{\partial u} + x\mathrm{e}^{xy}\dfrac{\partial f}{\partial v}.$$

例 2-16　设 $u = \mathrm{e}^{x^2+y^2+z^2}, z = x^2\sin y$，求 $\dfrac{\partial u}{\partial x}$ 和 $\dfrac{\partial u}{\partial y}$.

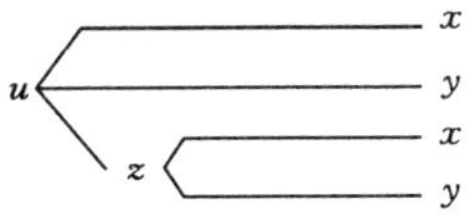

解　为了不引起混淆，令 $u = f(x,y,z) = \mathrm{e}^{x^2+y^2+z^2}$，复合函数中变量的相互关系如图 2-8 所示，由链式法则，得

$$\dfrac{\partial u}{\partial x} = f_x + f_z \dfrac{\partial z}{\partial x}$$

$$= 2x\mathrm{e}^{x^2+y^2+z^2} + 2z\mathrm{e}^{x^2+y^2+z^2} \cdot 2x\sin y$$

$$= 2x(1 + 2x^2\sin^2 y)\mathrm{e}^{x^2+y^2+x^4\sin^2 y};$$

$$\dfrac{\partial u}{\partial y} = f_y + f_z \dfrac{\partial z}{\partial y} = 2y\mathrm{e}^{x^2+y^2+z^2} + 2z\mathrm{e}^{x^2+y^2+z^2} \cdot x^2\cos y$$

$$= 2(y + x^4\sin y\cos y)\mathrm{e}^{x^2+y^2+x^4\sin^2 y}.$$

图 2-8

例 2-17　设 $w = f(xy, xyz)$，f 具有二阶连续偏导数，求 $\dfrac{\partial w}{\partial x}$ 和 $\dfrac{\partial^2 w}{\partial x^2}$.

图 2-9

解　令 $u = xy, v = xyz$，则 $w = f(u,v)$.

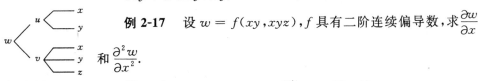

这里复合函数中变量的相互关系如图 2-9.

为使表达式更简单,引入如下记号

$$f'_1(u,v) = f_u(u,v), \quad f''_{12}(u,v) = f_{uv}(u,v),$$

这里下标 1 表示对第一个变量 u 求偏导数,下标 2 表示对第二个变量 v 求偏导数,其余类推.

我们有

$$\frac{\partial w}{\partial x} = f'_1 \cdot \frac{\partial u}{\partial x} + f'_2 \cdot \frac{\partial v}{\partial x} = yf'_1 + yzf'_2,$$

两边再对 x 求导,得

$$\begin{aligned}
\frac{\partial^2 w}{\partial x^2} &= \frac{\partial}{\partial x}(yf'_1 + yzf'_2) = y\frac{\partial f'_1}{\partial x} + yz\frac{\partial f'_2}{\partial x} \\
&= y(yf''_{11} + yzf''_{12}) + yz(yf''_{21} + yzf''_{22}) \\
&= y^2 f''_{11} + 2y^2 zf''_{12} + y^2 z^2 f''_{22}.
\end{aligned}$$

设函数 $z = f(u,v)$ 可微分,则其全微分为

$$dz = \frac{\partial z}{\partial u}du + \frac{\partial z}{\partial v}dv.$$

又若 u,v 是 x,y 的函数 $u = \varphi(x,y), v = \psi(x,y)$,且函数 $\varphi(x,y), \psi(x,y)$ 都可微分,则复合函数 $z = f[\varphi(x,y), \psi(x,y)]$ 的全微分为

$$\begin{aligned}
dz &= \frac{\partial z}{\partial x}dx + \frac{\partial z}{\partial y}dy \\
&= \left(\frac{\partial z}{\partial u}\frac{\partial u}{\partial x} + \frac{\partial z}{\partial v}\frac{\partial v}{\partial x}\right)dx + \left(\frac{\partial z}{\partial u}\frac{\partial u}{\partial y} + \frac{\partial z}{\partial v}\frac{\partial v}{\partial y}\right)dy \\
&= \frac{\partial z}{\partial u}\left(\frac{\partial u}{\partial x}dx + \frac{\partial u}{\partial y}dy\right) + \frac{\partial z}{\partial v}\left(\frac{\partial v}{\partial x}dx + \frac{\partial v}{\partial y}dy\right) \\
&= \frac{\partial z}{\partial u}du + \frac{\partial z}{\partial v}dv.
\end{aligned}$$

由此可见,不论 u,v 是自变量或是中间变量,函数 $z = f(u,v)$ 的全微分形式总是一样的,这个性质叫做**全微分形式不变性**.

习　题　2.4

1. 求下列复合函数的导数或偏导数:

(1) 设 $u = e^{x-2y}$,其中 $x = \sin t, y = t^2$,求 $\dfrac{du}{dt}$;

(2) 设 $z = u^2 + v^2$,其中 $u = x + y, v = x - y$,求 $\dfrac{\partial z}{\partial x}, \dfrac{\partial z}{\partial y}$;

(3) 设 $w = f(u,v)$,其中 $u = x + y + z, v = x^2 + y^2 + z^2$,求 $\dfrac{\partial w}{\partial x}, \dfrac{\partial w}{\partial y}, \dfrac{\partial w}{\partial z}$;

(4) 设 $z = \arctan(xy)$，其中 $y = \mathrm{e}^x$，求 $\dfrac{\mathrm{d}z}{\mathrm{d}x}$.

2. 设 $y = \varphi(x + at) + \psi(x - at)$，证明 $\dfrac{\partial^2 y}{\partial t^2} = a^2 \dfrac{\partial^2 y}{\partial x^2}$.

3. 设 $z = f\left(x + y, xy, \dfrac{x}{y}\right)$，求 $\dfrac{\partial z}{\partial x}, \dfrac{\partial z}{\partial y}, \dfrac{\partial^2 z}{\partial x \partial y}$.

4. 证明 $z = f(xy)$ 满足方程

$$x \frac{\partial z}{\partial x} - y \frac{\partial z}{\partial y} = 0.$$

5. 设 $z = \dfrac{y}{f(x^2 - y^2)}$，其中 $f(u)$ 为可导函数，证明

$$x \frac{\partial z}{\partial x} + y \frac{\partial z}{\partial y} = z + xy.$$

6. 证明下列每个函数都是调和函数，即满足拉普拉斯方程

$$\frac{\partial^2 u}{\partial x^2} + \frac{\partial^2 u}{\partial y^2} = 0.$$

(1) $u = \mathrm{e}^x \sin y$；

(2) $u = \mathrm{e}^{x^2 - y^2} \sin 2xy$.

2.5　隐函数的求导公式

我们以前所研究的函数大多都是由公式表示的，如 $y = \sin(x + 1), z = \mathrm{e}^{xy}$ 等等. 用公式表示的函数，使得函数对自变量的依赖关系一目了然，这一类函数被称为显函数.

但有一类函数，不是用显函数的形式给出的，而是用一个方程给出. 例如方程 $x^2 + y^2 = 1$，若规定 $y \geqslant 0$，则当 x 在闭区间 $[-1, 1]$ 上取值时，由这一个方程就能确定一个函数 $y = \sqrt{1 - x^2}$.

一般地，设有方程

$$F(x, y) = 0,$$

若变量 x 在某一实数集合中任取一值时，都存在唯一的实数 y，使 (x, y) 为该方程的解，这时就说方程 $F(x, y) = 0$ 隐式地确定 y 为 x 在这一实数集合上的函数. 用 $y = f(x)$ 表示这个函数，此时在这一实数集合上有 $F(x, f(x)) \equiv 0$.

由方程隐式确定的函数，称为**隐函数**.

隐函数和显函数只是表示方式不同，有时可以将隐函数化为显函数. 但在一般情况下，解一个方程并不容易，因此探讨直接用隐函数处理相关问题很有必要.

通过上面的分析，我们很自然地会提出两个问题：

① 在什么条件下,方程 $F(x,y) = 0$ 能确定隐函数 $y = f(x)$?

② 如果能够确定隐函数 $y = f(x)$,该函数是否可导?

为了回答这两个问题,我们有如下的定理:

定理 2-5　设函数 $F(x,y)$ 在点 (x_0,y_0) 的某一邻域内有连续的偏导数,且

$$F(x_0,y_0) = 0, \quad F_y(x_0,y_0) \neq 0,$$

则方程 $F(x,y) = 0$ 在 (x_0,y_0) 的某一邻域内能唯一确定一个可导且有连续导数的函数 $y = f(x)$,满足 $y_0 = f(x_0)$,且有

$$\frac{\mathrm{d}y}{\mathrm{d}x} = -\frac{F_x}{F_y}. \tag{2-9}$$

定理的证明略去. 为了方便大家熟悉隐函数 $y = f(x)$ 导数的求法,下面对公式 (2-9) 进行推导.

将 $y = f(x)$ 代入方程 $F(x,y) = 0$ 得

$$F(x,f(x)) \equiv 0,$$

对方程两边求导,得

$$\frac{\mathrm{d}}{\mathrm{d}x}F(x,f(x)) = 0.$$

由复合函数的求导法则,得到

$$F_x + F_y \frac{\mathrm{d}y}{\mathrm{d}x} = 0.$$

由于 $F_y \neq 0$,有

$$\frac{\mathrm{d}y}{\mathrm{d}x} = -\frac{F_x}{F_y}.$$

这就得到了公式 (2-9).

由复合函数的求导法则,还可以求出隐函数的二阶导数

$$\frac{\mathrm{d}^2 y}{\mathrm{d}x^2} = \frac{\left(F_{xy} + F_{yy}\dfrac{\mathrm{d}y}{\mathrm{d}x}\right)F_x - \left(F_{xx} + F_{xy}\dfrac{\mathrm{d}y}{\mathrm{d}x}\right)F_y}{(F_y)^2}$$

$$= \frac{2F_x F_y F_{xy} - F_{yy}(F_x)^2 - F_{xx}(F_y)^2}{(F_y)^3}.$$

同样可以对上面的结论进行推广. 例如,假定由方程

$$F(x,y,z) = 0$$

确定 z 为 x,y 的函数 $z = f(x,y)$,则有恒等式

$$F(x,y,f(x,y)) \equiv 0.$$

方程两边同时对 x,y 求偏导数,则有

$$\begin{cases} F_x + F_z \dfrac{\partial z}{\partial x} = 0, \\[2mm] F_y + F_z \dfrac{\partial z}{\partial y} = 0, \end{cases} \tag{2-10}$$

所以

$$\frac{\partial z}{\partial x} = -\frac{F_x}{F_z}, \quad \frac{\partial z}{\partial y} = -\frac{F_y}{F_z}.$$

例 2-18　由方程 $x^2 + y^2 - 1 = 0$ 确定 y 是 x 的函数,求 $\dfrac{\mathrm{d}y}{\mathrm{d}x}$ 和 $\dfrac{\mathrm{d}^2 y}{\mathrm{d}x^2}$.

解　这里 $F(x,y) = x^2 + y^2 - 1$,$F_x = 2x$,$F_y = 2y$. 由公式(2-9)得

$$\frac{\mathrm{d}y}{\mathrm{d}x} = -\frac{x}{y}.$$

对上式再求导,得

$$\frac{\mathrm{d}^2 y}{\mathrm{d}x^2} = -\frac{y - xy'}{y^2} = -\frac{y - x\left(-\dfrac{x}{y}\right)}{y^2} = -\frac{y^2 + x^2}{y^3} = -\frac{1}{y^3}.$$

例 2-19　由方程 $\mathrm{e}^{-xy} - 2z + \mathrm{e}^z = 0$ 确定 z 为 x,y 的函数,求 $\dfrac{\partial z}{\partial x}$ 和 $\dfrac{\partial z}{\partial y}$.

解　这里 $F(x,y,z) = \mathrm{e}^{-xy} - 2z + \mathrm{e}^z$,$F_x = -y\mathrm{e}^{-xy}$,$F_y = -x\mathrm{e}^{-xy}$,$F_z = -2 + \mathrm{e}^z$,当 $-2 + \mathrm{e}^z \neq 0$ 时,有

$$\frac{\partial z}{\partial x} = \frac{y\mathrm{e}^{-xy}}{\mathrm{e}^z - 2}, \quad \frac{\partial z}{\partial y} = \frac{x\mathrm{e}^{-xy}}{\mathrm{e}^z - 2}.$$

上面讲到的都是由一个方程确定的隐函数的求导问题,下面我们来研究由方程组确定隐函数的偏导数的求法.

定理 2-6　设 $F(x,y,u,v)$,$G(x,y,u,v)$ 在点 (x_0,y_0,u_0,v_0) 的某一邻域内具有对各个变量的连续偏导数,又 $F(x_0,y_0,u_0,v_0) = 0$,$G(x_0,y_0,u_0,v_0) = 0$,且偏导数所组成的雅可比行列式

$$J = \frac{\partial(F,G)}{\partial(u,v)} = \begin{vmatrix} F_u & F_v \\ G_u & G_v \end{vmatrix}$$

在点 (x_0,y_0,u_0,v_0) 不等于零,则方程组

$$\begin{cases} F(x,y,u,v) = 0, \\ G(x,y,u,v) = 0 \end{cases} \tag{2-11}$$

在点 (x_0,y_0,u_0,v_0) 的某一邻域内恒能唯一确定一组连续且具有连续偏导数的函数 $u = u(x,y)$,$v = v(x,y)$,满足条件 $u_0 = u(x_0,y_0)$,$v_0 = v(x_0,y_0)$,且

$$\begin{cases} \dfrac{\partial u}{\partial x} = -\dfrac{1}{J}\dfrac{\partial(F,G)}{\partial(x,v)} = -\dfrac{\begin{vmatrix} F_x & F_v \\ G_x & G_v \end{vmatrix}}{\begin{vmatrix} F_u & F_v \\ G_u & G_v \end{vmatrix}}, \\[4mm] \dfrac{\partial v}{\partial x} = -\dfrac{1}{J}\dfrac{\partial(F,G)}{\partial(u,x)} = -\dfrac{\begin{vmatrix} F_u & F_x \\ G_u & G_x \end{vmatrix}}{\begin{vmatrix} F_u & F_v \\ G_u & G_v \end{vmatrix}}, \end{cases} \tag{2-12}$$

$$
\begin{cases}
\dfrac{\partial u}{\partial y} = -\dfrac{1}{J}\dfrac{\partial(F,G)}{\partial(y,v)} = -\dfrac{\begin{vmatrix} F_y & F_v \\ G_y & G_v \end{vmatrix}}{\begin{vmatrix} F_u & F_v \\ G_u & G_v \end{vmatrix}}, \\[2em]
\dfrac{\partial v}{\partial y} = -\dfrac{1}{J}\dfrac{\partial(F,G)}{\partial(u,y)} = -\dfrac{\begin{vmatrix} F_u & F_y \\ G_u & G_y \end{vmatrix}}{\begin{vmatrix} F_u & F_v \\ G_u & G_v \end{vmatrix}}.
\end{cases}
$$

定理证明略去. 同前面一样,我们只对公式(2-12)进行推导.

将方程组(2-11) 对 x 求偏导数,得

$$
\begin{cases}
F_x + F_u\dfrac{\partial u}{\partial x} + F_v\dfrac{\partial v}{\partial x} = 0, \\[1em]
G_x + G_u\dfrac{\partial u}{\partial x} + G_v\dfrac{\partial v}{\partial x} = 0.
\end{cases}
$$

这是关于 $\dfrac{\partial u}{\partial x}, \dfrac{\partial v}{\partial x}$ 的线性方程组,由假设知在点 (x_0, y_0, u_0, v_0) 的某一邻域内,系数行列式

$$
J = \begin{vmatrix} F_u & F_v \\ G_u & G_v \end{vmatrix} \neq 0,
$$

由克莱姆法则,有

$$
\frac{\partial u}{\partial x} = -\frac{1}{J}\frac{\partial(F,G)}{\partial(x,v)}, \qquad \frac{\partial v}{\partial x} = -\frac{1}{J}\frac{\partial(F,G)}{\partial(u,x)}.
$$

同理,可得

$$
\frac{\partial u}{\partial y} = -\frac{1}{J}\frac{\partial(F,G)}{\partial(y,v)}, \qquad \frac{\partial v}{\partial y} = -\frac{1}{J}\frac{\partial(F,G)}{\partial(u,y)}.
$$

例 2-20　求由方程组

$$
\begin{cases}
u + v = x + y, \\
xu + yv = 1
\end{cases}
$$

所确定的隐函数 $u = u(x,y), v = v(x,y)$ 的偏导数 $\dfrac{\partial u}{\partial x}, \dfrac{\partial u}{\partial y}, \dfrac{\partial v}{\partial x}, \dfrac{\partial v}{\partial y}$.

解　方程组两边对 x 求导,得

$$
\begin{cases}
\dfrac{\partial u}{\partial x} + \dfrac{\partial v}{\partial x} = 1, \\[1em]
u + x\dfrac{\partial u}{\partial x} + y\dfrac{\partial v}{\partial x} = 0.
\end{cases}
$$

于是

$$\frac{\partial u}{\partial x} = \frac{\begin{vmatrix} 1 & 1 \\ -u & y \end{vmatrix}}{\begin{vmatrix} 1 & 1 \\ x & y \end{vmatrix}} = -\frac{u+y}{x-y},$$

$$\frac{\partial v}{\partial x} = \frac{\begin{vmatrix} 1 & 1 \\ x & -u \end{vmatrix}}{\begin{vmatrix} 1 & 1 \\ x & y \end{vmatrix}} = \frac{u+x}{x-y}.$$

同样,可以求得

$$\frac{\partial u}{\partial y} = -\frac{v+y}{x-y}, \quad \frac{\partial v}{\partial y} = \frac{v+x}{x-y}.$$

习　题　2.5

1. 求由下列方程确定的函数 $y = f(x)$ 的导数 $\dfrac{\mathrm{d}y}{\mathrm{d}x}$:

(1) $x^2 + 2xy - y^2 = a^2$;　　　　　　　(2) $\ln\sqrt{x^2+y^2} = \arctan\dfrac{y}{x}$;

(3) $\sin y + \mathrm{e}^x - xy^2 = 0$;　　　　　　(4) $x^y = y^x$.

2. 求由下列方程所确定的函数 $z = f(x,y)$ 的偏导数 $\dfrac{\partial z}{\partial x}, \dfrac{\partial z}{\partial y}$:

(1) $x + 2y + z - 2\sqrt{xyz} = 0$;　　　　(2) $\mathrm{e}^z - xyz = 0$;

(3) $x^3 + y^3 + z^3 - 3axyz = 0$;　　　　(4) $\dfrac{x}{z} = \ln\dfrac{z}{y}$.

3. 若 $f(x,y,z) = 0$, f 对 x, y, z 的一阶偏导数存在且均不为零,证明

$$\frac{\partial x}{\partial y} \cdot \frac{\partial y}{\partial z} \cdot \frac{\partial z}{\partial x} = -1.$$

4. 设 $z^3 - 3xyz = a^3$, 求 $\dfrac{\partial^2 z}{\partial x \partial y}$.

5. 求由下列方程组所确定的函数的导数或偏导数:

(1) $\begin{cases} z = x^2 + y^2, \\ x^2 + 2y^2 + 3z^2 = 20, \end{cases}$ 求 $\dfrac{\mathrm{d}y}{\mathrm{d}x}, \dfrac{\mathrm{d}z}{\mathrm{d}x}$;

(2) $\begin{cases} u = f(ux, v+y), \\ v = g(u-x, v^2y), \end{cases}$ 其中 f, g 具有一阶连续偏导数,求 $\dfrac{\partial u}{\partial x}, \dfrac{\partial v}{\partial x}$.

2.6　几何方面的应用

1. 空间曲线的切线与法平面

设空间曲线 Γ 的参数方程为

$$x = \varphi(t), \quad y = \psi(t), \quad z = \omega(t) \quad (\alpha \leqslant t \leqslant \beta).$$

且 $\varphi(t), \psi(t), \omega(t)$ 在 t_0 处可导，$\varphi'(t_0), \psi'(t_0), \omega'(t_0)$ 不同时为零，我们来求曲线 Γ 在点 $M_0(x_0, y_0, z_0)$ 处的切线方程和法平面方程，其中 $x_0 = \varphi(t_0), y_0 = \psi(t_0)$，$z_0 = \omega(t_0)$.

在曲线 Γ 上另取一点 $M(x_0 + \Delta x, y_0 + \Delta y, z_0 + \Delta z)$，其中

$$\Delta x = \varphi(t_0 + \Delta t) - \varphi(t_0),$$

$$\Delta y = \psi(t_0 + \Delta t) - \psi(t_0),$$

$$\Delta z = \omega(t_0 + \Delta t) - \omega(t_0).$$

由解析几何知，曲线的割线 $M_0 M$ 的方程为

$$\frac{x - x_0}{\Delta x} = \frac{y - y_0}{\Delta y} = \frac{z - z_0}{\Delta z}.$$

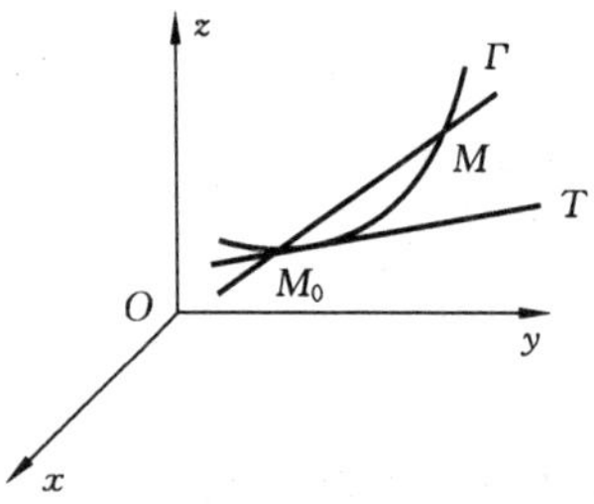

图 2-10

当 M 沿着曲线 Γ 趋于 M_0 时，割线 $M_0 M$ 的极限位置 $M_0 T$ 就是曲线 Γ 在点 M_0 处的**切线**(图 2-10).

割线 $M_0 M$ 的方程还可表示成

$$\frac{x - x_0}{\dfrac{\Delta x}{\Delta t}} = \frac{y - y_0}{\dfrac{\Delta y}{\Delta t}} = \frac{z - z_0}{\dfrac{\Delta z}{\Delta t}}.$$

令 $\Delta t \to 0$，此时 $M \to M_0$，对上式求极限就能得到切线 $M_0 T$ 的方程

$$\frac{x - x_0}{\varphi'(t_0)} = \frac{y - y_0}{\psi'(t_0)} = \frac{z - z_0}{\omega'(t_0)}. \tag{2-13}$$

切线 $M_0 T$ 的方向向量为 $(\varphi'(t_0), \psi'(t_0), \omega'(t_0))$.

通过点 M_0 与切线 $M_0 T$ 垂直的平面称为曲线 Γ 在点 M_0 处的**法平面**. 法平面的法向量就是切线 $M_0 T$ 的方向向量，又因为法平面过 M_0 点，因此，曲线 Γ 在 M_0 处的法平面方程为

$$\varphi'(t_0)(x - x_0) + \psi'(t_0)(y - y_0) + \omega'(t_0)(z - z_0) = 0. \tag{2-14}$$

例 2-21　求螺旋线

$$x = 2\cos t, \quad y = 2\sin t, \quad z = 3t$$

在 $t_0 = \dfrac{\pi}{6}$ 的相应点 (x_0, y_0, z_0) 处的切线方程和法平面方程.

解　因为 $x_t' = -2\sin t, y_t' = 2\cos t, z_t' = 3$，所以

$$x'_t|_{t=\frac{\pi}{6}} = -2\sin\frac{\pi}{6} = -1, \quad y'_t|_{t=\frac{\pi}{6}} = 2\cos\frac{\pi}{6} = \sqrt{3}, \quad z'_t|_{t=\frac{\pi}{6}} = 3.$$

又

$$x_0 = 2\cos\frac{\pi}{6} = \sqrt{3}, \quad y_0 = 2\sin\frac{\pi}{6} = 1, \quad z_0 = 3 \times \frac{\pi}{6} = \frac{\pi}{2},$$

于是,切线方程为

$$\frac{x-\sqrt{3}}{-1} = \frac{y-1}{\sqrt{3}} = \frac{z-\dfrac{\pi}{2}}{3}.$$

法平面方程为

$$-(x-\sqrt{3}) + \sqrt{3}(y-1) + 3\left(z - \frac{\pi}{2}\right) = 0,$$

即

$$x - \sqrt{3}y - 3z + \frac{3\pi}{2} = 0.$$

以上面的讨论为基础,现在来研究空间曲线 Γ 的方程以另外两种形式给出的情形.

若空间曲线 Γ 的方程为

$$\begin{cases} y = \varphi(x), \\ z = \psi(x), \end{cases}$$

可以取 x 为参数,它的方程可表示为

$$\begin{cases} x = x, \\ y = \varphi(x), \\ z = \psi(x). \end{cases}$$

如 $\varphi(x), \psi(x)$ 在 x_0 处可导,则曲线 Γ 在 $M_0(x_0, y_0, z_0)$ 处的切线方程为

$$\frac{x-x_0}{1} = \frac{y-y_0}{\varphi'(x_0)} = \frac{z-z_0}{\psi'(x_0)}, \tag{2-15}$$

在 $M_0(x_0, y_0, z_0)$ 处的法平面方程为

$$(x-x_0) + \varphi'(x_0)(y-y_0) + \psi'(x_0)(z-z_0) = 0. \tag{2-16}$$

若空间曲线 Γ 的方程为

$$\begin{cases} F(x,y,z) = 0, \\ G(x,y,z) = 0, \end{cases} \tag{2-17}$$

$M_0(x_0, y_0, z_0)$ 是曲线 Γ 上的一点. 又设 F, G 有对各个变量的连续偏导数,且

$$\frac{\partial(F,G)}{\partial(y,z)}\bigg|_{(x_0,y_0,z_0)} \neq 0.$$

这时方程组(2-17)在 $M_0(x_0, y_0, z_0)$ 的某一邻域内确定了一组函数 $y = \varphi(x), z = \psi(x)$. 现在只须求出 $\varphi'(x_0), \psi'(x_0)$,并代入(2-15)式和(2-16)式就能求出曲线在

M_0 处的切线方程和法平面方程.

将 $y = \varphi(x), z = \psi(x)$ 代入方程(2-17),有

$$\begin{cases} F(x, \varphi(x), \psi(x)) = 0, \\ G(x, \varphi(x), \psi(x)) = 0. \end{cases}$$

两边对 x 求导,得

$$\begin{cases} \dfrac{\partial F}{\partial x} + \dfrac{\partial F}{\partial y}\dfrac{\mathrm{d}y}{\mathrm{d}x} + \dfrac{\partial F}{\partial z}\dfrac{\mathrm{d}z}{\mathrm{d}x} = 0, \\[2mm] \dfrac{\partial G}{\partial x} + \dfrac{\partial G}{\partial y}\dfrac{\mathrm{d}y}{\mathrm{d}x} + \dfrac{\partial G}{\partial z}\dfrac{\mathrm{d}z}{\mathrm{d}x} = 0. \end{cases}$$

由假设可知,在点 M_0 的某邻域内

$$\frac{\partial(F, G)}{\partial(y, z)} \neq 0,$$

解方程组,得

$$\frac{\mathrm{d}y}{\mathrm{d}x} = \varphi'(x) = \frac{\begin{vmatrix} F_z & F_x \\ G_z & G_x \end{vmatrix}}{\begin{vmatrix} F_y & F_z \\ G_y & G_z \end{vmatrix}}, \qquad \frac{\mathrm{d}z}{\mathrm{d}x} = \psi'(x) = \frac{\begin{vmatrix} F_x & F_y \\ G_x & G_y \end{vmatrix}}{\begin{vmatrix} F_y & F_z \\ G_y & G_z \end{vmatrix}}.$$

曲线在 M_0 点处切线的方向向量为 $(1, \varphi'(x_0), \psi'(x_0))$,即

$$\left(1, \frac{\begin{vmatrix} F_z & F_x \\ G_z & G_x \end{vmatrix}_0}{\begin{vmatrix} F_y & F_z \\ G_y & G_z \end{vmatrix}}, \frac{\begin{vmatrix} F_x & F_y \\ G_x & G_y \end{vmatrix}_0}{\begin{vmatrix} F_y & F_z \\ G_y & G_z \end{vmatrix}} \right),$$

将上面的向量乘以 $\begin{vmatrix} F_y & F_z \\ G_y & G_z \end{vmatrix}_0$,得

$$\left(\begin{vmatrix} F_y & F_z \\ G_y & G_z \end{vmatrix}_0, \begin{vmatrix} F_z & F_x \\ G_z & G_x \end{vmatrix}_0, \begin{vmatrix} F_x & F_y \\ G_x & G_y \end{vmatrix}_0 \right),$$

这个向量也是曲线 Γ 在 M_0 处的切线的一个方向向量. 需要说明的是,这里带下标 0 的行列式表示行列式在点 $M_0(x_0, y_0, z_0)$ 的值.

于是,曲线 Γ 在点 $M_0(x_0, y_0, z_0)$ 处的切线方程为

$$\frac{x - x_0}{\begin{vmatrix} F_y & F_z \\ G_y & G_z \end{vmatrix}_0} = \frac{y - y_0}{\begin{vmatrix} F_z & F_x \\ G_z & G_x \end{vmatrix}_0} = \frac{z - z_0}{\begin{vmatrix} F_x & F_y \\ G_x & G_y \end{vmatrix}_0}, \tag{2-18}$$

法平面方程为

$$\begin{vmatrix} F_y & F_z \\ G_y & G_z \end{vmatrix}_0 (x - x_0) + \begin{vmatrix} F_z & F_x \\ G_z & G_x \end{vmatrix}_0 (y - y_0) + \begin{vmatrix} F_x & F_y \\ G_x & G_y \end{vmatrix}_0 (z - z_0) = 0.$$

$$\tag{2-19}$$

例 2-22　求球面 $x^2 + y^2 + z^2 = 4$ 和柱面 $x^2 + y^2 = 2y$ 的交线在点 $(1,1,\sqrt{2})$ 处的切线和法平面.

解法 1　令

$$
\begin{cases}
F(x,y,z) = x^2 + y^2 + z^2 - 4, \\
G(x,y,z) = x^2 + y^2 - 2y,
\end{cases}
$$

则有

$$
\frac{\partial F}{\partial x} = 2x, \quad \frac{\partial F}{\partial y} = 2y, \quad \frac{\partial F}{\partial z} = 2z,
$$

$$
\frac{\partial G}{\partial x} = 2x, \quad \frac{\partial G}{\partial y} = 2y - 2, \quad \frac{\partial G}{\partial z} = 0.
$$

在点 $(1,1,\sqrt{2})$ 处,有

$$
\frac{\partial F}{\partial x} = 2, \quad \frac{\partial F}{\partial y} = 2, \quad \frac{\partial F}{\partial z} = 2\sqrt{2},
$$

$$
\frac{\partial G}{\partial x} = 2, \quad \frac{\partial G}{\partial y} = 0, \quad \frac{\partial G}{\partial z} = 0.
$$

所以切线方程为

$$
\frac{x-1}{0} = \frac{y-1}{\sqrt{2}} = \frac{z-\sqrt{2}}{-1}.
$$

法平面方程为

$$
\sqrt{2}(y-1) - (z-\sqrt{2}) = 0,
$$

即

$$
\sqrt{2}y - z = 0.
$$

解法 2　解法 1 是直接用公式 (2-18) 和 (2-19) 求解,但这种解法的困难在于公式 (2-18) 和 (2-19) 不易记住,我们可以依照推导公式的方法来求解.

考虑到本例中 $\dfrac{\partial(F,G)}{\partial(y,z)}$ 在点 $(1,1,\sqrt{2})$ 的值为 0,而 $\dfrac{\partial(F,G)}{\partial(z,x)}$ 在点 $(1,1,\sqrt{2})$ 的值不为 0,因此选择如下解法.

将所给方程的两边对 y 求导,得

$$
\begin{cases}
2x\dfrac{\mathrm{d}x}{\mathrm{d}y} + 2y + 2z\dfrac{\mathrm{d}z}{\mathrm{d}y} = 0, \\
2x\dfrac{\mathrm{d}x}{\mathrm{d}y} + 2y = 2,
\end{cases}
$$

整理,得

$$
\begin{cases}
x\dfrac{\mathrm{d}x}{\mathrm{d}y} + z\dfrac{\mathrm{d}z}{\mathrm{d}y} = -y, \\
x\dfrac{\mathrm{d}x}{\mathrm{d}y} = 1 - y,
\end{cases}
$$

由此得

$$\frac{\mathrm{d}x}{\mathrm{d}y} = \frac{1-y}{x}, \quad \frac{\mathrm{d}z}{\mathrm{d}y} = -\frac{1}{z},$$

$$\frac{\mathrm{d}x}{\mathrm{d}y}\Big|_{(1,1,\sqrt{2})} = 0, \quad \frac{\mathrm{d}z}{\mathrm{d}y}\Big|_{(1,1,\sqrt{2})} = -\frac{1}{\sqrt{2}}.$$

切线的方向向量为 $\left(0, 1, -\frac{1}{\sqrt{2}}\right)$, 故所求切线方程为

$$\frac{x-1}{0} = \frac{y-1}{1} = \frac{z-\sqrt{2}}{-\frac{1}{\sqrt{2}}},$$

即

$$\frac{x-1}{0} = \frac{y-1}{\sqrt{2}} = \frac{z-\sqrt{2}}{-1}.$$

法平面方程为

$$\sqrt{2}(y-1) - (z-\sqrt{2}) = 0,$$

即

$$\sqrt{2}y - z = 0.$$

2. 曲面的切平面与法线

设曲面 S 的方程为

$$F(x,y,z) = 0,$$

$M_0(x_0, y_0, z_0)$ 是曲面 S 上的一点, 并设函数 $F(x,y,z)$ 在点 $M_0(x_0, y_0, z_0)$ 的某一邻域内有连续偏导数, 且 $F_x(x_0, y_0, z_0)$, $F_y(x_0, y_0, z_0)$, $F_z(x_0, y_0, z_0)$ 不同时为零.

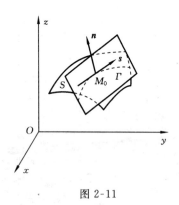

设 Γ 是曲面 S 上过点 $M_0(x_0, y_0, z_0)$ 的任意一条曲线, 且在 M_0 点处有切线, 曲线 Γ 的参数方程为

$$x = \varphi(t), \quad y = \psi(t), \quad z = \omega(t),$$

$t = t_0$ 对应于点 $M_0(x_0, y_0, z_0)$.

如图 2-11 所示, 曲线 Γ 在 M_0 处的切线的方向向量可表示为

$$s = (\varphi'(t_0), \psi'(t_0), \omega'(t_0)).$$

因为曲线 Γ 在曲面 S 上, 所以有恒等式

$$F(\varphi(t), \psi(t), \omega(t)) \equiv 0.$$

两边在 $t = t_0$ 处求对 t 的导数, 得

图 2-11

$$F_x(x_0,y_0,z_0)\varphi'(t_0) + F_y(x_0,y_0,z_0)\psi'(t_0) + F_z(x_0,y_0,z_0)\omega'(t_0) = 0.$$

上式表示向量 $\boldsymbol{n} = (F_x(x_0,y_0,z_0), F_y(x_0,y_0,z_0), F_z(x_0,y_0,z_0))$ 与曲线 Γ 在点 M_0 处的切向量 $\boldsymbol{s} = (\varphi'(t_0), \psi'(t_0), \omega'(t_0))$ 垂直. 由于曲线 Γ 是曲面 S 上过点 M_0 的任意一条曲线,这些曲线 Γ 在点 M_0 处的所有切线都与向量 $\boldsymbol{n}$ 垂直,因此所有过 M_0 点处的切线都在同一平面上. 这个平面就称为**曲面在点 M_0 的切平面**. $\boldsymbol{n}$ 是切平面的一个法向量. 由平面的点法式方程可知,曲面 S 在点 M_0 处的切平面方程为

$$F_x(x_0,y_0,z_0)(x-x_0) + F_y(x_0,y_0,z_0)(y-y_0) + F_z(x_0,y_0,z_0)(z-z_0) = 0.$$
$$(2\text{-}20)$$

过点 $M_0(x_0,y_0,z_0)$ 且垂直于切平面(2-20)的直线叫做曲面在 **M_0 点的法线**. 向量 $\boldsymbol{n}$ 是该法线的一个方向向量,法线方程为

$$\frac{x-x_0}{F_x(x_0,y_0,z_0)} = \frac{y-y_0}{F_y(x_0,y_0,z_0)} = \frac{z-z_0}{F_z(x_0,y_0,z_0)}. \qquad (2\text{-}21)$$

若曲面 S 的方程为 $z = f(x,y)$,可令 $F(x,y,z) = f(x,y) - z$. 由于

$$F_x(x,y,z) = f_x(x,y),$$
$$F_y(x,y,z) = f_y(x,y),$$
$$F_z(x,y,z) = -1,$$

所以,当函数 $f(x,y)$ 在 (x_0,y_0) 的某一邻域内有对 x,y 的连续偏导数时,由 (2-20) 式得曲面 S 在点 (x_0,y_0,z_0) 的切平面方程为

$$f_x(x_0,y_0)(x-x_0) + f_y(x_0,y_0)(y-y_0) - (z-z_0) = 0,$$

即

$$z - z_0 = f_x(x_0,y_0)(x-x_0) + f_y(x_0,y_0)(y-y_0). \qquad (2\text{-}22)$$

而曲面 S 在点 (x_0,y_0,z_0) 处的法线方程为

$$\frac{x-x_0}{f_x(x_0,y_0)} = \frac{y-y_0}{f_y(x_0,y_0)} = \frac{z-z_0}{-1}. \qquad (2\text{-}23)$$

例 2-23　求球面 $x^2 + y^2 + z^2 = 14$ 在点 $(1,2,3)$ 处的切平面方程和法线方程.

解　令 $F(x,y,z) = x^2 + y^2 + z^2 - 14$,于是

$$F_x(x,y,z) = 2x, \quad F_y(x,y,z) = 2y, \quad F_z(x,y,z) = 2z,$$
$$F_x(1,2,3) = 2, \quad F_y(1,2,3) = 4, \quad F_z(1,2,3) = 6.$$

球面在点 $(1,2,3)$ 处的切平面方程为

$$2(x-1) + 4(y-2) + 6(z-3) = 0,$$

即

$$x + 2y + 3z = 14.$$

法线方程为

$$\frac{x-1}{2} = \frac{y-2}{4} = \frac{z-3}{6},$$

即
$$x - 1 = \frac{y-2}{2} = \frac{z-3}{3}.$$

例 2-24　求曲面 $z = x^2 + y^2 - 1$ 在点 $(2,1,4)$ 处的切平面方程与法线方程.

解　由于 $f(x,y) = x^2 + y^2 - 1$，则
$$f_x(x,y) = 2x, \quad f_y(x,y) = 2y, \quad f_x(2,1) = 4, \quad f_y(2,1) = 2.$$
所以曲面在点 $(2,1,4)$ 处的切平面方程为
$$4(x-2) + 2(y-1) - (z-4) = 0,$$
即
$$4x + 2y - z = 6.$$
法线方程为
$$\frac{x-2}{4} = \frac{y-1}{2} = \frac{z-4}{-1}.$$

习　题　2.6

1. 求下列曲线在指定点处的切线方程和法平面方程：

(1) $x = t - \sin t, y = 1 - \cos t, z = 4\sin\frac{t}{2}$，在 $t = \frac{\pi}{2}$ 处；

(2) $x = \frac{t}{1+t}, y = \frac{1+t}{t}, z = t^2$，在 $t = 1$ 处；

(3) $x = a\sin^2 t, y = b\sin t\cos t, z = c\cos^2 t$，在 $t = \frac{\pi}{4}$ 处.

2. 求下列各曲面在指定点处的切平面与法线方程：

(1) $z = x^2 + y^2$ 在点 $(1,2,5)$ 处；

(2) $z = \arctan\frac{y}{x}$ 在点 $\left(1,1,\frac{\pi}{4}\right)$ 处；

(3) $3x^2 + y^2 - z^2 = 27$ 在点 $(3,1,1)$ 处.

3. 证明二次曲面
$$ax^2 + by^2 + cz^2 = d$$
在其上一点 $M_0(x_0, y_0, z_0)$ 的切平面方程为
$$ax_0 x + by_0 y + cz_0 z = d.$$

4. 求在点 $(1,1,1)$ 处垂直于曲面
$$x^3 - xyz + z^3 = 1$$
的单位向量.

5. 求曲线 $\begin{cases} x^2 + y^2 + z^2 - 3x = 0, \\ 2x - 3y + 5z - 4 = 0 \end{cases}$ 在点 $(1,1,1)$ 处的切线及法平面方程.

2.7　多元函数的极值

1. 二元函数的极值

在这一部分主要研究二元函数情形,一些有关定义和结论可以推广到更多元的函数.

定义 2-6　设点 (x_0, y_0) 是二元函数 $z = f(x, y)$ 的定义域 D 的一个内点,如果能找到点 (x_0, y_0) 的一个邻域,使得对于该邻域内的一切异于 (x_0, y_0) 的点,都有

$$f(x, y) < f(x_0, y_0) \quad (f(x, y) > f(x_0, y_0)),$$

则称函数 $f(x, y)$ 在 (x_0, y_0) 有**极大值**(**极小值**) $f(x_0, y_0)$. 极大值和极小值统称为**极值**,使函数取得极值的点称为**极值点**.

由定义可知,函数 $f(x, y)$ 在点 (x_0, y_0) 取得的极值,只是它在该点的某个邻域内的最大值(最小值),因此又称为局部最大值(最小值).

例如,函数 $z = x^2 + y^2$ 在点 $(0, 0)$ 处有极小值 0;函数 $z = \sqrt{1 - x^2 - y^2}$ 在点 $(0, 0)$ 处有极大值 1.

由一元函数极值的必要条件,我们不难推得二元函数极值的必要条件.

定理 2-7　设函数 $f(x, y)$ 在点 (x_0, y_0) 处的偏导数存在,若函数 $f(x, y)$ 在 (x_0, y_0) 处取得极值,则

$$f_x(x_0, y_0) = 0, \quad f_y(x_0, y_0) = 0.$$

证　因为函数 $f(x, y)$ 在 (x_0, y_0) 处取得极值,所以一元函数 $f(x, y_0)$ 在 $x = x_0$ 处取得极值,$f(x_0, y)$ 在 $y = y_0$ 处取得极值. 由一元函数极值的必要条件,得到

$$f_x(x_0, y_0) = 0, \quad f_y(x_0, y_0) = 0.$$

与一元函数一样,把使得偏导数 $f_x(x_0, y) = 0, f_y(x_0, y_0) = 0$ 的点 (x_0, y_0) 叫做二元函数 $f(x, y)$ 的**驻点**.

例 2-25　判断函数 $z = x^2 - y^2$ 在点 $(0, 0)$ 处能否取得极值.

解　函数 $z = x^2 - y^2$ 对 x, y 的偏导数为

$$\frac{\partial z}{\partial x} = 2x, \quad \frac{\partial z}{\partial y} = -2y,$$

并有

$$\frac{\partial z}{\partial x}\bigg|_{(0,0)} = 0, \quad \frac{\partial z}{\partial y}\bigg|_{(0,0)} = 0,$$

因此 $(0, 0)$ 是函数的驻点. 但当 $x - y$ 与 $x + y$ 同号时,$z > 0$;当 $x - y$ 与 $x + y$ 异号时,$z < 0$. 所以这个函数在 $(0, 0)$ 处没有极值.

由此例我们看出,函数的驻点不一定是极值点. 必须注意,在偏导数不存在的点处,函数也可能取得极值. 例如,函数 $z = \sqrt{x^2 + y^2}$,它在点 $(0,0)$ 处的偏导数不存在,但函数在 $(0,0)$ 处有极小值 0.

下面给出二元函数 $z = f(x,y)$ 在点 (x_0, y_0) 处取得极值的充分条件.

定理 2-8 设函数 $z = f(x,y)$ 在点 (x_0, y_0) 的某一邻域内有连续的二阶偏导数,且

$$f_x(x_0, y_0) = 0, \quad f_y(x_0, y_0) = 0.$$

令

$$f_{xx}(x_0, y_0) = A, \quad f_{xy}(x_0, y_0) = B, \quad f_{yy}(x_0, y_0) = C, \quad \Delta = AC - B^2,$$

那么,

① 当 $\Delta > 0, A$(或 C)> 0 时,$f(x,y)$ 在 (x_0, y_0) 有极小值;

② 当 $\Delta > 0, A$(或 C)< 0 时,$f(x,y)$ 在 (x_0, y_0) 有极大值;

③ 当 $\Delta < 0$ 时,$f(x,y)$ 在 (x_0, y_0) 没有极值;

④ 当 $\Delta = 0$ 时,则不能肯定 $f(x,y)$ 在 (x_0, y_0) 处是否有极值.

定理证明略去. 现仅对定理中第 ④ 种情形进行说明. 例如函数 $z = xy^2, z = (x^2 + y^2)^2, z = -(x^2 + y^2)^2$ 在点 $(0,0)$ 处都有 $f_x(0,0) = 0, f_y(0,0) = 0$,且 $A = B = C = 0$,但显然:$z = xy^2$ 在 $(0,0)$ 处没有极值;$z = (x^2 + y^2)^2$ 在 $(0,0)$ 处有极小值;$z = -(x^2 + y^2)^2$ 在 $(0,0)$ 处有极大值.

例 2-26 求函数 $f(x,y) = x^2 + 2xy + 2y^2 + 4x + 2y - 5$ 的极值.

解 联立方程组

$$\begin{cases} f_x(x,y) = 2x + 2y + 4 = 0, \\ f_y(x,y) = 2x + 4y + 2 = 0, \end{cases}$$

得 $x = -3, y = 1$,则 $(-3,1)$ 是函数的驻点.

由于

$$f_{xx}(x,y) = 2, \quad f_{xy}(x,y) = 2, \quad f_{yy}(x,y) = 4,$$

因此

$$\Delta = AC - B^2 = 2 \cdot 4 - 2^2 = 4 > 0,$$

而 $A = 2 > 0$,故函数在点 $(-3,1)$ 处有极小值,其值为

$$f(-3,1) = (-3)^2 + 2 \cdot (-3) \cdot 1 + 2 \cdot 1^2 + 4 \cdot (-3) + 2 \cdot 1 - 5$$
$$= -10.$$

例 2-27 求函数 $f(x,y) = 3axy - x^3 - y^3 (a > 0)$ 的极值.

解 联立方程组

$$\begin{cases} f_x(x,y) = 3ay - 3x^2 = 0, \\ f_y(x,y) = 3ax - 3y^2 = 0, \end{cases}$$

得两个驻点$(0,0),(a,a)$.

由于
$$f_{xx}(x,y) = -6x, \quad f_{xy}(x,y) = 3a, \quad f_{yy}(x,y) = -6y,$$
因此
$$\Delta = AC - B^2 = 36xy - 9a^2,$$

对驻点$(0,0),\Delta = -9a^2 < 0$,因此$f(x,y)$在$(0,0)$无极值.

对驻点$(a,a),\Delta = 27a^2 > 0$,且$A = -6a < 0$,因此$f(x,y)$在(a,a)有极大值$f(a,a) = a^3$.

　　我们知道,在有界闭区域D上连续的函数$f(x,y)$一定能在D上取得最大值和最小值.使函数取得最大值或最小值的点可能在D的内部,也可能在D的边界上.与一元函数类似,可以利用函数的极值来求函数的最大值和最小值.假设函数$f(x,y)$在D上连续,只须考察函数$f(x,y)$在区域D内的所有驻点和不可导点,并将在这些点上的函数值与在区域D边界上的函数值比较,取其最大者或最小者,即为函数$f(x,y)$在区域D上的最大值或最小值.但要求出函数在边界上的最大值和最小值,往往相当复杂.对于实际问题,如果根据实际问题的意义能推断函数$f(x,y)$在区域D内部有最大值或最小值,且函数在D内只有一个驻点,则可肯定该驻点对应的函数值就是函数$f(x,y)$在D上的最大值或最小值.

　　例 2-28　一块铁片宽 24 厘米,要把它两边折起来作成一个截面为等腰梯形的槽,使其容量最大.求两侧边的长和它对底边的倾斜角.

　　解　设侧边长为x(厘米),对底边的倾斜角为α(图 2-12).梯形的下底宽为$24 - 2x$,上底宽为$24 - 2x + 2x\cos\alpha$,其面积A为
$$A = 24x\sin\alpha - 2x^2\sin\alpha + x^2\sin\alpha\cos\alpha.$$

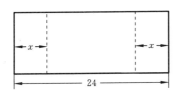 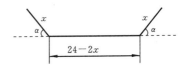

图 2-12

对A求偏导数,得
$$\frac{\partial A}{\partial x} = 24\sin\alpha - 4x\sin\alpha + 2x\sin\alpha\cos\alpha,$$

$$\frac{\partial A}{\partial \alpha} = 24x\cos\alpha - 2x^2\cos\alpha + x^2(\cos^2\alpha - \sin^2\alpha).$$

令这两个偏导数等于零,得方程组

$$\begin{cases} 2(12 - 2x + x\cos\alpha)\sin\alpha = 0, \\ x[24\cos\alpha - 2x\cos\alpha + x(\cos^2\alpha - \sin^2\alpha)] = 0, \end{cases}$$

解方程组,得 $x = 8, \alpha = \dfrac{\pi}{3}$. 由于所给问题中 A 的最大值一定存在,因此当 $\alpha = \dfrac{\pi}{3}$, $x = 8$ 厘米时,A 取最大值.

2. 条件极值

前面所讨论的极限问题,对函数的自变量只要求在定义域内,除此外没有别的限制条件,这类没有附加别的限制条件的极值称为**无条件极值**. 但在许多实际问题和理论问题中,求多元函数的极值时,其自变量的变化常常受到一些附加条件的限制. 例如,要设计一个容量为已知数 V 的长方体开口水箱,当水箱的长、宽、高分别为多少时,其表面积最小?对这个问题可以这样来表示:

设水箱的长、宽、高为 x, y, z,并设水箱的表面积为 $S(x, y, z)$,则有

$$S(x, y, z) = 2(xz + yz) + xy,$$

现在的问题是,当满足条件 $xyz = V$ 时,求 $S(x, y, z)$ 的最小值. 这类有附加条件的极值叫做**条件极值**. 下面就来探讨求条件极值的方法.

要求函数 $z = f(x, y)$ 在附加条件 $\varphi(x, y) = 0$ 下的极值,假定在所考虑的区域内,$f(x, y)$ 和 $\varphi(x, y)$ 都有连续的偏导数,且 $\varphi_x(x, y)$ 和 $\varphi_y(x, y)$ 不同时为零. 不妨假设 $\varphi_y(x, y) \neq 0$,因此方程 $\varphi(x, y) = 0$ 确定 y 是 x 的函数 $y(x)$. 于是所要解决的问题变成求一元函数 $z = f(x, y(x))$ 的极值. 由一元函数极值存在的必要条件知,在其极值点处,必有

$$\frac{\mathrm{d}z}{\mathrm{d}x} = f_x(x, y) + f_y(x, y)\frac{\mathrm{d}y}{\mathrm{d}x} = 0. \tag{2-24}$$

又因 $\varphi(x, y) = 0$,有

$$\varphi_x(x, y) + \varphi_y(x, y)\frac{\mathrm{d}y}{\mathrm{d}x} = 0.$$

因 $\varphi_y(x, y) \neq 0$,故有

$$\frac{\mathrm{d}y}{\mathrm{d}x} = -\frac{\varphi_x(x, y)}{\varphi_y(x, y)}. \tag{2-25}$$

将 (2-25) 式代入 (2-24) 式,得

$$f_x(x, y) + f_y(x, y)\left(-\frac{\varphi_x(x, y)}{\varphi_y(x, y)}\right) = 0, \tag{2-26}$$

令

$$\frac{f_y(x, y)}{\varphi_y(x, y)} = -\lambda, \tag{2-27}$$

即

$$f_y(x,y) + \lambda\varphi_y(x,y) = 0.$$

将(2-27)式代入(2-26)式,得

$$f_x(x,y) + \lambda\varphi_x(x,y) = 0,$$

于是得到方程组

$$\begin{cases} f_x(x,y) + \lambda\varphi_x(x,y) = 0, \\ f_y(x,y) + \lambda\varphi_y(x,y) = 0. \end{cases} \tag{2-28}$$

因此,如果函数 $f(x,y)$ 在 (x_0,y_0) 处有条件极值,则 x_0,y_0 除应满足 $\varphi(x,y) = 0$ 外,还必须满足条件(2-28),其中 λ 为待定常数.

但(2-28)也是函数

$$F(x,y) = f(x,y) + \lambda\varphi(x,y)$$

在 (x_0,y_0) 处有无条件极值的必要条件.

综合以上讨论,得到求函数 $f(x,y)$ 在附加条件 $\varphi(x,y) = 0$ 下可能极值点的方法如下.

*拉格朗日乘数法

引入辅助函数

$$F(x,y) = f(x,y) + \lambda\varphi(x,y).$$

写出 $F(x,y)$ 有无条件极值的必要条件

$$\begin{cases} F_x(x,y) = f_x(x,y) + \lambda\varphi_x(x,y) = 0, \\ F_y(x,y) = f_y(x,y) + \lambda\varphi_y(x,y) = 0, \end{cases}$$

另加附加条件

$$\varphi(x,y) = 0,$$

组成方程组

$$\begin{cases} f_x(x,y) + \lambda\varphi_x(x,y) = 0, \\ f_y(x,y) + \lambda\varphi_y(x,y) = 0, \\ \varphi(x,y) = 0. \end{cases} \tag{2-29}$$

由方程组(2-29)解出的 (x,y) 就是所有可能的极值点.

必须注意的是,由拉格朗日乘数法只能得到函数 $f(x,y)$ 在条件 $\varphi(x,y) = 0$ 下在 (x_0,y_0) 处有极值的必要条件.

拉格朗日乘数法还可以推广,例如本段所给出的实例可以用拉格朗日乘数法求解. 现要求函数

$$f(x,y,z) = 2(xz + yz) + xy$$

在附加条件

$$\varphi(x,y,z) = xyz - V = 0$$

下的极值.

作辅助函数

$$F(x,y,z) = 2(xz+yz) + xy + \lambda(xyz - V),$$

解方程组

$$\begin{cases} F_x = 2z + y + \lambda yz = 0, \\ F_y = 2z + x + \lambda xz = 0, \\ F_z = 2(x+y) + \lambda xy = 0, \\ xyz - V = 0. \end{cases}$$

把前三式两边分别乘以 x,y,z 并以 $xyz = V$ 代入,方程组简化为

$$\begin{cases} 2xz + xy = -\lambda V, \\ 2yz + xy = -\lambda V, \\ 2xz + 2yz = -\lambda V, \\ xyz = V, \end{cases}$$

解得 $x = y = 2z = \sqrt[3]{2V}$,于是可知,当无盖长方体的底面为边长为 $\sqrt[3]{2V}$ 的正方形而高为 $\dfrac{1}{2}\sqrt[3]{2V}$ 时,其表面积最小.

例 2-29 求从原点到曲面 $(x-y)^2 - z^2 = 1$ 的最短距离.

解 设 (x,y,z) 为曲面上任一点,则从原点到 (x,y,z) 的距离为 $\sqrt{x^2+y^2+z^2}$,为了方便起见,设函数 $f(x,y,z) = x^2 + y^2 + z^2$,下面在约束条件 $(x-y)^2 - z^2 - 1 = 0$ 下,求 $f(x,y,z) = x^2 + y^2 + z^2$ 的最小值. 作辅助函数

$$F(x,y,z) = x^2 + y^2 + z^2 + \lambda[(x-y)^2 - z^2 - 1],$$

得到方程组

$$\begin{cases} F_x = 2x + 2\lambda(x-y) = 0, \\ F_y = 2y - 2\lambda(x-y) = 0, \\ F_z = 2z - 2\lambda z = 0, \\ (x-y)^2 - z^2 = 1. \end{cases}$$

由第三个方程得 $z = 0$ 或 $\lambda = 1$.

当 $\lambda = 1$ 时,代入前两个方程可得 $x = y = 0$,再代入最后一个方程得 $z^2 = -1$,无实数解.

当 $z = 0$ 时,由最后一个方程得 $(x-y)^2 = 1$,由前两个方程可得 $y = -x$,进而解得 $x = \pm\dfrac{1}{2}$,$y = \mp\dfrac{1}{2}$.

这样,得到两个可能的极值点 $\left(\dfrac{1}{2}, -\dfrac{1}{2}, 0\right)$ 和 $\left(-\dfrac{1}{2}, \dfrac{1}{2}, 0\right)$,而原点到这两个点的距离相等,都为 $\dfrac{\sqrt{2}}{2}$,故原点到曲面的最短距离为 $\dfrac{\sqrt{2}}{2}$.

习　题　2.7

1. 求下列函数的极值：

(1) $f(x,y) = 4(x-y) - x^2 - y^2$；

(2) $f(x,y) = (x + y^2 + 2y)\mathrm{e}^{2x}$；

(3) $f(x,y) = \dfrac{8}{x} + \dfrac{x}{y} + y \quad (x > 0, y > 0)$.

2. 求下列条件极值：

(1) $z = xy, \dfrac{x}{a} + \dfrac{y}{b} = 1$；

(2) $z = x + 2y, x^2 + y^2 = 5$.

3. 要造一个无盖的圆柱形容器，其容积为 V，要求表面积 A 最小，问该容器的高度 h 和半径 r 是多少？

4. 要造一个无盖的长方体容器，其表面为 A，要求容积 V 最大，问该容器的长、宽、高各是多少？

5. 求函数 $u = xyz$ 在附加条件

$$\frac{1}{x} + \frac{1}{y} + \frac{1}{z} = \frac{1}{a}(x > 0, y > 0, z > 0, a > 0)$$

下的极值.

6. 求内接于半径为 a 的球且有最大体积的长方体.

复习题二

1. 求函数 $f(x,y) = \arcsin(2x) + \dfrac{\sqrt{4x-y^2}}{\ln(1-x^2-y^2)}$ 的定义域.

2. 证明极限 $\lim\limits_{(x,y)\to(0,0)} \dfrac{xy^2}{x^2+y^4}$ 不存在.

3. 设

$$f(x,y) = \begin{cases} (x^2+y^2)\sin\dfrac{1}{x^2+y^2}, & x^2+y^2 \neq 0, \\ 0, & x^2+y^2 = 0, \end{cases}$$

求 $f_x(0,0)$ 及 $f_y(0,0)$.

4. 已知 $(axy^3 - y^2\cos x)\mathrm{d}x + (1 + by\sin x + 3x^2y^2)\mathrm{d}y$ 为某一函数 $f(x,y)$ 的全微分，求 a,b 的值.

5. 设 f,g 为连续可微函数，$u = f(x,xy)$，$v = g(x+xy)$，求 $\dfrac{\partial u}{\partial x}, \dfrac{\partial v}{\partial x}$.

6. 设 $x^2 + z^2 = y\varphi\left(\dfrac{z}{y}\right)$，其中 φ 为可微函数，求 $\dfrac{\partial z}{\partial y}$.

7. 设 $z = f(\mathrm{e}^x\sin y, x^2+y^2)$，其中 f 具有二阶连续偏导数，求 $\dfrac{\partial^2 z}{\partial x\partial y}$.

8. 求函数 $z = \dfrac{xy}{x^2-y^2}$ 当 $x=2, y=1, \Delta x = 0.01, \Delta y = 0.03$ 时的全增量和全微分.

9. 设 $x = \mathrm{e}^u\cos v, y = \mathrm{e}^u\sin v, z = uv$，求 $\dfrac{\partial z}{\partial x}$ 和 $\dfrac{\partial z}{\partial y}$.

10. 设函数 $z(x,y)$ 由方程 $F\left(x+\dfrac{z}{y}, y+\dfrac{z}{x}\right) = 0$ 所确定，证明

$$x\dfrac{\partial z}{\partial x} + y\dfrac{\partial z}{\partial y} = z - xy.$$

11. 求螺旋线 $x = a\cos\theta, y = a\sin\theta, z = b\theta$ 在点 $(a,0,0)$ 处的切线及法平面方程.

12. 求曲面 $z - \mathrm{e}^x + 2xy = 3$ 在点 $(1,2,0)$ 处的切平面方程和法线方程.

13. 求平面 $\dfrac{x}{3} + \dfrac{y}{4} + \dfrac{z}{5} = 1$ 和柱面 $x^2 + y^2 = 1$ 的交线上与 xOy 平面距离最短的点.

14. 在第一卦限内作椭球面 $\dfrac{x^2}{a^2} + \dfrac{y^2}{b^2} + \dfrac{z^2}{c^2} = 1$ 的切平面，使该切平面与三坐标面所围成的四面体的体积最小. 求这切平面的切点，并求此最小体积.

第3章

重　积　分

在前面一章中,一元函数微分学的概念和方法已经推广到多元函数.为了解决许多实际问题,本章把定积分的概念和计算方法推广到被积函数为多元函数、积分范围为平面或空间区域的积分,即重积分.在学习重积分的概念和性质时,可以和定积分对照.

3.1　二重积分的概念和性质

1. 二重积分的概念

先考察曲顶柱体体积的计算问题.设 D 是 xOy 平面上的有界闭区域,函数 $z = f(x,y)$ 在 D 上连续,且 $f(x,y) \geqslant 0$. 函数 $z = f(x,y)$ 在几何上表示空间的一连续曲面.我们把以连续曲面为顶、D 为底、母线通过 D 的边界且平行于 z 轴的柱面为侧面的立体(图 3-1),叫做曲顶柱体.下面来讨论如何确定并计算曲顶柱体的体积 V.

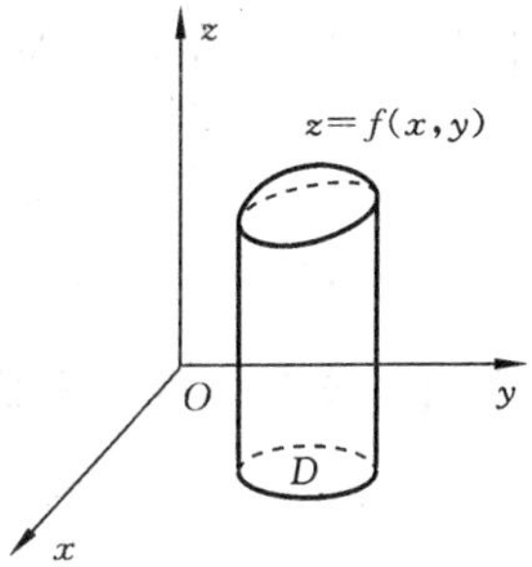

图 3-1

我们可以借用求曲边梯形面积的方法来求曲顶柱体的体积.

首先,用一组光滑曲线把闭区域 D 任意分割成有限个小闭区域 $\Delta\sigma_1, \Delta\sigma_2, \Delta\sigma_3, \cdots, \Delta\sigma_n$,且用这些记号来表示它们的面积;分别以这些小闭区域的边界为准线作母线平行于 z 轴的柱面,原来的曲顶柱体就被这些柱面分割成 n 个小曲顶柱体.

其次,任意抽出一个以 $\Delta\sigma_i$ 为底的小曲顶柱体来考察,它的体积也不便准确计算.考虑到曲面 $z = f(x,y)$ 是连续的,如果 $\Delta\sigma_i$ 的直径很小,$\Delta\sigma_i$ 的各点上的曲面高度的变化就会很小.因此,可以把这个小曲顶柱体近似地看成一个平顶柱体.我们在 $\Delta\sigma_i$ 中任取一点 (ξ_i, η_i),以 $f(\xi_i, \eta_i)$ 为高而底为 $\Delta\sigma_i$ 的平顶柱体(图 3-2)的体积为

$$f(\xi_i, \eta_i)\Delta\sigma_i \quad (i = 1, 2, \cdots, n).$$

这时所考察的小曲顶柱体的体积近似地等于平顶柱体的体积 $f(\xi_i, \eta_i)\Delta\sigma_i$. 所有这些平顶柱体体积的和

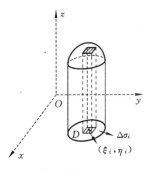

图 3-2

$$\sum_{i=1}^{n} f(\xi_i, \eta_i) \Delta\sigma_i$$

就是原曲顶柱体体积的近似值. 直觉上很明显,要改善它的近似程度,我们只需要把闭区域 D 的分割作得更"细密"一些,或使所有小闭区域 $\Delta\sigma_i$ 的直径更小一些. 令 λ 为 n 个小闭区域的直径中的最大值,当 $\lambda \to 0$ 时,上述和的极限就可定义为曲顶柱体的体积 V,即

$$V = \lim_{\lambda \to 0} \sum_{i=1}^{n} f(\xi_i, \eta_i) \Delta\sigma_i.$$

事实上,在生产和科学实践中,常常要计算一些不均匀地连续分布在平面或空间某个区域上的量,如曲面面积、非均匀薄片的质量等,这些量都可以归结成这一形式的和的极限,因此,有必要一般地研究这种和的极限,并讨论它的性质,提供一些有效的计算方法. 下面给出二重积分的定义.

定义 3-1 设 $f(x, y)$ 是有界闭区域 D 上的有界函数,将 D 任意分割成 n 个小闭区域 $\Delta\sigma_1, \Delta\sigma_2, \cdots, \Delta\sigma_n$(同时用这些记号表示它们的面积大小),在每个 $\Delta\sigma_i$ 任取一点 (ξ_i, η_i),作乘积 $f(\xi_i, \eta_i)\Delta\sigma_i (i = 1, 2, \cdots, n)$,并作和 $\sum_{i=1}^{n} f(\xi_i, \eta_i)\Delta\sigma_i$. 如果当各小闭区域的直径中的最大值 λ 趋于零时,这和的极限存在,则称此极限为函数 $f(x, y)$ 在闭区域 D 上的**二重积分**,记作 $\iint\limits_{D} f(x, y)\mathrm{d}\sigma$,即

$$\iint\limits_{D} f(x, y)\mathrm{d}\sigma = \lim_{\lambda \to 0} \sum_{i=1}^{n} f(\xi_i, \eta_i)\Delta\sigma_i,$$

这里 D 叫做积分区域, $f(x, y)$ 叫做**被积函数**, $f(x, y)\mathrm{d}\sigma$ 叫做**被积表达式**, $\mathrm{d}\sigma$ 叫**面积元素**, x 和 y 叫做**积分变量**, $\sum_{i=1}^{n} f(\xi_i, \eta_i)\Delta\sigma_i$ 叫做**积分和**. 当二重积分 $\iint\limits_{D} f(x, y)\mathrm{d}\sigma$ 存在时,也称函数 $f(x, y)$ 在 D 上可积.

在二重积分定义中,闭区域 D 是可以任意划分的,因此,在直角坐标系中,可以用平行于坐标轴的直线网把 D 划分成一些小闭矩形区域(包含边界点的小闭区域除外). 设矩形闭区域 $\Delta\sigma_i$ 的边长为 $\Delta x_j, \Delta y_k$,则 $\Delta\sigma_i = \Delta x_j \cdot \Delta y_k$. 有时也用记号 $\mathrm{d}x\mathrm{d}y$ 表示"面积元素",把二重积分记作

$$\iint\limits_{D} f(x, y)\mathrm{d}x\mathrm{d}y.$$

此时,前述曲顶柱体的体积 V 就可以表示成

$$V = \iint\limits_{D} f(x, y)\mathrm{d}\sigma = \iint\limits_{D} f(x, y)\mathrm{d}x\mathrm{d}y.$$

特别地,若 $f(x, y) = 1$,则 $\iint\limits_{D} f(x, y)\mathrm{d}\sigma$ 的值表示区域 D 的面积.

不加证明,下面给出两个结论:

(1) 如果函数 $f(x,y)$ 在有界闭区域 D 上连续,则 $f(x,y)$ 在 D 上可积.

(2) 如果函数 $f(x,y)$ 在有界闭区域 D 上有界,除有限个点以外,处处连续,则 $f(x,y)$ 在 D 上可积.

2. 二重积分的性质

二重积分与定积分有类似的性质.

性质 3-1 函数的代数和的积分等于函数积分的代数和,即

$$\iint\limits_{D} [f(x,y) \pm g(x,y)] \mathrm{d}\sigma = \iint\limits_{D} f(x,y) \mathrm{d}\sigma \pm \iint\limits_{D} g(x,y) \mathrm{d}\sigma.$$

性质 3-2 常数因子可以提到积分号外面来,即

$$\iint\limits_{D} kf(x,y) \mathrm{d}\sigma = k \iint\limits_{D} f(x,y) \mathrm{d}\sigma \quad (k\text{ 为常数}).$$

性质 3-3 若区域 D 被一条曲线分成两个部分闭区域 D_1 和 D_2,则有

$$\iint\limits_{D} f(x,y) \mathrm{d}\sigma = \iint\limits_{D_1} f(x,y) \mathrm{d}\sigma + \iint\limits_{D_2} f(x,y) \mathrm{d}\sigma.$$

这个性质表示二重积分对积分区域具有**可加性**.

性质 3-4 若在区域 D 上有 $f(x,y) \leqslant g(x,y)$,则有

$$\iint\limits_{D} f(x,y) \mathrm{d}\sigma \leqslant \iint\limits_{D} g(x,y) \mathrm{d}\sigma.$$

性质 3-5 设 M, m 是函数 $f(x,y)$ 在闭区域 D 上的最大值和最小值,σ 是 D 的面积,则有

$$m\sigma \leqslant \iint\limits_{D} f(x,y) \mathrm{d}\sigma \leqslant M\sigma.$$

性质 3-6(二重积分的中值定理) 若函数 $f(x,y)$ 在有界闭区域 D 上连续,σ 是 D 的面积,则在 D 上至少存在一点 (ξ, η) 使得

$$\iint\limits_{D} f(x,y) \mathrm{d}\sigma = f(\xi, \eta)\sigma.$$

证明 利用性质 3-5 容易得到

$$m \leqslant \frac{1}{\sigma} \iint\limits_{D} f(x,y) \mathrm{d}\sigma \leqslant M,$$

由介值定理,在 D 上至少存在一点 (ξ, η) 使得 $f(\xi, \eta) = \dfrac{1}{\sigma} \iint\limits_{D} f(x,y) \mathrm{d}\sigma$,即

$$\iint\limits_{D} f(x,y) \mathrm{d}\sigma = f(\xi, \eta)\sigma.$$

习　题　3.1

1. 一薄板位于坐标平面 xOy 的有界闭区域上,薄板的面密度为 $\mu(x,y)$,不考虑薄板厚度,试用二重积分表示薄板的质量.

2. 当 $f(x,y) \leqslant 0$ 时,试说明 $\iint\limits_{D} f(x,y)\mathrm{d}\sigma$ 的几何意义.

3. 比较下列积分的大小:

(1) $\iint\limits_{D}(x+y)^2\mathrm{d}\sigma$ 与 $\iint\limits_{D}(x+y)^3\mathrm{d}\sigma$,其中 D 由圆周 $(x-2)^2+(y-1)^2=2$ 围成;

(2) $\iint\limits_{D}\ln(x+y)\mathrm{d}\sigma$ 与 $\iint\limits_{D}[\ln(x+y)]^2\mathrm{d}\sigma$,其中 D 是以 $A(1,0)$,$B(1,1)$,$C(2,0)$ 为顶点的三角形闭区域.

3.2　二重积分的计算法

二重积分的定义给我们提供了一种计算它的方法,但使用这种方法往往非常麻烦,因此需要找到一种切实可行的计算方法. 在很多情况下,二重积分可以转化为两次定积分来计算.

1. 利用直角坐标计算二重积分

我们知道,当 $f(x,y) \geqslant 0$ 时,二重积分 $\iint\limits_{D} f(x,y)\mathrm{d}\sigma$ 在几何上表示以 D 为底、以曲面 $z=f(x,y)$ 为顶的曲顶柱体的体积,可以利用这一点来说明二重积分的计算方法.

设 $y=\varphi_1(x)$ 和 $y=\varphi_2(x)$ 在 $[a,b]$ 上连续,且 $\varphi_1(x) \leqslant \varphi_2(x)$. 由直线 $x=a$,$x=b$ 与曲线 $y=\varphi_1(x)$,$y=\varphi_2(x)$ 所围成的区域(图 3-3)称为 X- 型区域,这个区域可表示为

$$\varphi_1(x) \leqslant y \leqslant \varphi_2(x), \quad a \leqslant x \leqslant b.$$

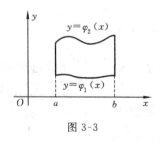

图 3-3

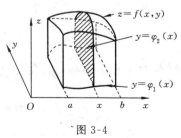

图 3-4

此时设 $f(x,y) \geqslant 0$，如图 3-4 所示. 在 $[a,b]$ 上任取一点 x 作平行于坐标平面 yOz 的平面截曲顶柱体，所得截面是一曲边梯形（图 3-4 中阴影部分），截面的面积为

$$A(x) = \int_{\varphi_1(x)}^{\varphi_2(x)} f(x,y) \mathrm{d}y.$$

于是得曲顶柱体的体积为

$$V = \int_a^b A(x) \mathrm{d}x = \int_a^b \left[\int_{\varphi_1(x)}^{\varphi_2(x)} f(x,y) \mathrm{d}y \right] \mathrm{d}x.$$

这个体积就是所求的二重积分，从而有

$$\iint\limits_D f(x,y) \mathrm{d}\sigma = \int_a^b \left[\int_{\varphi_1(x)}^{\varphi_2(x)} f(x,y) \mathrm{d}y \right] \mathrm{d}x.$$

上式右边表示先把被积函数 $f(x,y)$ 看做 y 的函数，对 y 求定积分，积分下限和上限分别为 $\varphi_1(x)$ 和 $\varphi_2(x)$，然后再把所得结果（是 x 的函数）再对 x 从 a 到 b 求定积分，这个先对 y、再对 x 的二次积分也可以表示为

$$\int_a^b \mathrm{d}x \int_{\varphi_1(x)}^{\varphi_2(x)} f(x,y) \mathrm{d}y.$$

从而将二重积分化为先对 y、再对 x 的二次积分的公式写作

$$\iint\limits_D f(x,y) \mathrm{d}x\mathrm{d}y = \int_a^b \mathrm{d}x \int_{\varphi_1(x)}^{\varphi_2(x)} f(x,y) \mathrm{d}y. \tag{3-1}$$

以上讨论均假定 $f(x,y) \geqslant 0$，但实际上公式 (3-1) 的成立并不受此条件限制.

同样地，如果积分区域 D 可以表示成（图 3-5）

$$\psi_1(y) \leqslant x \leqslant \psi_2(y), \quad c \leqslant y \leqslant d.$$

这里 $\psi_1(y)$ 和 $\psi_2(y)$ 在 $[c,d]$ 上连续，我们就把 D 称为 Y- 型区域，那么有

$$\iint\limits_D f(x,y) \mathrm{d}x\mathrm{d}y = \int_c^d \mathrm{d}y \int_{\psi_1(y)}^{\psi_2(y)} f(x,y) \mathrm{d}x. \tag{3-2}$$

这就是把二重积分化为先对 x、再对 y 的二次积分公式.

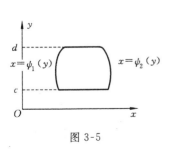

图 3-5

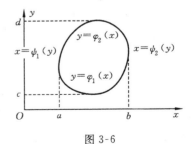

图 3-6

特别地，若积分区域 D 既是 X- 型区域，又是 Y- 型区域，如图 3-6 所示，则由公式 (3-1) 和 (3-2)，有

$$\int_a^b \mathrm{d}x \int_{\varphi_1(x)}^{\varphi_2(x)} f(x,y)\mathrm{d}y = \int_c^d \mathrm{d}y \int_{\psi_1(y)}^{\psi_2(y)} f(x,y)\mathrm{d}x.$$

X- 型区域或 Y- 型区域都必须满足如下条件:穿过闭区域 D 内部且平行于 y 轴或 x 轴的直线与 D 的边界曲线的交点不多于两个. 若区域 D 不满足这个条件,则可以如图 3-7 所示,把区域 D 分成若干个 X- 型或 Y- 型的小区域,于是区域 D 上的积分就等于各小区域上积分的和. 这样就解决了一般区域上的二重积分的计算问题.

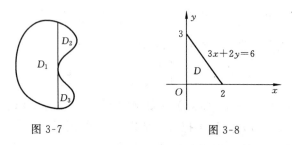

图 3-7   图 3-8

计算二重积分,确定积分限是一个关键. 可根据积分区域 D 来确定,通常先画出积分区域 D 的图形,然后由图形的特性应用公式(3-1)或公式(3-2).

例 3-1 计算 $\iint\limits_D (4-2x-y)\mathrm{d}\sigma$,其中 D 是以 $(0,0)$,$(2,0)$,$(0,3)$ 为顶点的三角形闭区域.

解 区域 D 的图形如图 3-8 所示,其斜边方程为

$$y = 3 - \frac{3}{2}x \quad \text{或} \quad x = 2 - \frac{2}{3}y.$$

区域 D 既可看成 X- 型区域又可看成 Y- 型区域.

若把 D 看成 X- 型区域

$$0 \leqslant y \leqslant 3 - \frac{3}{2}x, \quad 0 \leqslant x \leqslant 2,$$

则二重积分可化为

$$\iint\limits_D (4-2x-y)\mathrm{d}\sigma = \int_0^2 \mathrm{d}x \int_0^{3-\frac{3}{2}x} (4-2x-y)\mathrm{d}y$$

$$= \int_0^2 \left(4y - 2xy - \frac{y^2}{2}\right) \Big|_0^{3-\frac{3}{2}x} \mathrm{d}x$$

$$= \frac{15}{8}\int_0^2 (x-2)^2 \mathrm{d}x = \frac{15}{8} \frac{(x-2)^3}{3} \Big|_0^2 = 5.$$

若把区域 D 看成 Y- 型区域

$$0 \leqslant x \leqslant 2 - \frac{2}{3}y, \quad 0 \leqslant y \leqslant 3,$$

则二重积分可化为

$$\iint\limits_{D}(4-2x-y)\mathrm{d}\sigma = \int_0^3\mathrm{d}y\int_0^{2-\frac{2}{3}y}(4-2x-y)\mathrm{d}x$$

$$= \int_0^3\left(4-2y+\frac{2}{9}y^2\right)\mathrm{d}y = \left(4y-y^2+\frac{2}{27}y^3\right)\Big|_0^3 = 5.$$

例 3-2　计算 $\iint\limits_{D}xy\mathrm{d}\sigma$，其中 D 是由抛物线 $y^2=x$ 及直线 $y=x-2$ 所围成的闭区域.

解　如图 3-9(a) 所示，若把区域 D 看做 Y- 型区域，则有

$$\iint\limits_{D}xy\mathrm{d}\sigma = \int_{-1}^2\mathrm{d}y\int_{y^2}^{y+2}xy\mathrm{d}x = \int_{-1}^2\left(\frac{1}{2}x^2y\right)\Big|_{y^2}^{y+2}\mathrm{d}y$$

$$= \int_{-1}^2\frac{1}{2}\left[y(y+2)^2-y^5\right]\mathrm{d}y = \frac{1}{2}\int_{-1}^2(4y+4y^2+y^3-y^5)\mathrm{d}y$$

$$= \frac{1}{2}\left(2y^2+\frac{4}{3}y^3+\frac{1}{4}y^4-\frac{y^6}{6}\right)\Big|_{-1}^2 = \frac{45}{8}.$$

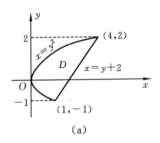　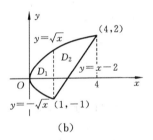

（a）　　　　　　　　　　（b）

图 3-9

如图 3-9(b) 所示，若把区域 D 看做 X- 型区域，则要用直线 $x=1$ 将 D 划分成 D_1 和 D_2 两个区域，用不等式分别表示为

$$D_1: -\sqrt{x}\leqslant y\leqslant\sqrt{x}, \quad 0\leqslant x\leqslant 1;$$

$$D_2: x-2\leqslant y\leqslant\sqrt{x}, \quad 1\leqslant x\leqslant 4.$$

则有

$$\iint\limits_{D}xy\mathrm{d}\sigma = \iint\limits_{D_1}xy\mathrm{d}\sigma + \iint\limits_{D_2}xy\mathrm{d}\sigma$$

$$= \int_0^1\mathrm{d}x\int_{-\sqrt{x}}^{\sqrt{x}}xy\mathrm{d}y + \int_1^4\mathrm{d}x\int_{x-2}^{\sqrt{x}}xy\mathrm{d}y.$$

显然，前一方法更为简便.

例 3-3　计算 $\iint\limits_{D}y\mathrm{e}^{-x^2}\mathrm{d}\sigma$，其中 D 是由直线 $x=1$、x 轴和抛物线 $x=y^2$ 所围成的在第一象限内的区域.

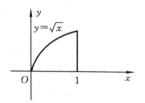

图 3-10

解 如图 3-10 所示，D 可看做 X- 型区域，于是

$$\iint_D y e^{-x^2} d\sigma = \int_0^1 dx \int_0^{\sqrt{x}} y e^{-x^2} dy = \int_0^1 \frac{x}{2} e^{-x^2} dx$$

$$= -\frac{1}{4} e^{-x^2} \Big|_0^1 = \frac{1}{4}\left(1 - \frac{1}{e}\right).$$

由于被积函数中 e^{-x^2} 的原函数不能用初等函数来表示，因此本例不宜采用先对 x 再对 y 积分的次序进行计算.

由例 3-2、例 3-3 的计算可见，在计算二重积分时要注意根据被积函数和积分区域的特点选择适当的积分次序.

2. 利用极坐标计算二重积分

如果在平面上采用极坐标后，积分区域 D 的边界曲线方程变得比较简单，被积函数 $f(x,y) = f(\rho\cos\theta, \rho\sin\theta)$ 也容易积分，这时可采用极坐标计算二重积分.

下面讨论二重积分在极坐标系中的计算方法. 设 $f(x,y)$ 是区域 D 上的连续函数，引入极坐标变换

$$x = \rho\cos\theta, \quad y = \rho\sin\theta \quad (0 \leqslant \rho < +\infty, 0 \leqslant \theta \leqslant 2\pi),$$

被积函数 $f(x,y)$ 变为

$$f(x,y) = f(\rho\cos\theta, \rho\sin\theta) = F(\rho, \theta),$$

函数 $F(\rho, \theta)$ 是 ρ, θ 的连续函数. 由二重积分定义可知

$$\iint_D f(x,y) d\sigma = \iint_D F(\rho, \theta) d\sigma = \lim_{\lambda \to 0} \sum_{i=1}^n F(\rho_i, \theta_i) \Delta\sigma_i. \tag{3-3}$$

现在我们用以极点为圆心的同心圆 $\rho =$ 常数与通过极点的射线 $\theta =$ 常数分割区域 D(如图 3-11)，把区域 D 分成 n 个小区域 $\Delta\sigma_i (i = 1, 2, \cdots, n)$，小区域 $\Delta\sigma_i$ 的面积为

$$\Delta\sigma_i = \frac{1}{2}(\rho_i + \Delta\rho_i)^2 \Delta\theta_i - \frac{1}{2}\rho_i^2 \Delta\theta_i = \left(\rho_i + \frac{1}{2}\Delta\rho_i\right)\Delta\rho_i \Delta\theta_i = \bar{\rho}_i \Delta\rho_i \Delta\theta_i,$$

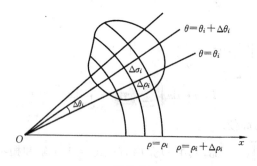

图 3-11

其中 $\bar{\rho}_i = \rho_i + \dfrac{1}{2}\Delta\rho_i$ 是 ρ_i 和 $\rho_i + \Delta\rho_i$ 的平均数. 由于二重积分与区域 D 的划分及点 (ρ_i, θ_i) 的取法无关, 故在(3-3)式中可取点 $(\bar{\rho}_i, \bar{\theta}_i)$ 与 $\Delta\sigma_i = \bar{\rho}_i\Delta\rho_i\Delta\theta_i$, 其中 $\bar{\theta}_i = \theta_i + \dfrac{1}{2}\Delta\theta_i$, 则

$$\iint\limits_{D} f(x,y)\,\mathrm{d}\sigma = \lim_{\lambda \to 0}\sum_{i=1}^{n} F(\bar{\rho}_i, \bar{\theta}_i)\bar{\rho}_i\Delta\rho_i\Delta\theta_i.$$

这样, 就得到二重积分在极坐标系中的计算公式

$$\iint\limits_{D} f(x,y)\,\mathrm{d}\sigma = \iint\limits_{D} F(\rho,\theta)\rho\,\mathrm{d}\rho\,\mathrm{d}\theta = \iint\limits_{D} f(\rho\cos\theta, \rho\sin\theta)\rho\,\mathrm{d}\rho\,\mathrm{d}\theta. \tag{3-4}$$

其中 $\rho\,\mathrm{d}\rho\,\mathrm{d}\theta$ 称为**极坐标系中的面积元素**. 公式(3-4)表明, 在利用极坐标计算二重积分时, 只要把被积函数中的 x,y 分别换成 $\rho\cos\theta, \rho\sin\theta$, 并把面积元素换成 $\rho\,\mathrm{d}\rho\,\mathrm{d}\theta$ 即可.

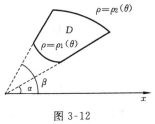

图 3-12

极坐标系中的二重积分, 同样可以化为二次积分来计算.

设闭区域 D 可以表示为(图 3-12)

$$\rho_1(\theta) \leqslant \rho \leqslant \rho_2(\theta), \quad \alpha \leqslant \theta \leqslant \beta,$$

其中 $\rho_1(\theta)$ 与 $\rho_2(\theta)$ 是 $[\alpha,\beta]$ 上的连续函数, 那么, 在极坐标系中的二重积分可以化为先对 ρ 后对 θ 的二次积分

$$\iint\limits_{D} f(\rho\cos\theta, \rho\sin\theta)\rho\,\mathrm{d}\rho\,\mathrm{d}\theta = \int_{\alpha}^{\beta}\left(\int_{\rho_1(\theta)}^{\rho_2(\theta)} f(\rho\cos\theta, \rho\sin\theta)\rho\,\mathrm{d}\rho\right)\mathrm{d}\theta$$

$$= \int_{\alpha}^{\beta}\mathrm{d}\theta\int_{\rho_1(\theta)}^{\rho_2(\theta)} f(\rho\cos\theta, \rho\sin\theta)\rho\,\mathrm{d}\rho. \tag{3-5}$$

若极点 O 在区域 D 的边界上(图 3-13), 设 D 的边界曲线方程为 $\rho = \rho(\theta)(\alpha \leqslant \theta \leqslant \beta)$, 其中 $\rho(\theta)$ 是 $[\alpha,\beta]$ 上的连续函数. 此时区域 D 可表示为

$$0 \leqslant \rho \leqslant \rho(\theta), \quad \alpha \leqslant \theta \leqslant \beta,$$

则二重积分可化为

$$\iint\limits_{D} f(\rho\cos\theta, \rho\sin\theta)\rho\,\mathrm{d}\rho\,\mathrm{d}\theta = \int_{\alpha}^{\beta}\mathrm{d}\theta\int_{0}^{\rho(\theta)} f(\rho\cos\theta, \rho\sin\theta)\rho\,\mathrm{d}\rho. \tag{3-6}$$

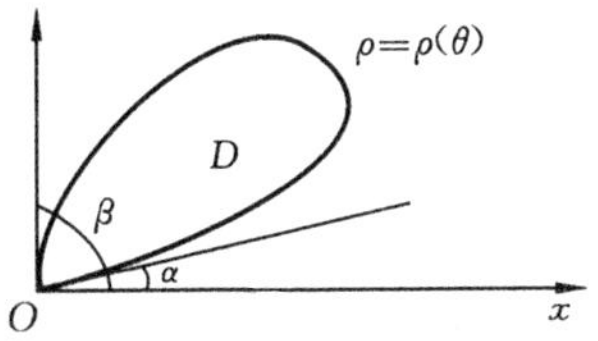

图 3-13

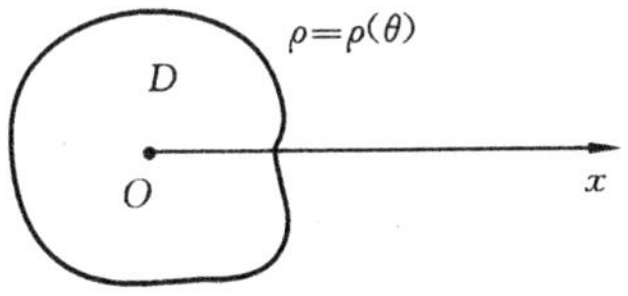

图 3-14

若积分区域 D 如图 3-14 所示, 极点 O 在 D 的内部, 此时区域 D 可表示为

$$0 \leqslant \rho \leqslant \rho(\theta), \quad 0 \leqslant \alpha \leqslant 2\pi.$$

其中 $\rho(\theta)$ 在$[0,2\pi]$上连续,则二重积分可化为

$$\iint\limits_{D} f(\rho\cos\theta, \rho\sin\theta)\rho\,\mathrm{d}\rho\,\mathrm{d}\theta = \int_0^{2\pi}\mathrm{d}\theta\int_0^{\rho(\theta)} f(\rho\cos\theta, \rho\sin\theta)\rho\,\mathrm{d}\rho.$$

例 3-4　计算 $\iint\limits_{D}\mathrm{e}^{-(x^2+y^2)}\,\mathrm{d}\sigma$,其中区域 D 是 $x^2 + y^2 \leqslant a^2$.

解　圆 $x^2 + y^2 = a^2$ 的极坐标方程为 $\rho = a(0 \leqslant \theta \leqslant 2\pi)$,极点 O 在区域 D 内,于是

$$\iint\limits_{D}\mathrm{e}^{-(x^2+y^2)}\,\mathrm{d}\sigma = \int_0^{2\pi}\mathrm{d}\theta\int_0^a \mathrm{e}^{-\rho^2}\rho\,\mathrm{d}\rho = \int_0^{2\pi}\left(-\frac{1}{2}\mathrm{e}^{-\rho^2}\right)\bigg|_0^a\,\mathrm{d}\theta = \pi(1 - \mathrm{e}^{-a^2}).$$

本题若采用直角坐标计算,将会遇到困难,这是因为积分 $\int\mathrm{e}^{-x^2}\,\mathrm{d}x$ 不能用初等函数表示.

例 3-5　计算由球面 $x^2 + y^2 + z^2 = a^2$ 和圆柱面 $x^2 + y^2 = ax$ 所围立体的体积$(a > 0)$.

解　图 3-15(a) 给出了所围立体在第一卦限内的图形. 由对称性得

$$V = 4\iint\limits_{D}\sqrt{a^2 - x^2 - y^2}\,\mathrm{d}\sigma,$$

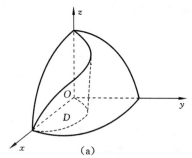
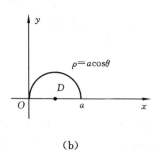

(a) (b)

图 3-15

其中区域 D 由半圆 $y = \sqrt{ax - x^2}$ 及 x 轴围成,D 的极坐标表示为

$$0 \leqslant \rho \leqslant a\cos\theta, \quad 0 \leqslant \theta \leqslant \frac{\pi}{2},$$

于是

$$
\begin{aligned}
V &= 4\int_0^{\frac{\pi}{2}}\mathrm{d}\theta\int_0^{a\cos\theta}\sqrt{a^2 - \rho^2}\,\rho\,\mathrm{d}\rho \\
&= 4\int_0^{\frac{\pi}{2}}\left(-\frac{1}{3}(a^2 - \rho^2)^{\frac{3}{2}}\right)\bigg|_0^{a\cos\theta}\,\mathrm{d}\theta \\
&= \frac{4}{3}a^3\int_0^{\frac{\pi}{2}}(1 - \sin^3\theta)\,\mathrm{d}\theta = \frac{2}{3}a^3\left(\pi - \frac{4}{3}\right).
\end{aligned}
$$

习 题 3.2

1. 将二重积分 $\iint\limits_{D} f(x,y)\mathrm{d}\sigma$ 化为二次积分(两种次序),积分区域 D 如下:

(1) D 是由 $x+y=1,x-y=1,x=0$ 所围成的区域;

(2) D 是由 $y=x^2,y=4-x^2$ 所围成的区域;

(3) D 是由椭圆 $x^2+\dfrac{y^2}{4}=1$ 所围成的区域;

(4) D 是由 $y=2x,x=2y,xy=2$ 所围成的在第一象限内的区域.

2. 计算下列二重积分:

(1) $\iint\limits_{D}(x+6y)\mathrm{d}\sigma,D$ 由 $y=x,y=5x,x=1$ 所围成;

(2) $\iint\limits_{D}\dfrac{y}{x}\mathrm{d}\sigma,D$ 由 $y=2x,y=x,x=4,x=2$ 所围成;

(3) $\iint\limits_{D}(x^2+y)\mathrm{d}\sigma,D$ 由 $y=x^2,y^2=x$ 所围成;

(4) $\iint\limits_{D}\dfrac{x}{y+1}\mathrm{d}\sigma,D$ 由 $y=x^2+1,y=2x,x=0$ 所围成.

3. 将下列各积分次序更换:

(1) $\displaystyle\int_0^1\mathrm{d}x\int_0^2 f(x,y)\mathrm{d}y$;

(2) $\displaystyle\int_0^1\mathrm{d}y\int_0^{\sqrt{y}} f(x,y)\mathrm{d}x$;

(3) $\displaystyle\int_1^e\mathrm{d}x\int_0^{\ln x} f(x,y)\mathrm{d}y$;

(4) $\displaystyle\int_{-1}^1\mathrm{d}x\int_0^{\sqrt{1-x^2}} f(x,y)\mathrm{d}y$;

(5) $\displaystyle\int_0^1\mathrm{d}x\int_0^{x^2} f(x,y)\mathrm{d}y+\int_1^3\mathrm{d}x\int_1^{\frac{1}{2}(3-x)} f(x,y)\mathrm{d}y$;

(6) $\displaystyle\int_0^{2a}\mathrm{d}x\int_{\sqrt{2ax-x^2}}^{\sqrt{2ax}} f(x,y)\mathrm{d}y$.

4. 作出下列二次积分的积分区域,并化为极坐标形式:

(1) $\displaystyle\int_0^a\mathrm{d}x\int_0^{\sqrt{a^2-x^2}} f(x^2+y^2)\mathrm{d}y$;

(2) $\displaystyle\int_{-a}^a\mathrm{d}x\int_{a-\sqrt{a^2-x^2}}^{a+\sqrt{a^2-x^2}} f(x,y)\mathrm{d}y$.

5. 利用极坐标计算二重积分:

(1) $\displaystyle\iint\limits_{D}\ln(1+x^2+y^2)\mathrm{d}\sigma,D$ 为圆域 $x^2+y^2\leqslant1$;

(2) $\displaystyle\iint\limits_{D}\sin\sqrt{x^2+y^2}\mathrm{d}\sigma,D$ 为圆环 $\pi^2\leqslant x^2+y^2\leqslant4\pi^2$;

(3) $\displaystyle\iint\limits_{D}\arctan\dfrac{y}{x}\mathrm{d}\sigma,D$ 为圆 $x^2+y^2=1,x^2+y^2=4$ 及直线 $y=x,y=0$ 所围成的在第一象限内的区域.

6. 求圆柱面 $x^2+y^2=R^2$ 和 $x^2+z^2=R^2$ 所围立体的体积.

7. 求双纽线 $\rho^2=a^2\cos2\theta$ 所围图形的面积.

3.3　三重积分

1. 三重积分的定义

为了帮助大家更好地理解三重积分的定义,先给出一个引例.

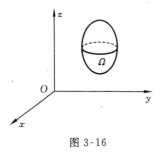

图 3-16

设有一个质量为非均匀分布的空间物体 Ω,其密度为 $\mu(x,y,z)$,且 $\mu(x,y,z)$ 在空间区域 Ω 上连续,求物体 Ω 的质量 M(图 3-16).

先将 Ω 任意分割成 n 个小区域 $\Delta V_1,\Delta V_2,\cdots,\Delta V_n$,在每个小区域 $\Delta V_i(i=1,2,\cdots,n)$ 上任取一点 (ξ_i,η_i,ζ_i),当小区域 ΔV_i 很小时,小区域的密度可近似地看做常量 $\mu(\xi_i,\eta_i,\zeta_i)$,于是,小区域 ΔV_i 的质量 ΔM_i 可近似地用 $\mu(\xi_i,\eta_i,\zeta_i)\Delta V_i$ 来表示,即

$$\Delta M_i\approx\mu(\xi_i,\eta_i,\zeta_i)\Delta V_i,$$

因此

$$M=\sum_{i=1}^{n}\Delta M_i\approx\sum_{i=1}^{n}f(\xi_i,\eta_i,\zeta_i)\Delta V_i.$$

现将区域 Ω 无限细分,使每个小区域 ΔV_i 都无限缩小,则 $\displaystyle\sum_{i=1}^{n}\mu(\xi_i,\eta_i,\zeta_i)\Delta V_i$ 的极限就是物体的质量 M. 设 λ 为各小区域 ΔV_i 的直径(ΔV_i 中任意两点的距离的最大值)的最大值,则

$$M=\lim_{\lambda\to0}\sum_{i=1}^{n}\mu(\xi_i,\eta_i,\zeta_i)\Delta V_i.$$

通过抽象可得出三重积分的定义.

定义 3-2　设函数 $f(x,y,z)$ 为空间有界闭区域 Ω 上的有界函数,将 Ω 任意分成 n 个小闭区域

$$\Delta V_1 , \Delta V_2 , \cdots , \Delta V_n ,$$

在每个小闭区域 ΔV_i 上任取一点 $(\xi_i , \eta_i , \zeta_i)$,作和式 $\sum\limits_{i=1}^{n} f(\xi_i , \eta_i , \zeta_i) \Delta V_i$,如果当各小闭区域的直径的最大值 λ 趋于零时,和的极限存在,则称此极限为函数 $f(x,y,z)$ 在闭区域 Ω 上的**三重积分**,记作 $\iiint\limits_{\Omega} f(x,y,z) \mathrm{d}V$,即

$$\iiint\limits_{\Omega} f(x,y,z) \mathrm{d}V = \lim_{\lambda \to 0} \sum_{i=1}^{n} f(\xi_i , \eta_i , \zeta_i) \Delta V_i .$$

其中 $f(x,y,z)$ 称为**被积函数**,Ω 称为**积分区域**,$\mathrm{d}V$ 称为**体积元素**.

这样,空间区域 Ω 上密度为 $\mu(x,y,z)$ 的非均匀物体的质量为

$$M = \iiint\limits_{\Omega} \mu(x,y,z) \mathrm{d}V .$$

特别地,当 $\mu(x,y,z) = 1$ 时,$\iiint\limits_{\Omega} \mathrm{d}V$ 在数值上就等于该空间物体的体积,即

$$V = \iiint\limits_{\Omega} \mathrm{d}V .$$

在直角坐标系中,体积元素 $\mathrm{d}V$ 可记作 $\mathrm{d}x\mathrm{d}y\mathrm{d}z$,此时三重积分可记为

$$\iiint\limits_{\Omega} f(x,y,z) \mathrm{d}x\mathrm{d}y\mathrm{d}z .$$

当函数 $f(x,y,z)$ 在闭区域 Ω 上连续时,$f(x,y,z)$ 在闭区域 Ω 上的三重积分必定存在. 三重积分的性质与二重积分的性质类似,读者可对照列出,这里不再重复.

2. 三重积分的计算法

三重积分的计算方法和二重积分类似,可以化为三次积分来计算.

设 $f(x,y,z)$ 在空间有界闭区域 Ω 上连续,区域 Ω 由母线平行于 z 轴的柱面及曲面 $z = z_1(x,y)$ 和 $z = z_2(x,y)$ 所围成,Ω 在坐标平面 xOy 面上的投影区域为 D,且 $z_1(x,y),z_2(x,y)$ 是 D 上的连续函数,满足 $z_1(x,y) \leqslant z_2(x,y)$(图 3-17),则 $f(x,y,z)$ 在 Ω 上的三重积分可化为先对 z 求定积分,再在区域 D 上求二重积分,即

$$\iiint\limits_{\Omega} f(x,y,z) \mathrm{d}V = \iint\limits_{D} \left(\int_{z_1(x,y)}^{z_2(x,y)} f(x,y,z) \mathrm{d}z \right) \mathrm{d}x\mathrm{d}y ,$$

或记作

$$\iiint\limits_{\Omega} f(x,y,z) \mathrm{d}V = \iint\limits_{D} \mathrm{d}x\mathrm{d}y \int_{z_1(x,y)}^{z_2(x,y)} f(x,y,z) \mathrm{d}z . \tag{3-7}$$

若 D 为 X- 型区域,即 D 可表示成

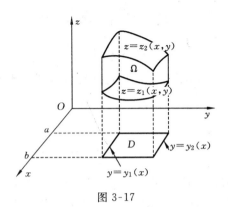

图 3-17

$$y_1(x) \leqslant y \leqslant y_2(x), \quad a \leqslant x \leqslant b,$$

则三重积分 $\iiint\limits_{\Omega} f(x,y,z)\mathrm{d}V$ 可化为

$$\iiint\limits_{\Omega} f(x,y,z)\mathrm{d}V = \int_a^b \mathrm{d}x \int_{y_1(x)}^{y_2(x)} \mathrm{d}y \int_{z_1(x,y)}^{z_2(x,y)} f(x,y,z)\mathrm{d}z. \tag{3-8}$$

公式(3-8)把三重积分化为先对 z、再对 y、最后对 x 的三次积分.

注意,在这里讨论的区域 Ω 必须满足以下条件:过区域 D 内任一点作垂直于 xOy 平面的直线与 Ω 的边界曲面的交点不能多于两个. 如果区域 Ω 不满足这一条件,也可像处理二重积分中的类似问题那样,把 Ω 分成若干个部分区域,使每一个部分区域都满足上述条件,使每个部分区域上的三重积分都可化为三次积分,而 Ω 上的三重积分即为各部分区域上的三重积分之和.

同样,如果出于方便计算三重积分的考虑,需要将区域 Ω 投影到 yOz 平面或 zOx 平面,那么将三重积分化为三次积分的方法同上.

例 3-6 计算三重积分 $\iiint\limits_{\Omega} xyz\,\mathrm{d}x\mathrm{d}y\mathrm{d}z$,其中 Ω 是由三个坐标面及球面 $x^2 + y^2 + z^2 = 1$ 所围成的在第一卦限内的区域.

解 积分区域 Ω 如图 3-18 所示.

将 Ω 投影到 xOy 平面上,D 可表示为

$$0 \leqslant y \leqslant \sqrt{1-x^2}, \quad 0 \leqslant x \leqslant 1.$$

在 D 内任取一点 (x,y),过此点做平行于 z 轴的直线,该直线先通过平面 $z=0$ 穿入 Ω 内,再通过球面 $z = \sqrt{1-x^2-y^2}$ 穿出 Ω. 闭区域 Ω 可表示为

$$0 \leqslant z \leqslant \sqrt{1-x^2-y^2}, 0 \leqslant y \leqslant \sqrt{1-x^2}, 0 \leqslant x \leqslant 1,$$

由公式(3-8),得

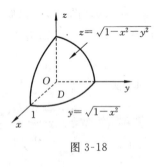

图 3-18

$$\iiint\limits_{\Omega} xyz\,\mathrm{d}x\mathrm{d}y\mathrm{d}z = \int_0^1 \mathrm{d}x \int_0^{\sqrt{1-x^2}} \mathrm{d}y \int_0^{\sqrt{1-x^2-y^2}} xyz\,\mathrm{d}z$$

$$= \int_0^1 x\mathrm{d}x \int_0^{\sqrt{1-x^2}} y\mathrm{d}y \int_0^{\sqrt{1-x^2-y^2}} z\mathrm{d}z$$

$$= \frac{1}{2}\int_0^1 x\mathrm{d}x \int_0^{\sqrt{1-x^2}} y(1-x^2-y^2)\,\mathrm{d}y$$

$$= \frac{1}{8}\int_0^1 x(1-x^2)\,\mathrm{d}x = \frac{1}{48}.$$

对于本题,也可以把 Ω 投影到 yOz 平面或 zOx 平面上. 如将 Ω 投影到 yOz 平面上,则可得到

$$\iiint\limits_{\Omega} xyz\,\mathrm{d}x\mathrm{d}y\mathrm{d}z = \int_0^1 \mathrm{d}y \int_0^{\sqrt{1-y^2}} \mathrm{d}z \int_0^{\sqrt{1-y^2-z^2}} xyz\,\mathrm{d}x.$$

至于将 Ω 投影到 zOx 平面上,读者可自行列出其计算式.

三重积分除了可利用直角坐标计算外,还可以利用柱面坐标进行计算,下面引入柱面坐标.

设 $M(x,y,z)$ 为空间内一点,并设点 M 在 xOy 面上的投影 P 的极坐标为 ρ,θ,则 ρ,θ,z 就叫做点 M 的**柱面坐标**(图 3-19),此时有

$$\begin{cases} x = \rho\cos\theta, \\ y = \rho\sin\theta, \\ z = z, \end{cases}$$

$$0 \leqslant \rho < +\infty, \quad 0 \leqslant \theta \leqslant 2\pi, \quad -\infty < z < +\infty.$$

被积函数 $f(x,y,z)$ 在柱面坐标中变为

$$f(x,y,z) = f(\rho\cos\theta,\rho\sin\theta,z) = F(\rho,\theta,z).$$

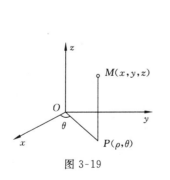

图 3-19

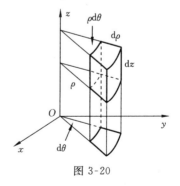

图 3-20

现在要把三重积分 $\iiint\limits_{\Omega} f(x,y,z)\mathrm{d}V$ 中的变量变换成柱面坐标,可用三组坐标面 $\rho =$ 常数,$\theta =$ 常数,$z =$ 常数把 Ω 分成许多小闭区域,让 ρ,θ,z 各取得增量 $\mathrm{d}\rho$,$\mathrm{d}\theta$,$\mathrm{d}z$ 得到一个柱体(图 3-20),这个柱体的体积等于底面积与高的乘积. 其中高为

$\mathrm{d}z$、底面积为 $\rho\mathrm{d}\rho\mathrm{d}\theta$（即极坐标系中的面积元素）,于是有

$$\mathrm{d}V = \rho\mathrm{d}\rho\mathrm{d}\theta\mathrm{d}z,$$

这就是柱面坐标系中的体积元素,于是

$$\iiint\limits_{\Omega} f(x,y,z)\mathrm{d}V = \iiint\limits_{\Omega} F(\rho,\theta,z)\rho\mathrm{d}\rho\mathrm{d}\theta\mathrm{d}z.$$

我们得到三重积分在柱面坐标系中的计算公式

$$\iiint\limits_{\Omega} f(x,y,z)\mathrm{d}V = \iiint\limits_{\Omega} f(\rho\cos\theta,\rho\sin\theta,z)\rho\mathrm{d}\rho\mathrm{d}\theta\mathrm{d}z. \qquad (3\text{-}9)$$

在柱面坐标系中的三重积分可用与前一段类似的方法化为三次积分.

例 3-7 利用柱面坐标计算三重积分 $\iiint\limits_{\Omega}(x^2+y^2)\mathrm{d}V$,其中 Ω 是由曲面 $x^2+y^2=2z, z=2$ 所围成的区域.

解 把闭区域 Ω 投影到 xOy 面上,得半径为 2 的圆域 $D = \{(\rho,\theta)\mid 0\leqslant\rho\leqslant 2, 0\leqslant\theta\leqslant 2\pi\}$. 在 D 内任取一点 (ρ,θ),过这点作平行于 z 轴的直线,此直线由曲面 $x^2+y^2=2z$ 穿入 Ω 内,然后由平面 $z=2$ 穿出 Ω 外,闭区域 Ω 可表示成

$$\frac{\rho^2}{2}\leqslant z\leqslant 2, \quad 0\leqslant\rho\leqslant 2, \quad 0\leqslant\theta\leqslant 2\pi,$$

于是

$$\iiint\limits_{\Omega}(x^2+y^2)\mathrm{d}V = \int_0^{2\pi}\mathrm{d}\theta\int_0^2\mathrm{d}\rho\int_{\frac{\rho^2}{2}}^2\rho^2\cdot\rho\mathrm{d}z = \int_0^{2\pi}\mathrm{d}\theta\int_0^2\rho^3\left(2-\frac{\rho^2}{2}\right)\mathrm{d}\rho$$

$$= \int_0^{2\pi}\left(\frac{\rho^4}{2}-\frac{\rho^6}{12}\right)\Big|_0^2\mathrm{d}\theta = \frac{16}{3}\pi.$$

习 题 3.3

1. 把三重积分 $\iiint\limits_{\Omega}f(x,y,z)\mathrm{d}V$ 化为三次积分,其中积分区域 Ω 分别是:

(1) 由平面 $x=1, x=2, z=0, y=x, z=y$ 所围成闭区域;

(2) 由曲面 $z=x^2+2y^2, z=2-x^2$ 所围成的闭区域;

(3) 由曲面 $z=x^2+y^2$ 及平面 $z=4$ 所围成的闭区域.

2. 计算 $\iiint\limits_{\Omega}\dfrac{1}{(1+x+y+z)^3}\mathrm{d}V$ 其中 Ω 是由三个坐标平面及平面 $x+y+z=1$ 所围成的闭区域.

3. 计算 $\iiint\limits_{\Omega}xz\mathrm{d}V$,其中 Ω 由平面 $z=0, z=y, y=1$ 及曲面 $y=x^2$ 所围成.

4. 利用柱面坐标计算下列三重积分:

（1）$\iiint\limits_{\Omega}(x^2+y^2)\mathrm{d}V$，其中 Ω 是由抛物面 $x^2+y^2=z$ 与 $x^2+y^2=4-z$ 所围成的闭区域；

（2）$\iiint\limits_{\Omega}z\mathrm{d}V$，其中 Ω 为半球体 $x^2+y^2+z^2\leqslant a^2,z\geqslant 0$.

5．求下列曲面所围区域的体积：

（1）$z=6-x^2-y^2$ 及 $z=\sqrt{x^2+y^2}$；

（2）$z=\sqrt{5-x^2-y^2}$ 及 $x^2+y^2=4z$.

6．设一占有空间区域 $\Omega:0\leqslant x\leqslant 1,0\leqslant y\leqslant 1,0\leqslant z\leqslant 1$ 的物体在点 $M(x,y,z)$ 的密度为 $\mu=x+y+z$，求它的质量.

3.4　重积分的应用

由前面的讨论可知，可以利用重积分来计算空间立体的体积、平面区域的面积及非均匀物体的质量. 下面介绍利用重积分来计算空间曲面的面积及物体的质心等问题.

1. 曲面的面积

设曲面 S 的方程为 $z=f(x,y)$，它在 xOy 面的投影区域为 D，函数 $f(x,y)$ 在 D 上有连续的偏导数 $f_x(x,y),f_y(x,y)$，下面利用重积分的元素法来计算曲面 S 的面积 A.

在区域 D 上任取一直径很小的区域 $\mathrm{d}\sigma$（其面积仍记为 $\mathrm{d}\sigma$），以 $\mathrm{d}\sigma$ 的边界为准线作母线平行于 z 轴的柱面，在曲面 S 上截出一小片曲面，在小片曲面上任取一点 $M(x,y,z)$，作曲面在 M 点处的切平面，切平面被柱面截下一小片平面（图 3-21）. 由于 $\mathrm{d}\sigma$ 的直径很小，小片切平面的面积 $\mathrm{d}A$ 可近似代替相应那一小片曲面的面积，设切平面的法向量与 z 轴正向的夹角为锐角 γ，则有

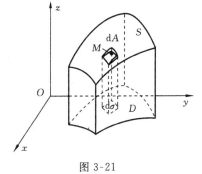

图 3-21

$$\mathrm{d}A=\frac{\mathrm{d}\sigma}{\cos\gamma}.$$

由于

$$\cos\gamma=\frac{1}{\sqrt{1+f_x^2(x,y)+f_y^2(x,y)}},$$

故

$$dA = \sqrt{1 + f_x^2(x,y) + f_y^2(x,y)}\,d\sigma,$$

于是得到曲面 S 的面积公式为

$$A = \iint\limits_{D} \sqrt{1 + f_x^2(x,y) + f_y^2(x,y)}\,d\sigma,$$

其中 $dA = \sqrt{1 + f_x^2(x,y) + f_y^2(x,y)}\,d\sigma$ 是曲面 S 的面积元素.

例 3-8 求以 a 为半径的球的表面积 A.

解 把直角坐标系的原点取在球的中心, 于是上半球面的方程为 $z = \sqrt{a^2 - x^2 - y^2}$, 上半球面在 xOy 平面上的投影为圆域 $x^2 + y^2 \leqslant a^2$. 不难求出:

$$\frac{\partial z}{\partial x} = -\frac{x}{\sqrt{a^2 - x^2 - y^2}}, \quad \frac{\partial z}{\partial y} = -\frac{y}{\sqrt{a^2 - x^2 - y^2}},$$

从而

$$1 + \left(\frac{\partial z}{\partial x}\right)^2 + \left(\frac{\partial z}{\partial y}\right)^2 = \frac{a^2}{a^2 - x^2 - y^2},$$

于是

$$\frac{A}{2} = \iint\limits_{x^2+y^2 \leqslant a^2} \frac{a\,dx\,dy}{\sqrt{a^2 - x^2 - y^2}}.$$

利用极坐标得

$$\frac{A}{2} = a \int_0^{2\pi} d\theta \int_0^a \frac{\rho\,d\rho}{\sqrt{a^2 - \rho^2}} = 2\pi a \int_0^a \frac{\rho\,d\rho}{\sqrt{a^2 - \rho^2}}$$

$$= -2\pi a (\sqrt{a^2 - \rho^2}) \Big|_0^a = 2\pi a^2$$

所以 $A = 4\pi a^2$.

2. 质心

设有一平面薄片, 在 xOy 平面所占区域为 D, 其在 D 上各点的面密度为 $\mu(x,y)$, 现在要求该薄片的质心的坐标. 在 D 上任取一面积为 $d\sigma$ 的小闭区域, (x,y) 是小闭区域 $d\sigma$ 上的一点. 薄片中相应于小闭区域 $d\sigma$ 部分的质量可用质量微元 $\mu(x,y)d\sigma$ 表示. 又由于质量微元 $\mu(x,y)d\sigma$ 关于 y 轴、x 轴的静力距微元分别是 $x\mu(x,y)d\sigma$, $y\mu(x,y)d\sigma$, 所以整个薄片关于 y 轴、x 轴的静力距分别是

$$\iint\limits_{D} x\mu(x,y)d\sigma, \quad \iint\limits_{D} y\mu(x,y)d\sigma.$$

根据质心的定义, 质心的坐标 $(\overline{x}, \overline{y})$ 为

$$\overline{x} = \frac{\iint\limits_{D} x\mu(x,y)d\sigma}{\iint\limits_{D} \mu(x,y)d\sigma}, \quad \overline{y} = \frac{\iint\limits_{D} y\mu(x,y)d\sigma}{\iint\limits_{D} \mu(x,y)d\sigma}. \tag{3-10}$$

特别地,当平面薄片的密度均匀,即 μ 是常数时,公式(3-10) 就成为

$$\bar{x} = \frac{\iint\limits_{D} x \, \mathrm{d}\sigma}{\iint\limits_{D} \mathrm{d}\sigma} = \frac{1}{A} \iint\limits_{D} x \, \mathrm{d}\sigma, \quad \bar{y} = \frac{\iint\limits_{D} y \, \mathrm{d}\sigma}{\iint\limits_{D} \mathrm{d}\sigma} = \frac{1}{A} \iint\limits_{D} y \, \mathrm{d}\sigma, \tag{3-11}$$

其中 $A = \iint\limits_{D} \mathrm{d}\sigma$ 为闭区域 D 的面积.

采用同样的方法,也可以求出物体的质心 $(\bar{x}, \bar{y}, \bar{z})$. 设某物体占有空间区域 Ω,在点 (x,y,z) 处的密度为 $\rho(x,y,z)$,则该物体的质心坐标是

$$\bar{x} = \frac{\iiint\limits_{\Omega} x\rho(x,y,z)\mathrm{d}V}{\iiint\limits_{\Omega} \rho(x,y,z)\mathrm{d}V}, \quad \bar{y} = \frac{\iiint\limits_{\Omega} y\rho(x,y,z)\mathrm{d}V}{\iiint\limits_{\Omega} \rho(x,y,z)\mathrm{d}V}, \quad \bar{z} = \frac{\iiint\limits_{\Omega} z\rho(x,y,z)\mathrm{d}V}{\iiint\limits_{\Omega} \rho(x,y,z)\mathrm{d}V}.$$

例 3-9 一均匀薄片为半椭圆形状,求它的质心.

解 设均匀薄片所在区域 D 为

$$0 \leqslant y \leqslant b\sqrt{1 - \frac{x^2}{a^2}} \quad (-a \leqslant x \leqslant a).$$

因为闭区域 D 关于 y 轴对称,所以 $\bar{x} = 0$ 是明显的. 由公式(3-11),得

$$\bar{y} = \frac{1}{A} \iint\limits_{D} y \, \mathrm{d}\sigma = \frac{1}{A} \int_{-a}^{a} \mathrm{d}x \int_{0}^{b\sqrt{1-\frac{x^2}{a^2}}} y \, \mathrm{d}y$$

$$= \frac{b^2}{2A} \int_{-a}^{a} \left(1 - \frac{x^2}{a^2}\right) \mathrm{d}x = \frac{b^2}{\pi ab}\left(2a - \frac{2a^3}{3a^2}\right) = \frac{4b}{3\pi}.$$

习 题 3.4

1. 求抛物面 $z = x^2 + y^2$ 在平面 $z = 1$ 下面的面积.

2. 求球面 $x^2 + y^2 + z^2 = a^2$ 含在圆柱面 $x^2 + y^2 = ax(a > 0)$ 内部的面积.

3. 求圆锥面 $z = \sqrt{x^2 + y^2}$ 被圆柱面 $x^2 + y^2 = x$ 所截下部分的面积.

4. 求半径为 R、中心角为 2α 的均匀扇形的质心.

5. 求圆 $x^2 + y^2 = a^2$ 与 $x^2 + y^2 = 4a^2$ 所围成的均匀圆环在第一象限部分的质心.

6. 求抛物面 $z = x^2 + y^2$ 与平面 $z = 4$ 所围成的均匀物体的质心.

复 习 题 三

1. 将二重积分 $I = \iint\limits_{D} f(x,y)\mathrm{d}\sigma$ 化为二次积分(两种形式),其中积分为区域 D 如下:

(1) D:由 $y^2 = 8x$ 与 $x^2 = y$ 所围之区域;

(2) D:由 $x = 3, x = 5, x - 2y + 1 = 0$ 及 $x - 2y + 7 = 0$ 所围之区域;

(3) D:由 $x^2 + y^2 \leqslant 1, y \geqslant x$ 及 $x > 0$ 所围之区域.

2. 改变下列积分次序:

(1) $\displaystyle\int_0^a \mathrm{d}x \int_{\frac{a^2-x^2}{2a}}^{\sqrt{a^2-x^2}} f(x,y)\mathrm{d}y$;

(2) $\displaystyle\int_{-1}^0 \mathrm{d}x \int_{-x}^{2-x^2} f(x,y)\mathrm{d}y + \int_0^1 \mathrm{d}x \int_x^{2-x^2} f(x,y)\mathrm{d}y$.

3. 将二重积分 $I = \iint\limits_{D} f(x,y)\mathrm{d}\sigma$ 化为极坐标形式的二次积分,其中:

(1) D:$a^2 \leqslant x^2 + y^2 \leqslant b^2, y \geqslant 0 \ (b > a > 0)$;

(2) D:$x^2 + y^2 \leqslant y, x \geqslant 0$;

(3) D:$0 \leqslant x + y \leqslant 1, 0 \leqslant x \leqslant 1$.

4. 计算下列二重积分:

(1) $\displaystyle\int_0^1 \mathrm{d}x \int_0^{\sqrt{x}} \mathrm{e}^{-\frac{y^2}{2}}\mathrm{d}y$;

(2) $\displaystyle\iint\limits_{D} \frac{\sin xy}{x}\mathrm{d}x\mathrm{d}y$,其中 D:由 $x = y^2$ 及 $x = 1 + \sqrt{1 - y^2}$ 所围成;

(3) $\displaystyle\iint\limits_{D} \sqrt{\frac{1 - x^2 - y^2}{1 + x^2 + y^2}}\mathrm{d}x\mathrm{d}y$,其中 D:$x^2 + y^2 \leqslant 1, x \geqslant 0$ 及 $y \geqslant 0$.

5. 证明:

$$\int_0^a \mathrm{d}y \int_0^y \mathrm{e}^{m(a-x)} f(x)\mathrm{d}x = \int_0^a (a - x)\mathrm{e}^{m(a-x)} f(x)\mathrm{d}x.$$

6. 求球面 $x^2 + y^2 + z^2 = a^2 (a > 0)$ 被平面 $z = \dfrac{a}{4}$ 与 $z = \dfrac{a}{2}$ 所夹部分的面积.

7. 设 $f(x,y)$ 是由平面区域 D 上的连续函数,且在 D 的任何一个子域 D_1 上,恒有 $\iint\limits_{D_1} f(x,y)\mathrm{d}\sigma = 0$,则在 D 内 $f(x,y) \equiv 0$.

8. 计算下列三重积分:

(1) $\displaystyle\iiint\limits_{\Omega} (x + y + z)\mathrm{d}x\mathrm{d}y\mathrm{d}z$,$\Omega$ 是由平面 $x + y + z = 1$ 及三个坐标面所围之区域;

(2) $\displaystyle\iiint\limits_{\Omega} z\mathrm{d}x\mathrm{d}y\mathrm{d}z$,$\Omega$ 是球面 $x^2 + y^2 + z^2 = 4$ 与抛物面 $x^2 + y^2 = 3z$ 所围之立体.

第4章

曲 线 积 分

本章将把积分概念推广到积分范围为一段曲线弧的情形,这种积分称为曲线积分,并讨论这种积分的性质和计算.

4.1 对弧长的曲线积分

1. 对弧长的曲线积分的概念与性质

引例(曲线形金属构件的质量) 设一种金属构件所处的位置为 xOy 面上的一段曲线弧 L,它的端点为 A,B,其上任一点 (x,y) 处的线密度为 $\mu(x,y)$. 现在要计算金属构件的质量 m(图 4-1).

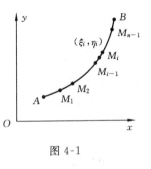

图 4-1

如果构件的线密度是常量,那么它的质量 m 等于它的线密度与曲线弧 L 弧长的乘积. 由于线密度 $\mu(x,y)$ 是变量,所以不能直接用上述方法计算. 为了克服这个困难,首先在 L 上任取点 $M_1,M_2,\cdots,M_{n-1}$,它们把 L 分成 n 个小弧段. 其次在第 i 个小弧段 $\overparen{M_{i-1}M_i}$ 上任取一点 $(\xi_i,\eta_i)(i=1,2,\cdots,n)$,在线密度 $\mu(x,y)$ 连续的前提下,只要小弧段 $\overparen{M_{i-1}M_i}$ 很短,可以用点 (ξ_i,η_i) 的密度代替这一小弧段其他各点处的线密度,从而得到小弧段 $\overparen{M_{i-1}M_i}$ 构件的质量的近似值为

$$\mu(\xi_i,\eta_i)\Delta s_i.$$

其中 Δs_i 表示 $\overparen{M_{i-1}M_i}$ 的长度. 于是整个金属构件的质量

$$m \approx \sum_{i=1}^{n} \mu(\xi_i,\eta_i)\Delta s_i. \tag{4-1}$$

令 $\lambda = \max\{\Delta s_1,\Delta s_2,\cdots,\Delta s_n\}$,为了求得 m 的精确值,取(4-1)式右端当 $\lambda \to 0$ 时的极限,从而

$$m = \lim_{\lambda \to 0} \sum_{i=1}^{n} \mu(\xi_i,\eta_i)\Delta s_i.$$

由于上述和的极限在研究其他问题时也会遇到,现引入下面的定义.

定义 4-1 设 L 为 xOy 面上一条可求长的曲线弧,函数 $f(x,y)$ 在 L 上有界. 在 L 上任意插入一列点 $M_1,M_2,\cdots,M_{n-1}$ 将 L 分成 n 个小段. 记第 i 个小段的长度

为 Δs_i，又在第 i 个小段上任取一点 (ξ_i, η_i). 作乘积 $f(\xi_i, \eta_i)\Delta s_i (i = 1, 2, \cdots, n)$，并作和

$$\sum_{i=1}^{n} f(\xi_i, \eta_i)\Delta s_i.$$

记 $\lambda = \max\{\Delta s_1, \Delta s_2, \cdots, \Delta s_n\}$，如果 $\lim\limits_{\lambda \to 0} \sum\limits_{i=1}^{n} f(\xi_i, \eta_i)\Delta s_i$ 存在，则称此极限为 $f(x, y)$ 在曲线弧 L 上对弧长的曲线积分或第一类曲线积分，记作 $\int_L f(x, y)\mathrm{d}s$，即

$$\int_L f(x, y)\mathrm{d}s = \lim_{\lambda \to 0} \sum_{i=1}^{n} f(\xi_i, \eta_i)\Delta s_i.$$

其中 $f(x, y)$ 称为被积函数，L 称为积分弧段.

根据定义，前述曲线形金属构件的质量 m 等于线密度 $\mu(x, y)$ 对弧长的曲线积分，即

$$m = \int_L \mu(x, y)\mathrm{d}s.$$

当 $f(x, y)$ 在光滑曲线弧 L 上连续时，$\int_L f(x, y)\mathrm{d}s$ 是存在的. 如果没有特别说明，以后总假定 $f(x, y)$ 在 L 上是连续的.

可类似地定义函数 $f(x, y, z)$ 在空间曲线弧 Γ 上对弧长的曲线积分，即

$$\int_\Gamma f(x, y, z)\mathrm{d}s = \lim_{\lambda \to 0} \sum_{i=1}^{n} f(\xi_i, \eta_i, \zeta_i)\Delta s_i.$$

如果曲线 L（或 Γ）是分段光滑的，规定函数在 L（或 Γ）上的曲线积分等于函数在光滑的曲线段上的曲线积分之和.

如果曲线 L（或 Γ）是闭曲线，则函数 $f(x, y)$（或 $f(x, y, z)$）在闭曲线 L（或 Γ）上对弧长的曲线积分记为 $\oint_L f(x, y)\mathrm{d}s$（或 $\oint_\Gamma f(x, y, z)\mathrm{d}s$）.

由对弧长曲线积分的定义，不难得出下列性质.

性质 4-1　设 k_1, k_2 为常数，则

$$\int_L [k_1 f(x, y) + k_2 g(x, y)]\mathrm{d}s = k_1 \int_L f(x, y)\mathrm{d}s + k_2 \int_L g(x, y)\mathrm{d}s.$$

性质 4-2　如果曲线弧 L 可分成两段光滑曲线弧 L_1 和 L_2，则

$$\int_L f(x, y)\mathrm{d}s = \int_{L_1} f(x, y)\mathrm{d}s + \int_{L_2} f(x, y)\mathrm{d}s.$$

性质 4-3　设在曲线弧 L 上，$f(x, y) \leqslant g(x, y)$，则

$$\int_L f(x, y)\mathrm{d}s \leqslant \int_L g(x, y)\mathrm{d}s.$$

特别地，

$$\left|\int_L f(x,y)\mathrm{d}s\right| \leqslant \int_L |f(x,y)|\,\mathrm{d}s.$$

2. 对弧长的曲线积分的计算

定理 4-1　设 $f(x,y)$ 在曲线弧 L 上有定义且连续,L 的参数方程为

$$\begin{cases} x = \varphi(t), \\ y = \psi(t), \end{cases} \quad t \in [\alpha,\beta],$$

其中 $\varphi(t),\psi(t)$ 在 $[\alpha,\beta]$ 上具有一阶连续导数,且 $[\varphi'(t)]^2 + [\psi'(t)]^2 \neq 0$,则曲线积分 $\int_L f(x,y)\mathrm{d}s$ 存在,且

$$\int_L f(x,y)\mathrm{d}s = \int_\alpha^\beta f[\varphi(t),\psi(t)]\sqrt{[\varphi'(t)]^2 + [\psi'(t)]^2}\,\mathrm{d}t \quad (\alpha < \beta). \quad (4\text{-}2)$$

证　由弧长公式知道,L 上由 $t = t_{i-1}$ 到 $t = t_i$ 的弧长

$$\Delta s_i = \int_{t_{i-1}}^{t_i} \sqrt{\varphi'^2(t) + \psi'^2(t)}\,\mathrm{d}t.$$

由积分中值定理,有

$$\Delta s_i = \sqrt{\varphi'^2(\tau_i') + \psi'^2(\tau_i')}\,\Delta t_i \quad (t_{i-1} < \tau_i' < t_i),$$

因而

$$\sum_{i=1}^n f(\xi_i,\eta_i)\Delta s_i = \sum_{i=1}^n f[\varphi(\tau_i),\psi(\tau_i)]\sqrt{\varphi'^2(\tau_i') + \psi'^2(\tau_i')}\,\Delta t_i,$$

其中 $t_{i-1} \leqslant \tau_i, \tau_i' \leqslant t_i$,设

$$\sigma = \sum_{i=1}^n f[\varphi(\tau_i'),\psi(\tau_i')]\left[\sqrt{\varphi'^2(\tau_i) + \psi'^2(\tau_i)} - \sqrt{\varphi'^2(\tau_i') + \psi'^2(\tau_i')}\right]\Delta t_i,$$

则

$$\sum_{i=1}^n f(\xi_i,\eta_i)\Delta s_i = \sum_{i=1}^n f[\varphi(\tau_i'),\psi(\tau_i')]\sqrt{\varphi'^2(\tau_i') + \psi'^2(\tau_i')}\,\Delta t_i + \sigma. \quad (4\text{-}3)$$

令 $\Delta t = \max\{\Delta t_1, \Delta t_2, \cdots, \Delta t_n\}$,则当 $\lambda \to 0$ 时,必有 $\Delta t \to 0$,下面证明 $\lim\limits_{\Delta t \to 0}\sigma = 0$.

事实上,因为 $f[\varphi(t),\psi(t)]$ 在 $[\alpha,\beta]$ 上连续,所在存在 $M > 0$,使对一切 $t \in [\alpha,\beta]$,有

$$|f[\varphi(t),\psi(t)]| \leqslant M.$$

又 $\sqrt{\varphi'^2(t) + \psi'^2(t)}$ 在 $[\alpha,\beta]$ 上连续,所在它在 $[\alpha,\beta]$ 上一致连续,即对任给的 $\varepsilon > 0$,必存在 $\delta > 0$,使当 $|\tau_i - \tau_i'| < \delta$ 时,有

$$\left|\sqrt{\varphi'^2(\tau_i) + \psi'^2(\tau_i)} - \sqrt{\varphi'^2(\tau_i') + \psi'^2(\tau_i')}\right| < \varepsilon.$$

于是

$$|\sigma| \leqslant \varepsilon M \sum_{i=1}^{n} \Delta t_i = \varepsilon M(b-a).$$

所以

$$\lim_{\Delta t \to 0} \sigma = 0.$$

另一方面,由定积分定义,

$$\lim_{\Delta t \to 0} \sum_{i=1}^{n} f[\varphi(\tau_i'), \psi(\tau_i')] \sqrt{\varphi'^2(\tau_i') + \psi'^2(\tau_2')} \Delta t_i$$

$$= \int_{a}^{\beta} f[\varphi(t), \psi(t)] \sqrt{\varphi'^2(t) + \psi'^2(t)} dt.$$

故对(4-3)式两边取极限后,得

$$\int_{L} f(x,y) ds = \int_{a}^{\beta} f[\varphi(t), \psi(t)] \sqrt{\varphi'^2(t) + \psi'^2(t)} dt.$$

如果曲线 L 表示为

$$y = \psi(x), \quad x \in [a,b],$$

且 $\psi(x)$ 在 $[a,b]$ 上具有连续的导数时,则(4-2)式成为

$$\int_{L} f(x,y) ds = \int_{a}^{b} f[x, \psi(x)] \sqrt{1 + \psi'^2(t)} dt. \tag{4-4}$$

如果曲线 L 表示为

$$x = \varphi(y), \quad y \in [c,d],$$

且 $\varphi(y)$ 在 $[c,d]$ 在具有连续的导数时,则(4-2)式成为

$$\int_{L} f(x,y) ds = \int_{c}^{d} f[\varphi(y), y] \sqrt{1 + \varphi'^2(y)} dy. \tag{4-5}$$

仿照公式(4-2)的证明,对于空间曲线弧 Γ,如果 Γ 的参数方程为

$$\begin{cases} x = \varphi(t), \\ y = \psi(t), \quad t \in [\alpha, \beta]. \\ z = \omega(t), \end{cases}$$

则有

$$\int_{\Gamma} f(x,y,z) ds = \int_{a}^{\beta} f[\varphi(t), \psi(t), \omega(t)] \sqrt{\varphi'^2(t) + \psi'^2(t) + \omega'^2(t)} dt \quad (\alpha < \beta). \tag{4-6}$$

例 4-1 计算 $\int_{L} \sqrt{y} ds$,其中 L 是抛物线 $y = x^2$ 上点 $O(0,0)$ 与点 $B(\sqrt{2}, 2)$ 之间的一段弧.

解 由于 L 的参数方程为

$$y = x^2, \quad x \in [0, \sqrt{2}],$$

因而

$$\int_L \sqrt{y}\,\mathrm{d}s = \int_0^{\sqrt{2}} x\sqrt{1+4x^2}\,\mathrm{d}x$$

$$= \frac{1}{12}\big[(1+4x^2)^{3/2}\big]_0^1 = \frac{13}{6}.$$

例 4-2 计算 $\oint_L (x^2+y^2)\,\mathrm{d}s$,其中 L 是圆心在 $(R,0)$,半径为 R 的圆周(图 4-2).

解 由于 L 的参数方程为

$$\begin{cases} x = R(1+\cos t), \\ y = R\sin t, \end{cases} \quad 0 \leqslant t \leqslant 2\pi,$$

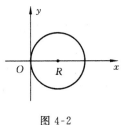

图 4-2

所以

$$\oint_L (x^2+y^2)\,\mathrm{d}s = \int_0^{2\pi}\big[R^2(1+\cos t)^2 + R^2\sin^2 t\big]\sqrt{(-R\sin t)^2 + (R\cos t)^2}\,\mathrm{d}t$$

$$= 2R^3\int_0^{2\pi}(1+\cos t)\,\mathrm{d}t$$

$$= 4\pi R^3.$$

例 4-3 计算 $\oint_\Gamma x^2\,\mathrm{d}s$,其中 Γ 为球面 $x^2+y^2+z^2 = R^2$ 被平面 $x+y+z = 0$ 所截得的圆周.

解 由对称性知

$$\oint_\Gamma x^2\,\mathrm{d}s = \oint_\Gamma y^2\,\mathrm{d}s = \oint_\Gamma z^2\,\mathrm{d}s,$$

所以

$$\oint_\Gamma x^2\,\mathrm{d}s = \frac{1}{3}\oint_\Gamma (x^2+y^2+z^2)\,\mathrm{d}s = \frac{R^2}{3}\oint_\Gamma \mathrm{d}s = \frac{2}{3}\pi R^3.$$

习　题　4.1

1. 计算下列曲线积分

(1) $\int_L (x+y)\,\mathrm{d}s$,其中 L 为连接 $(1,0)$ 与 $(0,1)$ 两点的直线段.

(2) $\oint_L x\,\mathrm{d}s$,其中 L 为由直线 $y=x$ 及抛物线 $y=x^2$ 所围成区域的整个边界.

(3) $\oint_L (x^2+y^2)^n\,\mathrm{d}s$,其中 L 为圆周 $x^2+y^2=4$.

(4) $\int_\Gamma z\,\mathrm{d}s$,其中 Γ 为螺旋线 $x=t\cos t, y=t\sin t, z=t(0 \leqslant t \leqslant t_0)$.

2. 求半径为 a、中心角为 2α 的均匀圆弧的形心.

3. 设 L 为圆周 $x^2+y^2=2ax(a>0)$,它的线密度为 $\mu=x+a$,求 L 关于 x 轴及关于 y 轴的转动惯量 I_x 及 I_y.

4.2 对坐标的曲线积分

1. 对坐标的曲线积分的概念与性质

引例(变力沿曲线所做的功)　设一个质点在 xOy 面上受到力

$$\boldsymbol{F}(x,y) = P(x,y)\boldsymbol{i} + Q(x,y)\boldsymbol{j}$$

的作用,从点 A 沿光滑曲线弧 L 移动到点 B,其中 $P(x,y)$ 及 $Q(x,y)$ 在 L 上连续. 求上述过程中变力 $\boldsymbol{F}(x,y)$ 所做的功(图 4-3).

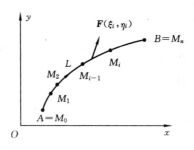

图 4-3

我们知道,如果 $\boldsymbol{F}$ 是恒力,且质点从 A 沿直线移动到 B,那么恒力 $\boldsymbol{F}$ 所做的功为

$$W = \boldsymbol{F} \cdot \overrightarrow{AB}$$

现在 $\boldsymbol{F}(x,y)$ 是变力,且质点沿曲线 L 移动,所以功 W 不能由以上公式计算. 下面我们仍然用极限的思想处理上述问题.

首先用曲线弧 L 上的点 $M_1(x_1,y_1),M_2(x_2,y_2),\cdots,M_{n-1}(x_{n-1},y_{n-1})$ 将 L 分成 n 个小弧段,取有向小弧段 $\overrightarrow{M_{i-1}M_i}$ 来分析:由于 $\overrightarrow{M_{i-1}M_i}$ 光滑且很短,可以用有向线段

$$\overrightarrow{M_{i-1}M_i} = (\Delta x_i)\boldsymbol{i} + (\Delta y_i)\boldsymbol{j}$$

近似代替 $\overrightarrow{M_{i-1}M_i}$,其中 $\Delta x_i = x_i - x_{i-1},\Delta y_i = y_i - y_{i-1}$. 又函数 $P(x,y),Q(x,y)$ 在 L 上连续,可以用 $\overrightarrow{M_{i-1}M_i}$ 上任意取定的一点 (ξ_i,η_i) 处的力

$$\boldsymbol{F}(\xi_i,\eta_i) = P(\xi_i,\eta_i)\boldsymbol{i} + Q(\xi_i,\eta_i)\boldsymbol{j}$$

近似代替 $\overrightarrow{M_{i-1}M_i}$ 上各点的力. 于是 $\boldsymbol{F}(x,y)$ 沿有向小弧段 $\overrightarrow{M_{i-1}M_i}$ 所做之功 ΔW_i 可近似地表示为

$$\Delta W_i \approx \boldsymbol{F}(\xi_i,\eta_i) \cdot \overrightarrow{M_{i-1}M_i},$$

即

$$\Delta W_i \approx P(\xi_i,\eta_i)\Delta x_i + Q(\xi_i,\eta_i)\Delta y_i.$$

所以

$$W = \sum_{i=1}^{n} \Delta W_i \approx \sum_{i=1}^{n} [P(\xi_i, \eta_i)\Delta x_i + Q(\xi_i, \eta_i)\Delta y_i].$$

用 λ 表示 n 个小弧段的最大长度,上述和在 $\lambda \to 0$ 的极限就被认作为 F 沿有向曲线弧 L 所做的功,即

$$W = \lim_{\lambda \to 0} \sum_{i=1}^{n} [P(\xi_i, \eta_i)\Delta x_i + Q(\xi_i, \eta_i)\Delta y_i].$$

由于这种和的极限在研究其他问题时也会遇到,所以我们引入下面的定义.

定义 4-2　设 L 为 xOy 平面上从点 A 到点 B 的一条有向光滑曲线弧,函数 $P(x, y), Q(x, y)$ 在 L 上有界. 在 L 上沿 L 的方向任意插入一点列 $M_1(x_1, y_1)$, $M_2(x_2, y_2), \cdots, M_{n-1}(x_{n-1}, y_{n-1})$,把 L 分成 n 个有向小弧段

$$\widehat{M_{i-1}M_i}(i = 1, 2, \cdots, n; M_0 = A, M_n = B).$$

点 (ξ_i, η_i) 为 $\widehat{M_{i-1}M_i}$ 上任意取定的点,记 $\Delta x_i = x_i - x_{i-1}, \Delta y_i = y_i - y_{i-1}$. 如果当各小弧段长度的最大值 $\lambda \to 0$ 时,$\sum_{i=1}^{n} P(\xi_i, \eta_i)\Delta x_i$ 的极限存在,那么此极限叫做函数 $P(x, y)$ 在有向曲线弧 L 上对坐标 x 的曲线积分,记作 $\int_L P(x, y)\mathrm{d}x$. 如果 $\lim\limits_{\lambda \to 0} \sum\limits_{i=1}^{n} Q(\xi_i, \eta_i)\Delta y_i$ 存在,则此极限叫做函数 $Q(x, y)$ 在有向曲线弧 L 上对坐标 y 的曲线积分,记为 $\int_L Q(x, y)\mathrm{d}y$. 即

$$\int_L P(x, y)\mathrm{d}x = \lim_{\lambda \to 0} \sum_{i=1}^{n} P(\xi_i, \eta_i)\Delta x_i,$$

$$\int_L Q(x, y)\mathrm{d}y = \lim_{\lambda \to 0} \sum_{i=1}^{n} Q(\xi_i, \eta_i)\Delta y_i,$$

其中 $P(x, y), Q(x, y)$ 叫做**被积函数**,L 叫做**积分弧段**.

我们也称以上两个积分为第二类曲线积分.

由于当 $P(x, y), Q(x, y)$ 在有向光滑曲线弧 L 上连续时,积分 $\int_L P(x, y)\mathrm{d}x$ 及 $\int_L Q(x, y)\mathrm{d}y$ 都存在,所以以后总假定 $P(x, y), Q(x, y)$ 在 L 上连续.

类似地,可以把上述定义推广到积分弧段为空间有向曲线弧 Γ 的情形:

$$\int_\Gamma P(x, y, z)\mathrm{d}x = \lim_{\lambda \to 0} \sum_{i=1}^{n} P(\xi_i, \eta_i, \zeta_i)\Delta x_i,$$

$$\int_\Gamma Q(x, y, z)\mathrm{d}y = \lim_{\lambda \to 0} \sum_{i=1}^{n} Q(\xi_i, \eta_i, \zeta_i)\Delta y_i,$$

$$\int_\Gamma R(x, y, z)\mathrm{d}z = \lim_{\lambda \to 0} \sum_{i=1}^{n} R(\xi_i, \eta_i, \zeta_i)\Delta z_i.$$

对于

$$\int_L P(x,y)\mathrm{d}x + \int_L Q(x,y)\mathrm{d}y,$$

通常写成

$$\int_L P(x,y)\mathrm{d}x + Q(x,y)\mathrm{d}y$$

或写成向量形式

$$\int_L \boldsymbol{F}(x,y) \cdot \mathrm{d}\boldsymbol{r}.$$

其中 $\boldsymbol{F}(x,y) = P(x,y)\boldsymbol{i} + Q(x,y)\boldsymbol{j}$ 为向量值函数, $\mathrm{d}\boldsymbol{r} = \mathrm{d}x\boldsymbol{i} + \mathrm{d}y\boldsymbol{j}$.

例如,本节开始时讨论的变力 $\boldsymbol{F}$ 做的功可以表示成

$$W = \int_L P(x,y)\mathrm{d}x + Q(x,y)\mathrm{d}y, \quad \text{或} \quad W = \int_L \boldsymbol{F}(x,y) \cdot \mathrm{d}\boldsymbol{r}.$$

对于

$$\int_\Gamma P(x,y,z)\mathrm{d}x + \int_\Gamma Q(x,y,z)\mathrm{d}y + \int_\Gamma R(x,y,z)\mathrm{d}z,$$

我们经常简写成

$$\int_\Gamma P(x,y,z)\mathrm{d}x + Q(x,y,z)\mathrm{d}y + R(x,y,z)\mathrm{d}z$$

或

$$\int_\Gamma \boldsymbol{A}(x,y,z) \cdot \mathrm{d}\boldsymbol{r},$$

其中

$$\boldsymbol{A}(x,y,z) = P(x,y,z)\boldsymbol{i} + Q(x,y,z)\boldsymbol{j} + R(x,y,z)\boldsymbol{k},$$
$$\mathrm{d}\boldsymbol{r} = \mathrm{d}x\boldsymbol{i} + \mathrm{d}y\boldsymbol{j} + \mathrm{d}z\boldsymbol{k}.$$

如果有向曲线弧 L (或 Γ) 是分段光滑的,规定函数在 L (或 Γ) 上对坐标的曲线积分等于在光滑的各段上对坐标的曲线积分之和.

下面用向量形式给出对坐标的曲线积分的一些基本性质. 这些性质由对坐标的曲线积分的定义不难导出.

性质 4-4 设 k_1, k_2 为常数,则

$$\int_L \left[k_1 \boldsymbol{F}_1(x,y) + k_2 \boldsymbol{F}_2(x,y) \right] \cdot \mathrm{d}\boldsymbol{r}$$
$$= k_1 \int_L \boldsymbol{F}_1(x,y) \cdot \mathrm{d}\boldsymbol{r} + k_2 \int_L \boldsymbol{F}_2(x,y) \cdot \mathrm{d}\boldsymbol{r}.$$

性质 4-5 如果有向曲线弧 L 可分成两段光滑的有向曲线 L_1 和 L_2,则

$$\int_L \boldsymbol{F}(x,y) \cdot \mathrm{d}\boldsymbol{r} = \int_{L_1} \boldsymbol{F}(x,y) \cdot \mathrm{d}\boldsymbol{r} + \int_{L_2} \boldsymbol{F}(x,y) \cdot \mathrm{d}\boldsymbol{r}.$$

性质 4-6 设 L 为有向光滑曲线弧, L^- 是与 L 方向相反的曲线弧,则

$$\int_{L^-} \boldsymbol{F}(x,y) \cdot \mathrm{d}\boldsymbol{r} = -\int_L \boldsymbol{F}(x,y) \cdot \mathrm{d}\boldsymbol{r}.$$

性质 4-6 表示,当积分弧段的方向改变时,对坐标的曲线积分要改变符号.

2. 对坐标的曲线积分的计算

定理 4-2 设 $P(x,y),Q(x,y)$ 在有向曲线弧 L 上连续,L 的参数方程为

$$\begin{cases} x = \varphi(t), \\ y = \psi(t), \end{cases}$$

当参数 t 由 α 单调地变到 β 时,点 $M(x,y)$ 从 L 的起点 A 运动到终点 B,$\varphi(t),\psi(t)$ 在以 α,β 为端点的闭区间上具有一阶连续导数,且 $\varphi'^2(t) + \psi'^2(t) \neq 0$(即 $\varphi'(t)$,$\psi'(t)$ 不同时为零),则曲线积分 $\int_L P(x,y)\mathrm{d}x + Q(x,y)\mathrm{d}y$ 存在,且

$$\int_L P(x,y)\mathrm{d}x + Q(x,y)\mathrm{d}y$$
$$= \int_\alpha^\beta \{P[\varphi(t),\psi(t)]\varphi'(t) + Q[\varphi(t),\psi(t)]\psi'(t)\}\mathrm{d}t. \tag{4-7}$$

证 沿有向曲线弧 L 的正向任取一列点

$$A = M_0, M_1, M_2, \cdots, M_{n-1}, M_n = B,$$

它们对应于一列单调变化的参数值

$$\alpha = t_0, t_1, t_2, \cdots, t_{n-1}, t_n = \beta.$$

由于

$$\int_L P(x,y)\mathrm{d}x = \lim_{\lambda \to 0} \sum_{i=1}^n P(\xi_i, \eta_i)\Delta x_i,$$

令点 (ξ_i, η_i) 对应的参数值为 τ_i,即 $\xi_i = \varphi(\tau_i)$,$\eta_i = \psi(\tau_i)$,这里 τ_i 在 t_{i-1} 与 t_i 之间.
因为

$$\Delta x_i = x_i - x_{i-1} = \varphi(t_i) - \varphi(t_{i-1}),$$

根据微分中值定理,有

$$\Delta x_i = \varphi'(\tau_i')\Delta t_i.$$

这里 $\Delta t_i = t_i - t_{i-1}$,$\tau_i'$ 在 t_{i-1} 与 t_i 之间,所以

$$\int_L P(x,y)\mathrm{d}x = \lim_{\lambda \to 0} \sum_{i=1}^n P[\varphi(\tau_i), \psi(\tau_i)]\varphi'(\tau_i')\Delta t_i.$$

记

$$\sigma = \sum_{i=1}^n \{P[\varphi(\tau_i), \psi(\tau_i)] - P[\varphi(\tau_i'), \psi(\tau_i')]\}\varphi'(\tau_i')\Delta t_i,$$

可以证明 $\lim_{\lambda \to 0}\sigma = 0$,于是

$$\int_L P(x,y)\mathrm{d}x = \lim_{\lambda \to 0}\Big\{ \sum_{i=1}^{n} P[\varphi(\tau_i'),\psi(\tau_i')]\varphi'(\tau_i')\Delta t_i + \sigma \Big\}$$

$$= \lim_{\lambda \to 0} \sum_{i=1}^{n} P[\varphi(\tau_i'),\psi(\tau_i')]\varphi'(\tau_i')\Delta t_i$$

$$= \int_{\alpha}^{\beta} P[\varphi(t),\psi(t)]\varphi'(t)\mathrm{d}t,$$

即

$$\int_L P(x,y)\mathrm{d}x = \int_{\alpha}^{\beta} P[\varphi(t),\psi(t)]\varphi'(t)\mathrm{d}t. \tag{4-8}$$

同理

$$\int_L Q(x,y)\mathrm{d}y = \int_{\alpha}^{\beta} Q[\varphi(t),\psi(t)]\psi'(t)\mathrm{d}t. \tag{4-9}$$

将(4-8)和(4-9)两式相加,得

$$\int_L P(x,y)\mathrm{d}x + Q(x,y)\mathrm{d}y$$

$$= \int_{\alpha}^{\beta} \{ P[\varphi(t),\psi(t)]\varphi'(t) + Q[\varphi(t),\psi(t)]\psi'(t) \}\mathrm{d}t.$$

这里必须注意,将对坐标的曲线积分化成定积分时,定积分的下限 α 对应于有向曲线弧 L 的始点,上限 β 对应于 L 的终点.

当 L 由方程 $y = \psi(x)$ 或 $x = \varphi(y)$ 给出时,可以将它们看成是参数方程的特殊情形. 例如,若 L 由 $y = \psi(x)$ 给出,则公式(4-7)成为

$$\int_L P(x,y)\mathrm{d}x + Q(x,y)\mathrm{d}y = \int_a^b \{ P[x,\psi(x)] + Q[x,\psi(x)]\psi'(x) \}\mathrm{d}x.$$

这里下限 a 对应 L 的始点,而上限 b 对应 L 的终点.

另外,若空间有向曲线 Γ 的参数方程为

$$\begin{cases} x = \varphi(t), \\ y = \psi(t), \\ z = \omega(t), \end{cases}$$

Γ 的始点对应的参数值为 α,Γ 的终点对应的参数值为 β,则有

$$\int_{\Gamma} P(x,y,z)\mathrm{d}x + Q(x,y,z)\mathrm{d}y + R(x,y,z)\mathrm{d}z$$

$$= \int_{\alpha}^{\beta} \{ P[\varphi(t),\psi(t),\omega(t)]\varphi'(t) + Q[\varphi(t),\psi(t),\omega(t)]\psi'(t)$$

$$+ R[\varphi(t),\psi(t),\omega(t)]\omega'(t) \}\mathrm{d}t.$$

例 4-4 计算 $\int_L y\mathrm{d}x$,其中 L 为(如图 4-4):

(1) 半径为 a,圆心为原点,按逆时针方向绕行的上半圆周;

（2）从点 $A(a,0)$ 沿 x 轴到点 $B(-a,0)$ 的直线段.

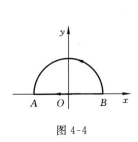

图 4-4

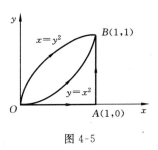

图 4-5

解　（1）L 的参数方程为

$$\begin{cases} x = a\cos\theta, \\ y = a\sin\theta, \end{cases}$$

参数 θ 从 0 变到 π,所以

$$\int_L y\,\mathrm{d}x = \int_0^\pi a\sin\theta(-a\sin\theta)\,\mathrm{d}\theta = -a^2\int_0^\pi \sin^2\theta\,\mathrm{d}\theta = -\frac{1}{2}\pi a^2.$$

（2）L 的方程为 $y=0$,x 从 a 变到 $-a$,所以

$$\int_L y\,\mathrm{d}x = \int_a^{-a} 0\,\mathrm{d}x = 0.$$

例 4-5　计算 $\displaystyle\int_L 2xy\,\mathrm{d}x + x^2\,\mathrm{d}y$,其中 L 为(图 4-5):

（1）抛物线 $y=x^2$ 上从 $O(0,0)$ 到 $B(1,1)$ 的一段弧;

（2）抛物线 $x=y^2$ 上从 $O(0,0)$ 到 $B(1,1)$ 的一段弧;

（3）有向折线 OAB,其中点 O,A,B 的坐标依次为 $(0,0),(1,0),(1,1)$.

解　（1）$\displaystyle\int_L 2xy\,\mathrm{d}x + x^2\,\mathrm{d}y = \int_0^1 (2x\cdot x^2 + x^2\cdot 2x)\,\mathrm{d}x = 4\int_0^1 x^3\,\mathrm{d}x = 1.$

（2）$\displaystyle\int_L 2xy\,\mathrm{d}x + x^2\,\mathrm{d}y = \int_0^1 (2y^2\cdot y\cdot 2y + y^4)\,\mathrm{d}y = 5\int_0^1 y^4\,\mathrm{d}y = 1.$

（3）由于在 OA 上,$y=0$,x 从 0 变到 1,所以

$$\int_{OA} 2xy\,\mathrm{d}x + x^2\,\mathrm{d}y = \int_0^1 (2x\cdot 0 + x^2\cdot 0)\,\mathrm{d}x = 0.$$

在 AB 上,$x=1$,y 从 0 变到 1,所以

$$\int_{AB} 2xy\,\mathrm{d}y + x^2\,\mathrm{d}y = \int_0^1 (2y\cdot 0 + 1)\,\mathrm{d}y = 1,$$

从而

$$\int_L 2xy\,\mathrm{d}x + x^2\,\mathrm{d}y = 0 + 1 = 1.$$

例 4-6   计算 $\int_{\Gamma} x\,\mathrm{d}x + y\,\mathrm{d}y + (x+y)\,\mathrm{d}z$,其中 Γ 为从点 $A(3,2,1)$ 到 $O(0,0,0)$ 的有向直线段.

解   直线段 AO 的方程为

$$\frac{x}{3} = \frac{y}{2} = \frac{z}{1},$$

改写为参数方程

$$x = 3t, \quad y = 2t, \quad z = t,$$

t 从 1 变到 0,所以

$$\int_{\Gamma} x\,\mathrm{d}x + y\,\mathrm{d}y + (x+y)\,\mathrm{d}z = \int_{1}^{0}(3t \cdot 3 + 2t \cdot 2 + 5t)\,\mathrm{d}t$$

$$= 18\int_{1}^{0} t\,\mathrm{d}t = -9.$$

3. 两类曲线积分的联系

设有向曲线弧 L 的起点为 A,终点为 B,曲线弧 L 由参数方程

$$\begin{cases} x = \varphi(t), \\ y = \psi(t) \end{cases}$$

给出,点 A 和点 B 对应的参数分别为 α, β. 不妨设 $\alpha < \beta$(事实上,当 $\alpha > \beta$,令 $s = -t$,则把下面的讨论对参数 s 即可),并设 $\varphi(t), \psi(t)$ 在闭区间 $[\alpha, \beta]$ 上具有一阶连续导数,且 $\varphi'^{2}(t) + \psi'^{2}(t) \neq 0$,又函数 $P(x,y), Q(x,y)$ 在 L 上连续,因而

$$\int_{L} P(x,y)\,\mathrm{d}x + Q(x,y)\,\mathrm{d}y$$

$$= \int_{\alpha}^{\beta} \{P[\varphi(t),\psi(t)]\varphi'(t) + Q[\varphi(t),\psi(t)]\psi'(t)\}\,\mathrm{d}t.$$

另一方面,向量 $\boldsymbol{\tau} = \varphi'(t)\boldsymbol{i} + \psi'(t)\boldsymbol{j}$ 是曲线弧 L 在点 $M(\varphi(t),\psi(t))$ 处的一个切向量,它的指向与参数 t 的增长方向一致,当 $\alpha < \beta$ 时,这个指向就是有向曲线弧 L 的方向. 我们称指向与有向曲线弧的方向一致的切向量为有向曲线弧的切向量.

有向曲线弧 L 的切向量为

$$\boldsymbol{\tau} = \varphi'(t)\boldsymbol{i} + \psi'(t)\boldsymbol{j},$$

它的方向余弦为

$$\cos\alpha = \frac{\varphi'(t)}{\sqrt{\varphi'^{2}(t) + \psi'^{2}(t)}}, \quad \cos\beta = \frac{\psi'(t)}{\sqrt{\varphi'^{2}(t) + \psi'^{2}(t)}},$$

于是

$$\int_L P(x,y)\mathrm{d}x + Q(x,y)\mathrm{d}y$$

$$= \int_\alpha^\beta \{P[\varphi(t),\psi(t)]\varphi'(t) + Q[\varphi(t),\psi(t)]\psi'(t)\}\mathrm{d}t$$

$$= \int_\alpha^\beta \{P[\varphi(t),\psi(t)] \frac{\varphi'(t)}{\sqrt{\varphi'^2(t)+\psi'^2(t)}}$$

$$+ Q[\varphi(t),\psi(t)] \frac{\psi'(t)}{\sqrt{\varphi'^2(t)+\psi'^2(t)}}\} \sqrt{\varphi'^2(t)+\psi'^2(t)}\mathrm{d}t$$

$$= \int_L [P(x,y)\cos\alpha + Q(x,y)\cos\beta]\mathrm{d}s.$$

由此可见,平面曲线 L 上的两类曲线积分之间有如下联系:

$$\int_L P\mathrm{d}x + Q\mathrm{d}y = \int_L (P\cos\alpha + Q\cos\beta)\mathrm{d}s,$$

其中 $\alpha(x,y),\beta(x,y)$ 为 L 在点 (x,y) 处的切向量的方向角.

空间曲线 Γ 上两类曲线积分之间的联系:

$$\int_\Gamma P\mathrm{d}x + Q\mathrm{d}y + R\mathrm{d}z = \int_\Gamma (P\cos\alpha + Q\cos\beta + R\cos\gamma)\mathrm{d}s,$$

其中 α,β,γ 为有向曲线弧 Γ 在点 (x,y,z) 处的切向量的方向角.

最后,我们用向量的形式表达两类曲线积分的关系.

空间曲线 Γ 上的两类曲线积分之间的联系可写成:

$$\int_\Gamma \boldsymbol{A} \cdot \mathrm{d}\boldsymbol{r} = \int_\Gamma \boldsymbol{A} \cdot \boldsymbol{\tau}\mathrm{d}s$$

或

$$\int_\Gamma \boldsymbol{A} \cdot \mathrm{d}\boldsymbol{r} = \int_\Gamma \boldsymbol{A}_\tau \mathrm{d}s,$$

其中 $\boldsymbol{A} = (P,Q,R),\boldsymbol{\tau} = (\cos\alpha,\cos\beta,\cos\gamma)$ 为有向曲线弧 L 的单位切向量, $\mathrm{d}\boldsymbol{r} = \boldsymbol{\tau}\mathrm{d}s = (\mathrm{d}x,\mathrm{d}y,\mathrm{d}z)$ 称为有向曲线元, $\boldsymbol{A}_\tau$ 为 $\boldsymbol{A}$ 在向量 $\boldsymbol{\tau}$ 上的投影.

习　题　4.2

1. 计算下列对坐标的曲线积分:

(1) $\int_L xy\mathrm{d}x + (y-x)\mathrm{d}y$,其中 L 为直线 $y = x$ 从点 $(0,0)$ 到 $(1,1)$ 的线段;

(2) $\int_L y^2\mathrm{d}x + x^2\mathrm{d}y$,其中 L 为沿逆时针方向的上半椭圆周 $\dfrac{x^2}{a^2} + \dfrac{y^2}{b^2} = 1$;

(3) $\oint_L xy\mathrm{d}x$,其中 L 为圆周 $x^2 + y^2 = 2ax(a>0)$ 及 x 轴所围成的在第一象限内的区域的整个边界(按逆时针方向绕行).

(4) $\displaystyle\int_{\Gamma} x\,\mathrm{d}x + y\,\mathrm{d}y + (x+y-1)\mathrm{d}z$,其中 Γ 为由点 $A(1,1,1)$ 到 $B(1,3,4)$ 的直线段.

2. 设力 $\boldsymbol{F}$ 的大小为常量 f,方向沿 x 轴正向.质量为 m 的质点在力 $\boldsymbol{F}$ 的作用下沿圆弧 $y = \sqrt{R^2 - x^2}$ 自点 $A(R,0)$ 移动到点 $B(0,R)$,求力 $\boldsymbol{F}$ 所做的功.

4.3　格林公式及其应用

1. 格林公式

我们先介绍平面区域连通性的概念.设 D 为平面区域,如果 D 内任一闭曲线所围的部分都属于 D,则称 D 为平面单连通区域,否则称为复连通区域.

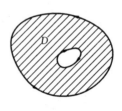

图 4-6　　　　　　　　　　图 4-7

例如图 4-6 表示的区域 D 为单连通区域,而图 4-7 表示的区域为复连通区域.

对于平面区域 D 的边界曲线 L,规定 L 的正向如下:当观察者沿着边界曲线 L 行走时,D 内在它近处的部分总在它左侧.例如图 4-6 中箭头的指向就是 D 的边界曲线的正向.

定理 4-3(格林公式)　设闭区域 D 由分段光滑的曲线 L 围成,函数 $P(x,y)$,$Q(x,y)$ 在 D 上具有一阶连续偏导数,则有

$$\iint\limits_{D}\left(\frac{\partial Q}{\partial x} - \frac{\partial P}{\partial y}\right)\mathrm{d}x\mathrm{d}y = \oint_{L} P\,\mathrm{d}x + Q\,\mathrm{d}y, \tag{4-10}$$

其中 L 是 D 的取正向的边界曲线.

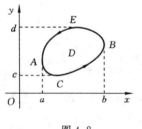

证　先考虑 D 既是 X- 型又是 Y- 型区域的情形.

这时,区域 D 可表示为

$$D = \{(x,y) \mid \varphi_1(x) \leqslant y \leqslant \varphi_2(y), a \leqslant x \leqslant b\}$$

或

$$D = \{(x,y) \mid \psi_1(y) \leqslant x \leqslant \psi_2(y), c \leqslant y \leqslant d\}.$$

图 4-8

于是,根据二重积分的计算方法,有

$$\iint\limits_{D} \frac{\partial Q}{\partial x} \mathrm{d}x\mathrm{d}y = \int_{c}^{d} \mathrm{d}y \int_{\psi_1(y)}^{\psi_2(y)} \frac{\partial Q}{\partial x} \mathrm{d}x$$

$$= \int_{c}^{d} Q[\psi_2(y), y] \mathrm{d}y - \int_{c}^{d} Q[\psi_1(y), y] \mathrm{d}y$$

$$= \int_{\overset{\frown}{CBE}} Q(x,y)\mathrm{d}y - \int_{\overset{\frown}{CAE}} Q(x,y)\mathrm{d}y$$

$$= \int_{\overset{\frown}{CBE}} Q(x,y)\mathrm{d}y + \int_{\overset{\frown}{EAC}} Q(x,y)\mathrm{d}y$$

$$= \oint_{L} Q(x,y)\mathrm{d}y.$$

同理可证

$$-\iint\limits_{D} \frac{\partial P}{\partial y} \mathrm{d}x\mathrm{d}y = \oint_{L} P(x,y)\mathrm{d}x.$$

因而

$$\iint\limits_{D} \left(\frac{\partial Q}{\partial x} - \frac{\partial P}{\partial y}\right)\mathrm{d}x\mathrm{d}y = \oint_{L} P\mathrm{d}x + Q\mathrm{d}y.$$

其次,如果 D 由一条分段光滑的闭曲线 L 所围成,则可以在 D 内引进几条(段)辅助曲线将 D 分成有限个既是 X- 型又是 Y- 型的区域. 如就图 4-9 所示的区域 D 来说,它的边界曲线 L 为 $\overset{\frown}{MNPM}$,引入一条辅助线 ABC,把 D 分成 D_1、D_2、D_3 三个部分.

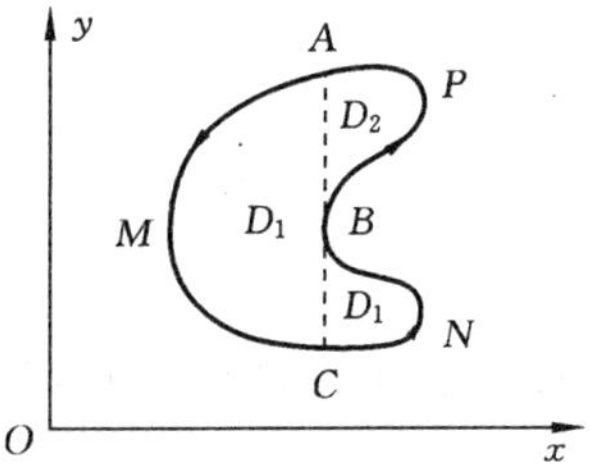

在每一个区域 $D_i(i=1,2,3)$ 上应用公式(4-10),有

$$\iint\limits_{D_1} \left(\frac{\partial Q}{\partial x} - \frac{\partial P}{\partial y}\right)\mathrm{d}x\mathrm{d}y = \oint_{\overset{\frown}{MCBAM}} P\mathrm{d}x + Q\mathrm{d}y,$$

$$\iint\limits_{D_2} \left(\frac{\partial Q}{\partial x} - \frac{\partial P}{\partial y}\right)\mathrm{d}x\mathrm{d}y = \oint_{\overset{\frown}{ABPA}} P\mathrm{d}x + Q\mathrm{d}y,$$

$$\iint\limits_{D_3} \left(\frac{\partial Q}{\partial x} - \frac{\partial P}{\partial y}\right)\mathrm{d}x\mathrm{d}y = \oint_{\overset{\frown}{BCNB}} P\mathrm{d}x + Q\mathrm{d}y,$$

图 4-9

将上面三个等式相加,由于相加时沿辅助曲线来回的曲线积分相互抵消,于是

$$\iint\limits_{D} \left(\frac{\partial Q}{\partial x} - \frac{\partial P}{\partial y}\right)\mathrm{d}x\mathrm{d}y = \oint_{L} P\mathrm{d}x + Q\mathrm{d}y.$$

最后,对于复连通区域 D,如图 4-10,可添加直线段 AB、CE,类似可证

$$\iint\limits_{D} \left(\frac{\partial Q}{\partial x} - \frac{\partial P}{\partial y}\right)\mathrm{d}x\mathrm{d}y = \oint_{L} P\mathrm{d}x + Q\mathrm{d}y.$$

格林公式建立了曲线积分与二重积分之间的联系.

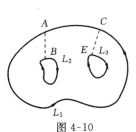

图 4-10

107

在公式(4-10)中,取 $P=-y,Q=x$,则

$$2\iint\limits_{D}\mathrm{d}x\mathrm{d}y = \oint_{L} x\mathrm{d}y - y\mathrm{d}x.$$

由此有向曲线 L 围成的闭区域 D 的面积为

$$A = \frac{1}{2}\oint_{L} x\mathrm{d}y - y\mathrm{d}x. \tag{4-11}$$

例 4-7　求椭圆 $x = a\cos\theta, y = b\sin\theta$ 所围成图形的面积 A.

解　由公式(4-11),有

$$A = \frac{1}{2}\oint_{L} x\mathrm{d}y - y\mathrm{d}x = \frac{1}{2}\int_{0}^{2\pi}(ab\cos^2\theta + ab\sin^2\theta)\mathrm{d}\theta = \pi ab.$$

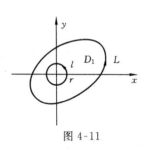

图 4-11

例 4-8　计算 $\oint_{L} \dfrac{x\mathrm{d}y - y\mathrm{d}x}{x^2 + y^2}$,其中 L 为一条无重点、分段光滑且不经过原点的连续闭曲线,L 的方向为逆时针方向.

解　令

$$P(x,y) = \frac{-y}{x^2 + y^2}, \quad Q(x,y) = \frac{x}{x^2 + y^2},$$

则当 $x^2 + y^2 \neq 0$ 时,有

$$\frac{\partial Q}{\partial x} = \frac{y^2 - x^2}{(x^2 + y^2)^2} = \frac{\partial P}{\partial y}.$$

设 L 围成的区域为 D,若 $(0,0) \notin D$,则由格林公式,有

$$\oint_{L} \frac{x\mathrm{d}y - y\mathrm{d}x}{x^2 + y^2} = 0.$$

若 $(0,0) \in D$,选取适当小的正数 r,作位于 D 内的圆周 $l: x^2 + y^2 = r^2$. 记 L 和 l 围成的闭区域为 D_1. 对复连通区域 D_1 应用格林公式,得

$$\oint_{L} \frac{x\mathrm{d}y - y\mathrm{d}x}{x^2 + y^2} - \oint_{l} \frac{x\mathrm{d}y - y\mathrm{d}x}{x^2 + y^2} = 0,$$

其中 l 的正向如图 4-11,于是

$$\oint_{L} \frac{x\mathrm{d}y - y\mathrm{d}x}{x^2 + y^2} = \oint_{l} \frac{x\mathrm{d}y - y\mathrm{d}x}{x^2 + y^2} = \int_{0}^{2\pi} \frac{r^2\cos^2\theta + r^2\sin^2\theta}{r^2}\mathrm{d}\theta = 2\pi.$$

2. 平面上曲线积分与路径无关的条件

力学中研究的在什么条件下场力所做的功与路径无关,这个问题在数学上就是要研究曲线积分与路径无关的条件. 为此,先说明什么叫曲线积分 $\int_{L} P\mathrm{d}x + Q\mathrm{d}y$ 与路径无关.

设 G 是一个区域,$P(x,y)$ 以及 $Q(x,y)$ 在区域 G 具有一阶连续偏导数. 如果

对于 G 内任意指定的两点 A、B 以及 G 内从 A 到点 B 的任意两条曲线 L_1, L_2(图 4-12),有

$$\int_{L_1} P\mathrm{d}x + Q\mathrm{d}y = \int_{L_2} P\mathrm{d}x + Q\mathrm{d}y$$

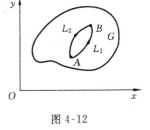

图 4-12

恒成立,则说曲线积分 $\int_L P\mathrm{d}x + Q\mathrm{d}y$ 在 G 内与路径无关,

否则便说曲线积分 $\int_L P\mathrm{d}x + Q\mathrm{d}y$ 在 G 内与路径有关.

若曲线积分与路径无关,那么

$$\int_{L_1} P\mathrm{d}x + Q\mathrm{d}y = \int_{L_2} P\mathrm{d}x + Q\mathrm{d}y.$$

由于

$$\int_{L_2} P\mathrm{d}x + Q\mathrm{d}y = -\int_{L_2^-} P\mathrm{d}x + Q\mathrm{d}y,$$

所以

$$\int_{L_1} P\mathrm{d}x + Q\mathrm{d}y + \int_{L_2^-} P\mathrm{d}x + Q\mathrm{d}y = 0,$$

从而

$$\oint_{L_1 + L_2^-} P\mathrm{d}x + Q\mathrm{d}y = 0.$$

即对于区域 G 内的任一闭曲线 C,有

$$\oint_C P\mathrm{d}x + Q\mathrm{d}y = 0.$$

反之,若在区域 G 内沿任意闭曲线的曲线积分为零,也可推出在 G 内曲线积分与路径无关. 由此得出:曲线积分 $\int_L P\mathrm{d}x + Q\mathrm{d}y$ 在 G 内与路径无关的充要条件是对于 G 内任意闭曲线 C,有

$$\oint_C P\mathrm{d}x + Q\mathrm{d}y = 0.$$

定理 4-4　设区域 G 是一个单连通区域,函数 $P(x,y), Q(x,y)$ 在 G 内具有一阶连续偏导数,则曲线积分 $\int_L P\mathrm{d}x + Q\mathrm{d}y$ 在 G 内与路径无关的充分必要条件是:对于任意 $(x,y) \in G$,有

$$\frac{\partial P}{\partial y} = \frac{\partial Q}{\partial x}. \tag{4-12}$$

证　先证条件(4-12)是充分的. 在 G 内任取一闭曲线 C,下证 $\oint_C P\mathrm{d}x + Q\mathrm{d}y = 0$.

因为 G 是单连通区域,所以闭曲线 C 所围成的闭区域 D 全部含于 G 内. 应用格林公式,有

$$\iint_D \left(\frac{\partial Q}{\partial x} - \frac{\partial P}{\partial y} \right) \mathrm{d}x\mathrm{d}y = \oint_C P\,\mathrm{d}y + Q\,\mathrm{d}y.$$

由于在 D 上 $\frac{\partial Q}{\partial x} - \frac{\partial P}{\partial y} \equiv 0$,从而

$$\oint_C P\,\mathrm{d}x + Q\,\mathrm{d}y = 0.$$

其次证条件(4-12)是必要的.

(反证法) 假设 G 内存在一点 $M_0(x_0, y_0)$,使

$$\left(\frac{\partial Q}{\partial x} - \frac{\partial P}{\partial y} \right)\Big|_{M_0} \neq 0.$$

不妨设

$$\left(\frac{\partial Q}{\partial x} - \frac{\partial P}{\partial y} \right)\Big|_{M_0} = \eta > 0.$$

因为 $\frac{\partial P}{\partial y}, \frac{\partial Q}{\partial x}$ 在 G 内连续,则由极限的保号性,存在 $r > 0$,使得 $\forall (x,y) \in K = \{(x,y) \mid (x-x_0)^2 + (y-y_0)^2 \leqslant r^2\}$,有

$$\frac{\partial Q}{\partial x} - \frac{\partial P}{\partial y} \geqslant \frac{\eta}{2}.$$

设 γ 是 K 的正向边界曲线,σ 是 K 的面积,则

$$\oint_\gamma P\,\mathrm{d}x + Q\,\mathrm{d}y = \iint_K \left(\frac{\partial Q}{\partial x} - \frac{\partial P}{\partial y} \right) \mathrm{d}x\mathrm{d}y \geqslant \frac{\eta}{2} \cdot \sigma,$$

从而

$$\oint_\gamma P\,\mathrm{d}x + Q\,\mathrm{d}y > 0.$$

这与沿 G 内任意闭曲线的曲线积分为零的假定相矛盾. 由此(4-12)式在 G 内处处成立.

习 题 4.3

1. 利用格林公式计算下列曲线积分:

(1) $\oint_L (2x - y + 4)\mathrm{d}x + (5y + 3x - 6)\mathrm{d}y$,其中 L 是顶点分别为 $(0,0),(3,0)$ 和 $(3,2)$ 的三角形的正向边界;

(2) $\oint_L (x+y)\mathrm{d}x + (x-y)\mathrm{d}y$,其中 L 为 $\frac{x^2}{a^2} + \frac{y^2}{b^2} = 1$ 的逆时针方向;

(3) $\int_L (x^2 - y^2)\mathrm{d}x - (x + \sin^2 y)\mathrm{d}y$,其中 L 是圆周 $y = \sqrt{2x - x^2}$ 自 $(0,0)$ 到 $(1,1)$ 的一段弧.

2. 判断曲线积分

$$\int_{(1,2)}^{(3,4)} (6xy^2 - y^3)\mathrm{d}x + (6x^2 y - 3xy^2)\mathrm{d}y$$

是否与路径无关,并计算此积分.

3. 利用曲线积分,求椭圆 $9x^2 + 16y^2 = 144$ 所围成的图形的面积.

复 习 题 四

1. 计算下列曲线积分：

(1) $\oint_L \sqrt{x^2 + y^2}\,\mathrm{d}s$，其中 L 为圆周 $x^2 + y^2 = ax$；

(2) $\int_\Gamma z\,\mathrm{d}s$，其中 Γ 为曲线 $x = t\cos t, y = t\sin t, z = t$ $(0 \leqslant t \leqslant t_0)$；

(3) $\int_L (\mathrm{e}^x \sin y - 2y)\mathrm{d}x + (\mathrm{e}^x \cos y - 2)\mathrm{d}y$，其中 L 为上半圆周 $(x-a)^2 + y^2 = a^2$，$y \geqslant 0$ 沿逆时针方向；

(4) $\oint_\Gamma xyz\,\mathrm{d}z$，其中 Γ 是用平面 $y = z$ 截球面 $x^2 + y^2 + z^2 = 1$ 所截得的截痕，从 z 轴的正向看去，沿逆时针方向.

2. 设在半平面 $x > 0$ 内有力 $\boldsymbol{F} = -\dfrac{k}{\rho^3}(x\boldsymbol{i} + y\boldsymbol{j})$ 构成的力场，其中 k 为常数，$\rho = \sqrt{x^2 + y^2}$，证明在此力场中场力所作的功与所取的路径无关.

3. 设函数 $f(x)$ 在 $(-\infty, +\infty)$ 内具有一阶连续导数，L 是上半平面 $(y > 0)$ 内的有向光滑曲线，其起点为 (a,b)，终点为 (c,d). 记

$$I = \int_L \frac{1}{y}[1 + y^2 f(xy)]\mathrm{d}x + \frac{x}{y^2}[y^2 f(xy) - 1]\mathrm{d}y,$$

(1) 证明曲线积分 I 与路径无关；

(2) 当 $ab = cd$ 时，求 I 的值.

4. 设力 $\boldsymbol{F} = (\mathrm{e}^x - 2y)\boldsymbol{i} + (x + \sin^2 y)\boldsymbol{j}$，一质点在 $\boldsymbol{F}$ 的作用下沿圆周 $C: x = \sqrt{2y - y^2}$ 从点 $(0,0)$ 移动到点 $A(0,2)$，求 $\boldsymbol{F}$ 所做的功.

第5章

无 穷 级 数

无穷级数理论是高等数学的一个重要组成部分,它是表示函数、研究函数的性质以及进行数值计算的一种工具.本章首先讨论常数项级数的概念和性质,然后讨论函数项级数,并着重讨论幂级数.

5.1 常数项级数的概念及性质

1. 常数项级数的概念

我们已经在初等数学中知道:有限个实数相加,其结果是一个实数,本章将讨论"无限个实数相加"的问题."无限个实数相加"不能简单地引用有限个数相加的概念,而要建立其自身严格的理论.

定义 5-1 设$\{u_n\}$是一个给定的数列,对它的各项依次用"+"号连接起来,得到表达式

$$u_1 + u_2 + \cdots + u_n + \cdots. \tag{5-1}$$

这个表达式称为常数项无穷级数,简称为级数,记为$\sum\limits_{n=1}^{\infty} u_n$. 其中 u_n 称为级数(5-1)的通项.

无穷级数只是形式上的定义了无数个数相加.下面通过考察无穷级数的前 n 项和随着 n 的变化趋势来认识无穷级数的和的意义.

级数(5-1)的前 n 项的和

$$s_n = u_1 + u_2 + \cdots + u_n = \sum_{i=1}^{n} u_i \tag{5-2}$$

称为级数(5-1)的前 n 项部分和. 当 n 依次取 $1,2,\cdots$ 时,它们构成一个新的数项 $\{s_n\}$,称它为级数(5-1)的部分和数项. 根据部分和数列$\{s_n\}$是否存在极限,可以定义级数(5-1)的收敛与发散.

定义 5-2 如果级数$\sum\limits_{n=1}^{\infty} u_n$ 的部分和数列$\{s_n\}$有极限 s,即

$$\lim_{n \to \infty} s_n = s,$$

则称无穷级数(5-1)收敛,这时极限 s 叫级数的和,且写成

$$s = u_1 + u_2 + \cdots + u_n + \cdots;$$

如果部分和数列$\{s_n\}$发散,则称级数(5-2)发散.

当级数收敛时,其部分和s_n是级数的和s的近似值,它们之间的差

$$r_n = s - s_n = u_{n+1} + u_{n+2} + \cdots \tag{5-3}$$

称为级数的余项. 显然,$\lim\limits_{n\to\infty} r_n = 0$. 用$s_n$代替$s$所产生误差是这个余项的绝对值,即$|r_n|$.

从上述定义可知,给定一个级数$\sum\limits_{n=1}^{\infty} u_n$,就有一个相应的部分和数列$\{s_n\}$;反之,给定一个数列$\{s_n\}$,就有以$\{s_n\}$为部分和数列的级数

$$s_1 + (s_2 - s_1) + \cdots + (s_n - s_{n-1}) + \cdots = \sum_{n-1}^{\infty} u_n,$$

其中$u_1 = s_1, u_n = s_n - s_{n-1}(n \geqslant 2)$,根据定义5-2,级数$\sum\limits_{n-1}^{\infty} u_n$与数列$\{s_n\}$同时收敛或同时发散.

例 5-1 讨论无穷级数

$$\frac{1}{1 \cdot 2} + \frac{1}{2 \cdot 3} + \cdots + \frac{1}{n(n+1)} + \cdots$$

的收敛性.

解 由于级数的前n项部分和

$$\begin{aligned}
s_n &= \frac{1}{1 \cdot 2} + \frac{1}{2 \cdot 3} + \cdots + \frac{1}{n(n+1)} \\
&= \left(1 - \frac{1}{2}\right) + \left(\frac{1}{2} - \frac{1}{3}\right) + \cdots + \left(\frac{1}{n} - \frac{1}{n+1}\right) \\
&= 1 - \frac{1}{n+1},
\end{aligned}$$

则

$$\lim_{n\to\infty} s_n = \lim_{n\to\infty}\left(1 - \frac{1}{n+1}\right) = 1,$$

所以级数收敛,且其和为1.

例 5-2 级数

$$\sum_{n=0}^{\infty} aq^n = a + aq + aq^2 + \cdots + aq^n + \cdots \tag{5-4}$$

叫做等比级数(也称为几何级数),其中$a \neq 0$,q叫做级数的公比. 试讨论级数的收敛性.

解 若$q \neq 1$,则级数的部分和

$$s_n = a + aq + \cdots + aq^{n-1} = \frac{a - aq^n}{1-q} = \frac{a}{1-q} - \frac{aq^n}{1-q}.$$

当 $|q| < 1$ 时,由于 $\lim\limits_{n \to \infty} q^n = 0$,从而 $\lim\limits_{n \to \infty} s_n = \dfrac{a}{1-q}$,这时级数收敛,其和为 $\dfrac{a}{1-q}$;

当 $|q| > 1$ 时,由于 $\lim\limits_{n \to \infty} q^n = \infty$,从而 $\lim\limits_{n \to \infty} s_n = \infty$,这时级数发散.

当 $q = 1$ 时,$s_n = na \to \infty$,这时级数发散;

当 $q = -1$ 时,级数为

$$a - a + a - a + \cdots + (-1)^{n-1} a + \cdots,$$

显然

$$s_n = \begin{cases} a, & n = 2m-1, \\ 0, & n = 2m, \end{cases} \quad m \in \mathbf{N}^+,$$

从而 $\{s_n\}$ 发散.

综合上述结果:当 $|q| < 1$ 时,则级数收敛;当 $|q| \geqslant 1$ 时,则级数发散.

2. 收敛级数的性质

根据无穷级数收敛、发散及和的概念,可以得出收敛级数的几个基本性质.

性质 5-1　如果级数 $\sum\limits_{n=1}^{\infty} u_n$,$\sum\limits_{n=1}^{\infty} v_n$ 分别收敛于和 s, σ,则级数 $\sum\limits_{n=1}^{\infty} (u_n \pm u_n)$ 也收敛,且其和为 $s \pm \sigma$.

证　设级数 $\sum\limits_{n=1}^{\infty} u_n$ 与 $\sum\limits_{n=1}^{\infty} v_n$ 的部分和分别为 s_n 与 σ_n,则级数 $\sum\limits_{n=1}^{\infty} (u_n \pm v_n)$ 的部分和

$$\tau_n = (u_1 \pm v_1) + (u_2 \pm v_2) + \cdots + (u_n \pm v_n) = s_n \pm v_n,$$

因此

$$\lim_{n \to \infty} \tau_n = \lim_{n \to \infty} (s_n \pm \sigma_n) = s \pm \sigma.$$

这说明级数 $\sum\limits_{n=1}^{\infty} (u_n \pm v_n)$ 收敛,且其和为 $s \pm \sigma$.

注:性质 5-1 也可说成是两个收敛级数可以逐项相加与逐项相减.

性质 5-2　如果级数 $\sum\limits_{n=1}^{\infty} u_n$ 收敛于和 s,则级数 $\sum\limits_{n=1}^{\infty} k u_n$ 也收敛,且其和为 ks.

证　设级数 $\sum\limits_{n=1}^{\infty} u_n$ 的部分和为 s_n,则级数 $\sum\limits_{n=1}^{\infty} k u_n$ 的部分和

$$\begin{aligned} \sigma_n &= k_1 u_1 + k_2 u_2 + \cdots + k_n u_n \\ &= k(u_1 + u_2 + \cdots + u_n) = k s_n, \end{aligned}$$

因此

$$\lim_{n \to \infty} \sigma_n = \lim_{n \to \infty} k s_n = ks.$$

这表明级数 $\displaystyle\sum_{n=1}^{\infty} ku_n$ 收敛,且其和为 ks.

注意到,当 $k \neq 0$ 时,由关系 $\sigma_n = ks_n$ 有 $\{\sigma_n\}$ 与 $\{s_n\}$ 具有相同的敛散性. 因此我们有下面的结论:

级数的每一项同乘一个非零常数,它的收敛性不会改变.

性质 5-3 在级数中去掉、加上或改变有限项,不会改变级数的收敛性.

证 设级数

$$u_1 + u_2 + \cdots + u_n + \cdots$$

去掉一项得级数

$$u_2 + u_3 + \cdots + u_n + \cdots,$$

且设原级数的部分和为 s_n,去掉一项后的级数的部分和为 σ_n,则

$$\sigma_n = s_{n+1} - u_1,$$

显然 $\{s_n\}$ 与 $\{\sigma_n\}$ 是有相同的敛散性.

类似地,可以证明在级数的前面加上一项,不会改变级数的收敛性.

由于去掉(加上)一项,不会改变收敛性,所以去掉(加上)有限项不会改变其收敛性. 而改变级数有限项可看成先去掉有限项再加上有限项变成,因而也不会改变收敛性.

性质 5-4 如果级数 $\displaystyle\sum_{n=1}^{\infty} u_n$ 收敛,则对这级数的项任意加括号后所成的级数

$$(u_1 + \cdots + u_{n_1}) + (u_{n_1+1} + \cdots + u_{n_2}) + \cdots + (u_{n_{k-1}+1} + \cdots + u_{n_k}) + \cdots \quad (5\text{-}5)$$

仍收敛,且其和不变.

证 设级数 $\displaystyle\sum_{n=1}^{\infty} u_n$ 的前 n 项的部分和为 s_n,加括号后所成的级数(5-5)(相应于前 k 项)的部分和为 A_k,则

$$A_1 = u_1 + u_2 + \cdots + u_{n_1} = s_{n_1},$$

$$A_2 = (u_1 + u_2 + \cdots + u_{n_1}) + (u_{n_1+1} + \cdots + u_{n_2}) = s_{n_2},$$

$$\cdots\cdots$$

$$A_k = (u_1 + \cdots + u_{n_1}) + (u_{n_1+1} + \cdots + u_{n_2}) + \cdots + (u_{n_{k-1}+1} + \cdots + u_{n_k}) = s_{n_k}.$$

因而级数(5-5)的部分和数列 $\{A_k\}$ 是数列 $\{s_n\}$ 的一个子数列. 由收敛数列与其子数列的关系知,数列 $\{A_k\}$ 收敛,且

$$\lim_{n\to\infty} A_k = \lim_{n\to\infty} s_n.$$

即加括号后所成的级数收敛,且其和不变.

注:若级数 $\displaystyle\sum_{n=1}^{\infty} u_n$ 加括号后的级数收敛,则不能判定 $\displaystyle\sum_{n=1}^{\infty} u_n$ 也收敛. 例如级数

$$1 - 1 + 1 - 1 + \cdots + (-1)^{n-1} + \cdots \quad (5\text{-}6)$$

按下列方式加括号

$$(1-1)+(1-1)+\cdots, \tag{5-7}$$

级数(5-7)收敛,但级数(5-6)发散.

根据性质 5-4 可推得:如果加括号后所成的级数发散,则原来级数也发散.

性质 5-5(级数收敛的必要条件) 　如果级数 $\sum\limits_{n=1}^{\infty}u_n$ 收敛,则它的一般项 u_n 的极限为零,即

$$\lim_{n\to\infty}u_n=0.$$

证 　设级数 $\sum\limits_{n=1}^{\infty}u_n$ 的部分和为 s_n,且 $s_n\to s(n\to\infty)$,则

$$\lim_{n\to\infty}u_n=\lim_{n\to\infty}(s_n-s_{n-1})=s-s=0.$$

由性质 5-5 知,如果级数的一般项不趋于零,则该级数一定发散.

最后,我们举一例说明级数的一般项趋于零并不是级数收敛的充分条件.

例 5-3 　级数

$$1+\frac{1}{2}+\frac{1}{3}+\cdots+\frac{1}{n}+\cdots \tag{5-8}$$

叫做调和级数. 试讨论调和级数的收敛性.

解 　因为当 $k\leqslant x\leqslant k+1(k=1,2,\cdots)$ 时,有

$$\frac{1}{x}\leqslant\frac{1}{k},$$

设级数(5-8)的部分和为 s_n,则

$$\begin{aligned}
s_n&=1+\frac{1}{2}+\cdots+\frac{1}{n}\\
&=\int_1^2\mathrm{d}x+\int_2^3\frac{1}{2}\mathrm{d}x+\cdots+\int_n^{n+1}\frac{1}{n}\mathrm{d}x\\
&\geqslant\int_1^2\frac{1}{x}\mathrm{d}x+\int_2^3\frac{1}{x}\mathrm{d}x+\cdots+\int_n^{n+1}\frac{1}{x}\mathrm{d}x\\
&=\int_1^{n+1}\frac{1}{x}\mathrm{d}x=\ln(1+n),
\end{aligned}$$

即

$$s_n\geqslant\ln(1+n).$$

由于 $\lim\limits_{n\to\infty}\ln(1+n)=+\infty$,所以 $\lim\limits_{n\to\infty}s_n=+\infty$. 即部分和数列 $\{s_n\}$ 的极限不存在,从而级数(5-8)发散.

注意到调和级数(5-8)的一般项 $u_n=\dfrac{1}{n}\to0(n\to\infty)$,从而也说明级数的一般项 u_n 的极限为零是 $\sum\limits_{n=1}^{\infty}u_n$ 收敛的必要条件.

习　题　5.1

1. 写出下列级数的一般项：

(1) $1 + \dfrac{1}{3} + \dfrac{1}{5} + \dfrac{1}{7} + \cdots$；

(2) $-\dfrac{3}{1} + \dfrac{4}{4} - \dfrac{5}{9} + \dfrac{6}{16} - \dfrac{7}{25} + \dfrac{8}{36} - \cdots$；

(3) $\dfrac{a^2}{3} - \dfrac{a^3}{5} + \dfrac{a^4}{7} - \dfrac{a^5}{9} + \cdots$；

(4) $1 + \dfrac{1}{2} + 3 + \dfrac{1}{4} + 5 + \dfrac{1}{6} + \cdots$.

2. 根据级数收敛与发散的定义判定下列级数的收敛性.

(1) $\dfrac{1}{1 \cdot 3} + \dfrac{1}{3 \cdot 5} + \dfrac{1}{5 \cdot 7} + \cdots + \dfrac{1}{(2n-1)(2n+1)} + \cdots$；

(2) $\displaystyle\sum_{n=1}^{\infty} \dfrac{1}{\sqrt{n+1} + \sqrt{n}}$；

(3) $\displaystyle\sum_{n=1}^{\infty} (\sqrt{n+2} - 2\sqrt{n+1} + \sqrt{n})$.

3. 判定下列级数的收敛性.

(1) $\displaystyle\sum_{n=1}^{\infty} (-1)^n \dfrac{8^n}{9^n}$；　　　　　(2) $\displaystyle\sum_{n=1}^{\infty} \dfrac{1}{3n}$；

(3) $\displaystyle\sum_{n=1}^{\infty} \dfrac{1}{\sqrt[n]{2}}$；　　　　　(4) $\displaystyle\sum_{n=1}^{\infty} n^2 \left(1 - \cos\dfrac{1}{n}\right)$；

(5) $\displaystyle\sum_{n=1}^{\infty} \dfrac{3n^n}{(1+n)^n}$；　　　　(6) $\displaystyle\sum_{n=1}^{\infty} \left(\dfrac{1}{2^n} + \dfrac{5}{3^n}\right)$.

4. 判定级数 $\displaystyle\sum_{n=1}^{\infty} \dfrac{n}{3^n}$ 的收敛性，且求其和.

5.2　常数项级数的审敛法

1. 正项级数及其审敛法

对于常数项级数 $\displaystyle\sum_{n=1}^{\infty} u_n$，如果 $u_n \geqslant 0 (n = 1, 2, \cdots)$，则称这种级数为正项级数.
以后会看到许多级数的收敛性问题经常归纳为对正项级数收敛性的讨论，所以，这种级数特别重要.

设级数

$$u_1 + u_2 + \cdots + u_n + \cdots \tag{5-9}$$

是一个正项级数,它的部分和为 s_n,显然,部分和数列 $\{s_n\}$ 为单调增加数列,即

$$s_1 \leqslant s_2 \leqslant \cdots \leqslant s_n \leqslant \cdots.$$

如果数列 $\{s_n\}$ 有界,即存在常数 M,使对一切正整数 n,总有 $|s_n| \leqslant M$,根据单调有界收敛准则,级数 (5-9) 必收敛于和 s,且 $s_n \leqslant s \leqslant M$. 反之,如果正项级数 (5-9) 收敛于和 s,即 $\lim\limits_{n \to \infty} s_n = s$,根据收敛数列的有界性得,数列 $\{s_n\}$ 有界. 因此有如下结论.

定理 5-1 正项级数 $\sum\limits_{n=1}^{\infty} u_n$ 收敛的充分必要条件是:它的部分和数列 $\{s_n\}$ 有界.

根据定理 5-1 知道,若正项级数 $\sum\limits_{n=1}^{\infty} u_n$ 发散,则它的部分和数列 $s_n \to +\infty (n \to \infty)$,即

$$\sum_{n=1}^{\infty} u_n = +\infty.$$

由定理 5-1,可得下列关于正项级数的一个基本审敛法.

定理 5-2(比较审敛法) 设正项级数 $\sum\limits_{n=1}^{\infty} u_n$ 和 $\sum\limits_{n=1}^{\infty} v_n$,且 $u_n \leqslant v_n (n = 1, 2, \cdots)$. 如果级数 $\sum\limits_{n=1}^{\infty} v_n$ 收敛,则级数 $\sum\limits_{n=1}^{\infty} u_n$ 收敛;反之,如果级数 $\sum\limits_{n=1}^{\infty} u_n$ 发散,则级数 $\sum\limits_{n=1}^{\infty} v_n$ 发散.

证 设级数 $\sum\limits_{n=1}^{\infty} u_n$ 与 $\sum\limits_{n=1}^{\infty} v_n$ 的部分和分别为 s_n 和 σ_n,且 $\sum\limits_{n=1}^{\infty} v_n$ 收敛于 σ,则

$$\begin{aligned} s_n &= u_1 + u_2 + \cdots + u_n \\ &\leqslant v_1 + v_2 + \cdots + v_n \leqslant \sigma \quad (n = 1, 2, \cdots), \end{aligned}$$

即 $s_n \leqslant \sigma$,由定理 5-1 知级数 $\sum\limits_{n=1}^{\infty} u_n$ 收敛.

反之,若 $\sum\limits_{n=1}^{\infty} u_n$ 发散,但 $\sum\limits_{n=1}^{\infty} v_n$ 收敛,由上面的证明,可推知 $\sum\limits_{n=1}^{\infty} u_n$ 收敛,这是不可能的,于是 $\sum\limits_{n=1}^{\infty} v_n$ 发散.

由于级数的每一项同乘不为零的常数 k 以及去掉级数前面部分的有限项不会改变级数的收敛性,于是有

推论 设 $\sum\limits_{n=1}^{\infty} u_n$ 和 $\sum\limits_{n=1}^{\infty} v_n$ 都是正项级数,如果级数 $\sum\limits_{n=1}^{\infty} v_n$ 收敛,且存在正整数 N,使当 $n > N$ 时有 $u_n \leqslant k v_n (k > 0)$ 成立,则级数 $\sum\limits_{n=1}^{\infty} u_n$ 也收敛;如果级数 $\sum\limits_{n=1}^{\infty} v_n$ 发

散,且当 $n \geqslant N$ 时,有 $u_n \geqslant kv_n (k > 0)$ 成立,则级数 $\sum_{n=1}^{\infty} u_n$ 也发散.

例 5-4 讨论 p 级数

$$1 + \frac{1}{2^p} + \frac{1}{3^p} + \frac{1}{4^p} + \cdots + \frac{1}{n^p} + \cdots \tag{5-10}$$

的收敛性,其中常数 $p > 0$.

解 当 $p \leqslant 1$ 时,则

$$\frac{1}{n^p} \geqslant \frac{1}{n} \quad (n = 1, 2, \cdots).$$

由于调和级数 $\sum_{n=1}^{\infty} \frac{1}{n}$ 发散,因此由定理 5-2,当 $p \leqslant 1$ 时级数(5-10) 发散.

当 $p > 1$ 时,因为当 $k - 1 \leqslant x \leqslant k$ 时,有

$$\frac{1}{k^p} \leqslant \frac{1}{x^p},$$

所以

$$\frac{1}{k^p} = \int_{k-1}^{k} \frac{1}{k^p} \mathrm{d}x \leqslant \int_{k-1}^{k} \frac{1}{x^p} \mathrm{d}x \quad (k = 2, 3, \cdots),$$

从而级数(5-10) 的部分和

$$\begin{aligned}
s_n &= 1 + \sum_{k=2}^{\infty} \frac{1}{k^p} \leqslant 1 + \sum_{k=2}^{\infty} \int_{k-1}^{k} \frac{1}{x^p} \mathrm{d}x \\
&= 1 + \int_{1}^{n} \frac{1}{x^p} \mathrm{d}x \\
&= 1 + \frac{1}{p-1} \left(1 - \frac{1}{n^{p-1}}\right) < 1 + \frac{1}{p-1} \quad (n = 2, 3, \cdots),
\end{aligned}$$

这表明数列 $\{s_n\}$ 有界,由定理 5-1 得,级数(5-10) 收敛.

由此,我们有: p 级数(5-10) 当 $p > 1$ 时收敛,当 $p \leqslant 1$ 时发散.

例 5-5 判别级数 $\sum_{n=1}^{\infty} \frac{1}{\sqrt{n(n+1)}}$ 的收敛性.

解 因为 $n(n+1) < (n+1)^2$,所以

$$\frac{1}{\sqrt{n(n+1)}} > \frac{1}{n+1} \quad (n = 1, 2, \cdots),$$

而级数 $\sum_{n=1}^{\infty} \frac{1}{n+1}$ 发散,根据定理 5-2,级数 $\sum_{n=1}^{\infty} \frac{1}{\sqrt{n(n+1)}}$ 发散.

在应用的时候,经常使用比较审敛法的极限形式.

定理 5-3(比较审敛法的极限形式) 设 $\sum_{n=1}^{\infty} u_n$ 和 $\sum_{n=1}^{\infty} v_n$ 都是正项级数,

(1) 如果 $\lim\limits_{n\to\infty}\dfrac{u_n}{v_n}=l(0\leqslant l<+\infty)$，且级数 $\sum\limits_{n=1}^{\infty}v_n$ 收敛，则级数 $\sum\limits_{n=1}^{\infty}u_n$ 收敛；

(2) 如果 $\lim\limits_{n\to\infty}\dfrac{u_n}{v_n}=l>0$ 或 $\lim\limits_{n\to\infty}\dfrac{u_n}{v_n}=+\infty$，且级数 $\sum\limits_{n=1}^{\infty}v_n$ 发散，则级数 $\sum\limits_{n=1}^{\infty}u_n$ 发散.

证 (1) 由于 $\lim\limits_{n\to\infty}\dfrac{u_n}{v_n}=l$，所以对 $\varepsilon=1$，存在正整数 N，当 $n>N$ 时，有

$$\frac{u_n}{v_n}<l+1,$$

即

$$u_n<(l+1)v_n.$$

而级数 $\sum\limits_{n=1}^{\infty}v_n$ 收敛，由定理 5-2 的推论，知级数 $\sum\limits_{n=1}^{\infty}u_n$ 收敛.

(2) 按已知条件知 $\lim\limits_{n\to\infty}\dfrac{v_n}{u_n}$ 存在，如果级数 $\sum\limits_{n=1}^{\infty}u_n$ 收敛，则由(1)必有级数 $\sum\limits_{n=1}^{\infty}v_n$ 收敛，但已知级数 $\sum\limits_{n=1}^{\infty}v_n$ 发散，因此级数 $\sum\limits_{n=1}^{\infty}u_n$ 不可能收敛，即级数 $\sum\limits_{n=1}^{\infty}u_n$ 发散.

例 5-6 判定级数 $\sum\limits_{n=1}^{\infty}\sin\dfrac{1}{n}$ 的收敛性.

解 因为

$$\lim_{n\to\infty}\frac{\sin\dfrac{1}{n}}{\dfrac{1}{n}}=1>0,$$

而级数 $\sum\limits_{n=1}^{\infty}\dfrac{1}{n}$ 发散，根据定理 5-3 知级数 $\sum\limits_{n=1}^{\infty}\sin\dfrac{1}{n}$ 发散.

用比较审敛法时，重要的是适当选取一个已知其收敛性的级数 $\sum\limits_{n=1}^{\infty}u_n$ 作为比较的基准. 将所给正项级数与等比级数比较，能得到在实用上很方便的比值审敛法和根值审敛法.

定理 5-4(比值审敛法，达朗贝尔(d'Alembert)判别法) 设 $\sum\limits_{n=1}^{\infty}u_n$ 为正项级数，如果

$$\lim_{n\to\infty}\frac{u_{n+1}}{u_n}=\rho,$$

则当 $\rho<1$ 时级数收敛；$\rho>1$(或 $\lim\limits_{n\to\infty}\dfrac{u_{n+1}}{u_n}=\infty$)时级数发散；$\rho=1$ 时级数可能收敛也可能发散.

证 (i) 当 $\rho<1$，取一个适当的正数 ε，使得 $\rho+\varepsilon=r<1$，根据收敛数列的性质，存在正整数 m，当 $n\geqslant m$ 时，有不等式

$$\frac{u_{n+1}}{u_n} < \rho + \varepsilon = r,$$

由此,

$$u_{m+1} < r u_m, \quad u_{m+2} < r^2 u_m, \quad \cdots, \quad u_{m+k} < r^k u_m, \quad \cdots$$

而级数 $\sum\limits_{k=1}^{\infty} r^k u_m$ 收敛($r < 1$),根据定理 5-2 的推论,知级数 $\sum\limits_{n=1}^{\infty} u_n$ 收敛.

（ii）当 $\rho > 1$ 时,取一个适当的正数 ε,使得 $\rho - \varepsilon > 1$,由收敛数列的性质,存在正整数 m,使当 $n > m$ 时,有

$$\frac{u_{n+1}}{u_n} > \rho - \varepsilon > 1,$$

即

$$u_{n+1} > u_n \quad (n > m).$$

当 $n > m$ 时,级数的一般项 u_n 是逐渐增大的,从而 $\lim\limits_{n \to \infty} u_n \neq 0$,由级数收敛的必要条件知级数 $\sum\limits_{n=1}^{\infty} u_n$ 发散.

（iii）当 $\rho = 1$ 时级数可能收敛也可能发散. 例如,对于级数 $\sum\limits_{n=1}^{\infty} \frac{1}{n}$ 和 $\sum\limits_{n=1}^{\infty} \frac{1}{n^2}$,分别有

$$\lim_{n \to \infty} \frac{\frac{1}{n+1}}{\frac{1}{n}} = \lim_{n \to \infty} \frac{n}{n+1} = 1 \quad \text{和} \quad \lim_{n \to \infty} \frac{\frac{1}{(n+1)^2}}{\frac{1}{n^2}} = \lim_{n \to \infty} \frac{n^2}{(n+1)^2} = 1,$$

但级数 $\sum\limits_{n=1}^{\infty} \frac{1}{n}$ 发散,而级数 $\sum\limits_{n=1}^{\infty} \frac{1}{(n+1)^2}$ 收敛.

例 5-7 判断下列级数的收敛性：

(1) $\sum\limits_{n=1}^{\infty} \frac{1}{n!}$；　　　　(2) $\sum\limits_{n=1}^{\infty} \frac{n^2}{2^n}$.

解 (1) $u_n = \frac{1}{n!}$,由于

$$\lim_{n \to \infty} \frac{u_{n+1}}{u_n} = \lim_{n \to \infty} \frac{\frac{1}{(n+1)!}}{\frac{1}{n!}} = \lim_{n \to \infty} \frac{1}{n+1} = 0,$$

所以级数 $\sum\limits_{n=1}^{\infty} \frac{1}{n!}$ 收敛.

(2) $u_n = \frac{n^2}{2^n}$,由于

$$\frac{u_{n+1}}{u_n} = \frac{(n+1)^2}{2^{n+1}} \cdot \frac{2^n}{n^2} = \frac{1}{2}\left(1+\frac{1}{n}\right)^2 \to \frac{1}{2}(n \to \infty),$$

所以级数 $\sum\limits_{n=1}^{\infty} \dfrac{n^2}{2^n}$ 收敛.

定理 5-5（根值审敛法,柯西(Cauchy)判别法） 设 $\sum\limits_{n=1}^{\infty} u_n$ 为正项级数,且

$$\lim_{n \to \infty} \sqrt[n]{u_n} = \rho(\text{或} + \infty),$$

则

(1) 当 $\rho < 1$ 时,级数收敛;

(2) 当 $\rho > 1$（或 $\rho = +\infty$）时,级数发散;

(3) 当 $\rho = 1$ 时,级数可能收敛也可能发散.

证 (1) 当 $\rho < 1$ 时,由于 $\lim\limits_{n \to \infty} \sqrt[n]{u_n} = \rho$,因此对充分小的正数 ε,存在正整数 N,使当 $n > N$ 时,有

$$\sqrt[n]{u_n} < \rho + \varepsilon = r(<1),$$

即

$$u_n < r^n \quad (n > N).$$

根据定理 5-2 推论得 $\sum\limits_{n=1}^{\infty} u_n$ 收敛.

(2) 当 $\rho > 1$ 时,对充分小的正数 ε,存在正整数 N,使当 $n > N$ 时,有

$$\sqrt[n]{u_n} > \rho - \varepsilon = r(>1),$$

即

$$u_n > r^n.$$

根据定理 5-2 推论得 $\sum\limits_{n=1}^{\infty} u_n$ 发散.

类似地,可证 $\rho = +\infty$ 时级数发散.

(3) 当 $\rho = 1$ 时级数可能收敛,也可能发散,例如,级数 $\sum\limits_{n=1}^{\infty} \dfrac{1}{n}$ 和 $\sum\limits_{n=1}^{\infty} \dfrac{1}{n^2}$,有

$$\lim_{n \to \infty} \sqrt[n]{\frac{1}{n}} = 1 \quad \text{和} \quad \lim_{n \to \infty} \sqrt[n]{\frac{1}{n^2}} = 1,$$

但 $\sum\limits_{n=1}^{\infty} \dfrac{1}{n}$ 发散,而 $\sum\limits_{n=1}^{\infty} \dfrac{1}{n^2}$ 收敛.

例 5-8 判定级数 $\sum\limits_{n=1}^{\infty} \dfrac{n^2}{\left(2+\dfrac{1}{n}\right)^n}$ 的收敛性.

解 $u_n = \dfrac{n^2}{\left(2 + \dfrac{1}{n}\right)^n}$，因为

$$\sqrt[n]{u_n} = \frac{\sqrt[n]{n^2}}{2 + \dfrac{1}{n}} \to \frac{1}{2} \quad (n \to \infty),$$

所以级数收敛.

下面的审敛法是将 p 级数作为基准级数得到的.

定理 5-6（极限审敛法） 设 $\sum\limits_{n=1}^{\infty} u_n$ 是正项级数，

(1) 如果 $\lim\limits_{n\to\infty} n u_n = l > 0$（或 $\lim\limits_{n\to\infty} n u_n = +\infty$），则级数 $\sum\limits_{n=1}^{\infty} u_n$ 发散；

(2) 如果 $p > 1$，而 $\lim\limits_{n\to\infty} n^p u_n = l (0 \leqslant l < +\infty)$，则级数 $\sum\limits_{n=1}^{\infty} u_n$ 收敛.

证 （1）在极限形式的比较审敛法中，取 $v_n = \dfrac{1}{n}$，由 $\sum\limits_{n=1}^{\infty} \dfrac{1}{n}$ 发散，得级数 $\sum\limits_{n=1}^{\infty} u_n$ 发散.

（2）在极限形式的比较审敛法中，取 $v_n = \dfrac{1}{n^p}$，当 $p > 1$ 时，级数 $\sum\limits_{n=1}^{\infty} \dfrac{1}{n^p}$ 收敛，得级数 $\sum\limits_{n=1}^{\infty} u_n$ 收敛.

例 5-9 判定级数 $\sum\limits_{n=1}^{\infty} \ln\left(1 + \dfrac{1}{n}\right)$ 的收敛性.

解 $u_n = \ln\left(1 + \dfrac{1}{n}\right)$，由于

$$\lim_{n\to\infty} n u_n = \lim_{n\to\infty} \frac{\ln\left(1 + \dfrac{1}{n}\right)}{\dfrac{1}{n}} = 1,$$

根据定理 5-6 得级数 $\sum\limits_{n=1}^{\infty} \ln\left(1 + \dfrac{1}{n}\right)$ 发散.

例 5-10 判定级数 $\sum\limits_{n=1}^{\infty} \sqrt{n+1}\left(1 - \cos\dfrac{\pi}{n}\right)$ 的收敛性.

解 由于

$$1 - \cos\frac{\pi}{n} \sim \frac{1}{2}\left(\frac{\pi}{n}\right)^2 \quad (n \to \infty),$$

所以

$$\lim_{n \to \infty} n^{\frac{3}{2}} u_n = \lim_{n \to \infty} n^{\frac{3}{2}} \sqrt{n+1} \left(1 - \cos \frac{\pi}{n}\right)$$

$$= \lim_{n \to \infty} n^2 \sqrt{\frac{n+1}{n}} \cdot \frac{1}{2} \left(\frac{\pi}{n}\right)^2$$

$$= \frac{1}{2} \pi^2.$$

根据定理 5-6 知级数收敛.

2. 交错级数及其审敛法

如果 $u_n > 0 (n = 1, 2, \cdots)$，则称级数 $\sum\limits_{n=1}^{\infty} (-1)^{n-1} u_n$ 为交错级数. 对于交错级数，有下列审敛法.

定理 5-7（莱布尼茨（Leibnitz）判别法）　如果交错级数 $\sum\limits_{n=1}^{\infty} (-1)^{n-1} u_n$ 满足条件

(1) $u_n \geqslant u_{n+1}$ $(n = 1, 2, 3, \cdots)$；

(2) $\lim\limits_{n \to \infty} u_n = 0$，

则级数收敛，且其和 $s \leqslant u_1$，其余项 r_n 的绝对值 $|r_n| \leqslant u_{n+1}$.

证　设级数的部分和为 s_n，由于

$$0 \leqslant s_{2n} = (u_1 - u_2) + (u_3 - u_4) + \cdots + (u_{2n-1} - u_{2n}),$$

所以数列 $\{s_{2n}\}$ 是单调增加的；又

$$s_{2n} = u_1 - (u_2 - u_3) - \cdots - (u_{2n-2} - u_{2n-1}) - u_{2n} \leqslant u_1, \tag{5-11}$$

即 $\{s_{2n}\}$ 有界，故数列 $\{s_{2n}\}$ 的极限存在.

令 $\lim\limits_{n \to \infty} s_{2n} = s$，由于 $s_{2n+1} = s_{2n} + u_{2n+1}$，注意到 $\lim\limits_{n \to \infty} u_{2n+1} = 0$（由条件(2)），所以

$$\lim_{n \to \infty} s_{2n+1} = \lim_{n \to \infty} s_{2n} = s,$$

于是 $\lim\limits_{n \to \infty} s_n = s$，且由 (5-11) 式得 $s \leqslant u_1$.

最后，不难看出

$$r_n = \pm (u_{n+1} - u_{n+2} + \cdots),$$

从而

$$|r_n| = u_{n+1} - u_{n+2} + \cdots,$$

上式右端依然为一交错级数，由本定理前面的证明，不难得出 $|r_n| \leqslant u_{n+1}$.

例 5-11　判定交错级数

$$1 - \frac{1}{2} + \frac{1}{3} - \frac{1}{4} + \cdots + (-1)^{n-1} \frac{1}{n} + \cdots$$

的收敛性.

解   由于 $u_n = \dfrac{1}{n}$ 满足

$$u_n = \frac{1}{n} > \frac{1}{n+1} = u_{n+1} \quad (n = 1, 2, \cdots),$$

即 $\{u_n\}$ 单调增加,且 $\lim\limits_{n \to \infty} u_n = \lim\limits_{n \to \infty} \dfrac{1}{n} = 0$,所以根据定理 5-7 知所给级数收敛.

3. 绝对收敛与条件收敛

现在我们讨论一般的常数项级数

$$u_1 + u_2 + \cdots + u_n + \cdots, \tag{5-12}$$

其中 $u_n(n = 1, 2, \cdots)$ 为实数. 对此级数,它的各项的绝对值构成的级数是一正项级数

$$\sum_{n=1}^{\infty} |u_n| = |u_1| + |u_2| + \cdots + |u_n| + \cdots. \tag{5-13}$$

如果 $\sum\limits_{n=1}^{\infty} |u_n|$ 收敛,则称 $\sum\limits_{n=1}^{\infty} u_n$ 绝对收敛;如果 $\sum\limits_{n=1}^{\infty} u_n$ 收敛,而级数 $\sum\limits_{n=1}^{\infty} |u_n|$ 发散,则称 $\sum\limits_{n=1}^{\infty} u_n$ 条件收敛. 容易看出,级数 $\sum\limits_{n=1}^{\infty} (-1)^{n-1} \dfrac{1}{n^2}$ 是绝对收敛的,而级数 $\sum\limits_{n=1}^{\infty} (-1)^{n-1} \dfrac{1}{n}$ 是条件收敛的.

级数的上述两种收敛有如下关系:

定理 5-8   如果级数 $\sum\limits_{n=1}^{\infty} |u_n|$ 收敛,则级数 $\sum\limits_{n=1}^{\infty} u_n$ 必定收敛. 简言之,绝对收敛的级数必收敛.

证   由于

$$u_n = (u_n + |u_n|) - |u_n|,$$

另一方面

$$0 \leqslant u_n + |u_n| \leqslant 2|u_n|,$$

根据比较判别法及 $\sum\limits_{n=1}^{\infty} |u_n|$ 收敛得 $\sum\limits_{n=1}^{\infty} (u_n + |u_n|)$ 收敛. 从而 $\sum\limits_{n=1}^{\infty} u_n = \sum\limits_{n=1}^{\infty} [(u_n + |u_n|) - |u_n|]$ 收敛.

定理 5-8 说明,对于一般项常数项级数 $\sum\limits_{n=1}^{\infty} u_n$,如果用正项级数的审敛法判定级数 $\sum\limits_{n=1}^{\infty} |u_n|$ 收敛,则级数 $\sum\limits_{n=1}^{\infty} u_n$ 收敛.

例 5-12   判断级数 $\sum\limits_{n=1}^{\infty} \dfrac{\sin n}{n^2}$ 的收敛性.

解　因为 $\left|\dfrac{\sin n}{n^2}\right| \leqslant \dfrac{1}{n^2}$，而级数 $\sum\limits_{n=1}^{\infty} \dfrac{1}{n^2}$ 收敛，所以级数 $\sum\limits_{n=1}^{\infty} \left|\dfrac{\sin n}{n^2}\right|$ 收敛，从而级

数 $\sum\limits_{n=1}^{\infty} \dfrac{\sin n}{n}$ 绝对收敛.

例 5-13　讨论级数 $\sum\limits_{n=1}^{\infty} \dfrac{(-1)^{n-1}}{n^p}\,(p>0)$ 的收敛性.

解　当 $p>1$ 时，由于 $\left|\dfrac{(-1)^{n-1}}{n^p}\right| = \dfrac{1}{n^p}$，所以级数绝对收敛.

当 $0<p\leqslant 1$ 时，由于 $\sum\limits_{n=1}^{\infty} \dfrac{1}{n^p}$ 发散，但由定理 5-7 知 $\sum\limits_{n=1}^{\infty} \dfrac{(-1)^{n-1}}{n^p}$ 收敛，所以级

数 $\sum\limits_{n=1}^{\infty} \dfrac{(-1)^{n-1}}{n^p}$ 条件收敛.

习　题　5.2

1. 用比较审敛法判别下列数项级数的收敛性.

(1) $\sum\limits_{n=1}^{\infty} \dfrac{1}{2n-1}$；

(2) $\sum\limits_{n=1}^{\infty} \dfrac{1+n}{1+n^2}$；

(3) $\sum\limits_{n=1}^{\infty} \dfrac{1}{n^2+1}$；

(4) $\sum\limits_{n=1}^{\infty} \dfrac{1}{n\sqrt{n+1}}$；

(5) $\sum\limits_{n=1}^{\infty} \dfrac{1}{\sqrt{n}} \sin \dfrac{\pi}{\sqrt{n}}$；

(6) $\sum\limits_{n=1}^{\infty} \dfrac{1}{1+a^n}\quad(a>0)$.

2. 用比值审敛法判别下列数项级数的收敛性.

(1) $\sum\limits_{n=1}^{\infty} \dfrac{2n-1}{2^n}$；

(2) $\sum\limits_{n=1}^{\infty} \dfrac{3^n}{n!}$；

(3) $\sum\limits_{n=1}^{\infty} \dfrac{2^n}{n(n+1)}$；

(4) $\sum\limits_{n=1}^{\infty} \dfrac{a^n}{n^k}\quad(a>0)$；

(5) $\sum\limits_{n=1}^{\infty} n\tan \dfrac{\pi}{2^{n+1}}$；

(6) $\sum\limits_{n=1}^{\infty} \dfrac{4^n}{5^n-3^n}$.

3. 用根值审敛法判断下列级数的收敛性.

(1) $\sum\limits_{n=1}^{\infty} \left(\dfrac{n}{2n+1}\right)^n$；　　(2) $\sum\limits_{n=1}^{\infty} \left(\dfrac{n}{3n-1}\right)^{2n-1}$；　　(3) $\sum\limits_{n=1}^{\infty} \dfrac{1+e^n}{3^n}$；

(4) $\sum\limits_{n=1}^{\infty} \left(\dfrac{b}{a_n}\right)^n$，其中 $a_n \to a\;(n\to\infty)$，a_n,b_n,a 均为正数.

4. 判断下列级数的收敛性，如果收敛，说明是条件收敛还是绝对收敛.

(1) $\sum\limits_{n=1}^{\infty} (-1)^{n-1} \dfrac{1}{\sqrt{n}}$；

(2) $\sum\limits_{n=1}^{\infty} (-1)^{n-1} \dfrac{n}{3^n}$；

(3) $\sum_{n=1}^{\infty} \dfrac{\sin n\alpha}{n^2}$;　　　　(4) $\sum_{n=1}^{\infty} \dfrac{(-1)^n}{na^n}$ $(a>0)$;

(5) $\sum_{n=1}^{\infty} (-1)^{n-1} \dfrac{1}{\ln(n+1)}$;　　　　(6) $\sum_{n=1}^{\infty} (-1)^{n+1} \dfrac{2^{n^2}}{n!}$.

5.3　幂　级　数

本节首先引入函数项级数的概念,其次讨论幂级数的收敛性及其和函数的性质.

1. 函数项级数的概念

设 $u_n(x)(n=1,2,\cdots)$ 是定义在区间 I 上的函数,则称由函数列

$$u_1(x),u_2(x),\cdots,u_n(x),\cdots$$

构成的表达式

$$u_1(x)+u_2(x)+\cdots+u_n(x)+\cdots \tag{5-14}$$

为定义在区间 I 上的(函数项)无穷级数,简称函数项级数.

如果对于给定的 $x_0 \in I$,常数项级数

$$u_1(x_0)+u_2(x_0)+\cdots+u_n(x_0)+\cdots \tag{5-15}$$

收敛,则称 x_0 为函数项级数(5-14)的收敛点;如果级数(5-15)发散,则称 x_0 为函数项级数(5-14)的发散点. 函数项级数(5-14)的收敛点的全体构成的集合称为它的收敛域,发散点的全体构成的集合称为它的发散域.

对应于收敛域内的任意一点 x,函数项级数都有一确定的和 s. 这样,在收敛域上,函数项级数就可以确定一个函数 $s(x)$,称它为函数项级数的和函数. 该函数的定义域就是函数项级数的收敛域,并写成

$$s(x) = u_1(x)+u_2(x)+\cdots+u_n(x)+\cdots.$$

如果将函数项级数(5-14)的前 n 项的部分和记作 $s_n(x)$,则在其收敛域上有

$$\lim_{n\to\infty} s_n(x) = s(x).$$

记 $r_n(x) = s(x) - s_n(x)$,$r_n(x)$ 叫做函数项级数的余项(注意,余项只有 x 在收敛域上才有意义),且

$$\lim_{n\to\infty} r_n(x) = 0.$$

例 5-14　讨论函数项级数

$$1+x+x^2+\cdots+x^n+\cdots \tag{5-16}$$

的收敛域,并求其和函数.

解　当 $|x|<1$ 时,这个级数收敛于和 $\dfrac{1}{1-x}$;当 $|x| \geqslant 1$ 时,它发散. 于是函

数项级数(5-16)的收敛域为$(-1,1)$,和函数为$\dfrac{1}{1-x}$,即

$$\frac{1}{1-x} = 1 + x + x^2 + \cdots + x^n + \cdots \quad (-1 < x < 1).$$

2. 幂级数及其收敛性

函数项级数

$$\sum_{n=0}^{\infty} a_n(x-x_0)^n = a_0 + a_1(x-x_0) + a_2(x-x_0)^2 + \cdots + a_n(x-x_0)^n + \cdots$$

$$(5-17)$$

称为幂级数,幂级数是一类最简单的函数项级数. 从某种意义上说,也可以将它看做是多项式函数的延伸. 它在理论和实际上有很多应用.

下面着重讨论 $x_0 = 0$,即

$$\sum_{n=0}^{\infty} a_n x^n = a_0 + a_1 x + a_2 x^2 + \cdots + a_n x^n + \cdots \qquad (5-18)$$

的情形. 因为只要将(5-18)中的 x 换成 $x - x_0$,就得到(5-17).

从例 5-14 可以看到,幂级数

$$1 + x + x^2 + \cdots + x^n + \cdots$$

的收敛域是一个区间. 事实上,这个结论对于一般的幂级数也是成立的,为此引入如下定理.

定理 5-9(阿贝尔(Abel)定理) 如果级数 $\sum\limits_{n=0}^{\infty} a_n x^n$ 当 $x = x_0 (x_0 \neq 0)$ 时收敛,则适合不等式 $|x| < |x_0|$ 的一切 x 使该幂级数绝对收敛;反之,如果级数 $\sum\limits_{n=0}^{\infty} a_n x^n$ 当 $x = x_0$ 发散,则适合不等式 $|x| > |x_0|$ 的一切 x 使该幂级数发散.

证 设 $x_0(\neq 0)$ 是幂级数(5-18)的收敛点,即级数 $\sum\limits_{n=0}^{\infty} a_n x_0^n$ 收敛,从而数列 $\{a_n x_0^n\}$ 收敛于零且有界. 即存在 $M > 0$,使得

$$|a_n x_0^n| < M \quad (n = 0, 1, 2, \cdots).$$

另一方面,对任意适合不等式 $|x| < |x_0|$ 的 x,令

$$r = \left| \frac{x}{x_0} \right| < 1,$$

则

$$|a_n x^n| = \left| a_n x_0^n \cdot \frac{x^n}{x_0^n} \right| = |a_n x_0^n| \left| \frac{x}{x_0} \right|^n < Mr^n,$$

由于级数 $\sum\limits_{n=0}^{\infty} Mr^n$ 收敛,故由比较审敛法知级数 $\sum\limits_{n=0}^{\infty} a_n x^n$ 当 $|x| < |x_0|$ 时绝对

收敛.

定理的第二部分可用反证法证明. 假设幂级数在 $x = x_0$ 时发散, 而存在一点 x_1 适合 $|x_1| > |x_0|$ 使 $\sum_{n=1}^{\infty} a_n x_1^n$ 收敛, 则由本定理的第一部分, 级数当 $x = x_0$ 时应收敛, 这与假设矛盾, 故定理得证.

定理 5-9 表明, 若幂级数在 $x_0 (\neq 0)$ 处收敛, 则对于开区间 $(-|x_0|, |x_0|)$ 内的任意 x, 幂级数必收敛; 若幂级数在 x_0 处发散, 则对于闭区间 $[-|x_0|, |x_0|]$ 外的任何 x, 幂级数必发散. 这样, 如果幂级数在数轴上既有收敛点 $x_0 (\neq 0)$, 也存在发散点 x_1, 则从数轴的原点出发沿正方向走去, 最初只遇到收敛点, 越过一个分界点后, 就只遇到发散点, 这个分界点可能是收敛点, 也可能是发散点. 从原点出发沿数轴的负方向走去情形也如此, 且两个分界点 P 与 P' 关于原点对称 (见图 5-1).

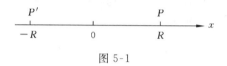

图 5-1

根据上述分析, 能得到下列推论

推论 如果幂级数 $\sum_{n=0}^{\infty} a_n x^n$ 不是仅在 $x = 0$ 处收敛, 也不是在整个数轴上都收敛, 则必有一个确定的正数 R 存在, 使得

(1) 当 $|x| < R$ 时, 幂级数绝对收敛;

(2) 当 $|x| > R$ 时, 幂级数发散;

(3) 当 $x = R$ 与 $x = -R$ 时, 幂级数可能收敛也可能发散.

称正数 R 为幂级数 $\sum_{n=0}^{\infty} a_n x^n$ 的**收敛半径**. 称开区间 $(-R, R)$ 为幂级数 $\sum_{n=0}^{\infty} a_n x^n$ 的**收敛区间**. 再根据幂级数在 $x = \pm R$ 点的收敛性即可确定它的收敛域了.

如果幂级数 (5-18) 只在 $x = 0$ 点收敛, 这时收敛域为 $\{0\}$. 为了方便起见, 规定这时的收敛半径 $R = 0$; 如果幂级数 (5-18) 对一切实数 x 都收敛, 则规定收敛半径 $R = +\infty$, 这时收敛域是 $(-\infty, +\infty)$.

关于求幂级数的收敛半径, 有如下定理.

定理 5-10 对于幂级数 $\sum_{n=0}^{\infty} a_n x^n$, 如果

$$\lim_{n \to \infty} \left| \frac{a_{n+1}}{a_n} \right| = \rho,$$

则

(i) 当 $0 < \rho < 1$ 时, 幂级数的收敛半径 $R = \dfrac{1}{\rho}$;

(ii) 当 $\rho = 0$ 时，幂级数的收敛半径 $R = +\infty$；

(iii) 当 $\rho = +\infty$ 时，幂级数的收敛半径 $R = 0$.

证 对幂级数 $\sum\limits_{n=0}^{\infty} |a_n x^n|$，由于

$$\frac{|a_{n+1} x^{n+1}|}{|a_n x^n|} = \left|\frac{a_{n+1}}{a_n}\right| |x|.$$

(i) 若 $\lim\limits_{n\to\infty}\left|\dfrac{a_{n+1}}{a_n}\right| = \rho(\neq 0)$ 存在，由比值审敛法，则当 $\rho|x| < 1$ 即 $|x| < \dfrac{1}{\rho}$

时，级数 $\sum\limits_{n=0}^{\infty} |a_n x^n|$ 收敛，从而级数 $\sum\limits_{n=0}^{\infty} a_n x^n$ 绝对收敛；当 $\rho|x| > 1$ 即 $|x| > \dfrac{1}{\rho}$

时，级数 $\sum\limits_{n=0}^{\infty} |a_n x^n|$ 发散且存在 $N \in \mathbf{N}^+$，使 $n > N$ 时，有

$$|a_n x^n| < |a_{n+1} x^{n+1}|,$$

因而 $n \to \infty$ 时，$|a_n x^n|$ 不能趋于零，即 $n \to \infty$ 时，$a_n x^n$ 也不能趋于零，从而 $\sum\limits_{n=0}^{\infty} a_n x^n$

发散. 于是幂级数的收敛半径为 $R = \dfrac{1}{\rho}$.

(ii) 若 $\rho = 0$，则对任意 $x \neq 0$，有

$$\frac{|a_{n+1} x^{n+1}|}{|a_n x^n|} \to 0 \quad (n \to \infty),$$

则由比值审敛法，$\sum\limits_{n=0}^{\infty} |a_n x^n|$ 收敛，从而 $\sum\limits_{n=0}^{\infty} a_n x^n$ 绝对收敛，于是 $R = +\infty$.

(iii) 若 $\rho = +\infty$，则对于一切 $x(\neq 0)$，级数 $\sum\limits_{n=0}^{\infty} a_n x^n$ 必发散，否则由定理 5-9，

存在点 $x(\neq 0)$ 使级数 $\sum\limits_{n=0}^{\infty} |a_n x^n|$ 收敛，于是 $R = 0$.

类似地，读者可自行证明下面的定理.

定理 5-11 对于幂级数 $\sum\limits_{n=0}^{\infty} a_n x^n$，如果

$$\lim\limits_{n\to\infty} \sqrt[n]{|a_n|} = \rho,$$

则

(i) 当 $0 < \rho < +\infty$ 时，幂级数的收敛半径 $R = \dfrac{1}{\rho}$；

(ii) 当 $\rho = 0$ 时，幂级数的收敛半径 $R = +\infty$；

(iii) 当 $\rho = +\infty$ 时，幂级数的收敛半径 $R = 0$.

例 5-15 求下列级数的收敛半径与收敛域：

(1) $1 + x + \dfrac{x^2}{2} + \cdots + \dfrac{x^n}{n} + \cdots;$

(2) $1 + x + \dfrac{1}{2!}x^2 + \cdots + \dfrac{1}{n!}x^n + \cdots;$

(3) $1 + x + (2!)x^2 + \cdots + (n!)x^n + \cdots.$

解 (1) 由于

$$\rho = \lim_{n \to \infty} \left| \frac{a_{n+1}}{a_n} \right| = \lim_{n \to \infty} \frac{\dfrac{1}{n+1}}{\dfrac{1}{n}} = 1,$$

所以收敛半径 $R = \dfrac{1}{\rho} = 1.$

对于 $x = -1$, 级数成为交错级数

$$1 - \frac{1}{2} + \frac{1}{3} - \cdots + (-1)^n \frac{1}{n} + \cdots,$$

此级数收敛.

对于 $x = 1$, 级数成为

$$1 + 1 + \frac{1}{2} + \cdots + \frac{1}{n} + \cdots$$

此级数发散. 因此级数的收敛域为 $[-1, 1)$.

(2) 由于

$$\rho = \lim_{n \to \infty} \left| \frac{a_{n+1}}{a_n} \right| = \lim_{n \to \infty} \frac{\dfrac{1}{(n+1)!}}{\dfrac{1}{n!}} = 0,$$

所以收敛半径 $R = +\infty$, 收敛域为 $(-\infty, +\infty)$.

(3) 由于

$$\rho = \lim_{n \to \infty} \left| \frac{a_{n+1}}{a_n} \right| = \lim_{n \to \infty} \frac{(n+1)!}{n!} = +\infty,$$

所以收敛半径 $R = 0$, 从而收敛域为 $\{0\}$.

例 5-16 求幂级数 $\displaystyle\sum_{n=0}^{\infty} \frac{2 + (-1)^n}{2^n} x^n$ 的收敛半径.

解 由于

$$\sqrt[n]{|a_n|} = \sqrt[n]{\frac{2 + (-1)^n}{2^n}} = \frac{1}{2} \sqrt[n]{2 + (-1)^n},$$

所以

$$\frac{1}{2} \sqrt[n]{1} \leqslant \sqrt[n]{|a_n|} \leqslant \frac{1}{2} \sqrt[n]{3}.$$

由夹逼准则,有 $\lim\limits_{n \to \infty} \sqrt[n]{|a_n|} = \dfrac{1}{2}$,从而级数的收敛半径 $R = 2$.

例 5-17　求幂级数 $\sum\limits_{n=1}^{\infty} \dfrac{(x-1)^n}{2^n \cdot n}$ 的收敛域.

解　令 $t = x - 1$,则级数变为 $\sum\limits_{n=1}^{\infty} \dfrac{t^n}{2^n \cdot n}$. 因为

$$\lim_{n \to \infty} \sqrt[n]{|a_n|} = \lim_{n \to \infty} \left(\frac{1}{2} \frac{1}{\sqrt[n]{n}} \right) = \frac{1}{2},$$

所以收敛半径 $R = 2$,收敛区间为 $|t| < 2$,即 $-1 < x < 3$.

当 $x = -1$ 时,级数为 $\sum\limits_{n=1}^{\infty} (-1)^n \dfrac{1}{n}$,这级数收敛;当 $x = 3$ 时,级数变为 $\sum\limits_{n=1}^{\infty} \dfrac{1}{n}$,这级数发散. 因此幂级数 $\sum\limits_{n=1}^{\infty} \dfrac{(x-1)^n}{2^n \cdot n}$ 的收敛域为 $[-1, 3)$.

3. 幂级数的运算

设幂级数 $\sum\limits_{n=0}^{\infty} a_n x^n$ 和幂级数 $\sum\limits_{n=0}^{\infty} b_n x^n$ 的收敛半径分别为 R_1 和 R_2,设 $R = \min\{R_1, R_2\}$,则由常数项级数的相应运算性质,有

$$\lambda \sum_{n=0}^{\infty} a_n x^n = \sum_{n=0}^{\infty} \lambda a_n x^n \quad (|x| < R_1),$$

$$\sum_{n=0}^{\infty} a_n x^n \pm \sum_{n=0}^{\infty} b_n x^n = \sum_{n=0}^{\infty} (a_n \pm b_n) x^n \quad (|x| < R),$$

$$\left(\sum_{n=0}^{\infty} a_n x^n \right) \left(\sum_{n=0}^{\infty} b_n x^n \right) = \sum_{n=0}^{\infty} c_n x^n \quad (|x| < R),$$

其中 λ 为常数,$c_n = \sum\limits_{k=0}^{n} a_k b_{n-k}$.

我们知道,幂级数在其收敛域上定义了一个函数(即它的和函数).关于幂级数的和函数,有下述定理(不加证明).

定理 5-12　设幂级数 $\sum\limits_{n=0}^{\infty} a_n x^n$ 的收敛半径为 R,则

(i) 幂级数的和函数 $s(x)$ 在其收敛域 I 上连续.

(ii) 幂级数的和函数 $s(x)$ 在其收敛域 I 上可积,并有逐项积分公式

$$\int_0^x s(x) \mathrm{d}x = \int_0^x \left[\sum_{n=0}^{\infty} a_n x^n \right] \mathrm{d}x = \sum_{n=0}^{\infty} \int_0^x a_n x^n \mathrm{d}x$$

$$= \sum_{n=0}^{\infty} \frac{a_n}{n+1} x^{n+1} \quad (x \in I),$$

且逐项可积后得到的幂级数和原级数有相同的收敛半径.

(iii) 幂级数的和函数 $s(x)$ 在其收敛区间 $(-R,R)$ 内可导,并在 $(-R,R)$ 内有逐项求导公式

$$s'(x) = \left(\sum_{n=0}^{\infty} a_n x^n \right)' = \sum_{n=0}^{\infty} (a_n x^n)'$$
$$= \sum_{n=1}^{\infty} n a_n x^{n-1} \quad (\mid x \mid < R),$$

且逐项求导后得到的幂级数与原级数有相同的收敛半径.

反复应用上述结论可知:幂级数 $\sum_{n=0}^{\infty} a_n x^n$ 的和函数 $s(x)$ 在其收敛区间 $(-R, R)$ 内具有各阶导数.

例 5-18　求幂级数 $\sum_{n=0}^{\infty} \dfrac{x^n}{n+1}$ 的和函数.

解　由于

$$\lim_{n \to \infty} \left| \frac{a_{n+1}}{a_n} \right| = \lim_{n \to \infty} \frac{n+1}{n+2} = 1.$$

所以收敛半径 $R = 1$.

又当 $x = -1$ 时,幂级数成为 $\sum_{n=1}^{\infty} \dfrac{(-1)^n}{n+1}$,是收敛的;当 $x = 1$ 时,幂级数成为 $\sum_{n=0}^{\infty} \dfrac{1}{n+1}$,是发散的.因此它的收敛域为 $I = [-1, 1)$.

设其和函数为 $s(x)$,即

$$s(x) = \sum_{n=0}^{\infty} \frac{x^n}{n+1}, \quad x \in [-1, 1),$$

于是

$$x s(x) = \sum_{n=0}^{\infty} \frac{1}{n+1} x^{n+1}.$$

由定理 5-12,并由

$$\frac{1}{1-x} = 1 + x + x^2 + \cdots + x^n + \cdots \quad (-1 < x < 1),$$

有

$$[x s(x)]' = \sum_{n=0}^{\infty} \left(\frac{x^{n+1}}{n+1} \right)' = \sum_{n=0}^{\infty} x^n = \frac{1}{1-x} \quad (-1 < x < 1).$$

对上式从 0 到 x 积分得

$$x s(x) = \int_0^x \frac{1}{1-x} \mathrm{d}x = -\ln(1-x) \quad (-1 \leqslant x < 1).$$

所以,当 $x \neq 0$ 时,有

$$s(x) = -\frac{1}{x}\ln(1-x).$$

又 $s(0) = a_0 = 1$，于是所求和函数

$$s(x) = \begin{cases} -\dfrac{1}{x}\ln(1-x), & x \in [-1,0) \bigcup (0,1); \\ 1, & x = 0. \end{cases}$$

习　题　5.3

1. 求下列幂级数的收敛半径、收敛区间和收敛域.

(1) $x + 2x^2 + 3x^3 + \cdots + nx^n + \cdots$;

(2) $\displaystyle\sum_{n=0}^{\infty}(-1)^n \frac{x^n}{2n-1}$;

(3) $\displaystyle\sum_{n=1}^{\infty} \frac{x^n}{n \cdot 2^n}$;　　　　(4) $\displaystyle\sum_{n=1}^{\infty}(-1)^{n-1} \frac{x^{2n+1}}{2n+1}$;

(5) $\displaystyle\sum_{n=1}^{\infty} \frac{2n-1}{2^n}x^{2n-2}$;　　　(6) $\displaystyle\sum_{n=1}^{\infty} \frac{(x-3)^n}{n}$.

2. 利用逐项求导或逐项求积分，求下列级数的和函数.

(1) $\displaystyle\sum_{n=1}^{\infty} nx^{n-1}$;　　(2) $\displaystyle\sum_{n=1}^{\infty} \frac{x^{2n-1}}{2n-1}$;　　(3) $\displaystyle\sum_{n=1}^{\infty} \frac{x^{n+1}}{n(n+1)}$.

3. 求幂级数 $\displaystyle\sum_{n=0}^{\infty} \frac{x^{2n+1}}{n!}$ 的和函数，并求数项级数 $\displaystyle\sum_{n=1}^{\infty} \frac{2n+1}{n!}$ 的和.

4. 设幂级数 $\displaystyle\sum_{n=0}^{\infty} a_n x^n$ 的收敛半径为 R，求幂级数 $\displaystyle\sum_{n=0}^{\infty} a_n x^{2n+1}$ 的收敛半径.

5. 设幂级数 $\displaystyle\sum_{n=0}^{\infty} a_n(x-b)^n$ 在 $x = 0$ 处收敛，在 $x = 2b$ 处发散，求幂级数 $\displaystyle\sum_{n=0}^{\infty} a_n x^n$ 的收敛半径.

5.4　函数的幂级数展开

1. 函数的幂级数展开式及唯一性

幂级数的部分和函数是多项式，在其收敛域内，幂级数可以用多项式来逼近，而且幂级数在收敛域内可以逐项求导和逐项积分. 这些启发我们讨论这样一个问题：给定函数 $f(x)$，在某一个区间上，能否找到一个幂级数，使幂级数收敛于 $f(x)$.

设 $f(x)$ 为区间 I 上的函数,如果能找到一个幂级数 $\sum\limits_{n=0}^{\infty} a_n(x-x_0)^n$,使得在区间 I 内 $f(x) = \sum\limits_{n=0}^{\infty} a_n(x-x_0)^n$,则称函数 $f(x)$ 在区间 I 内可以展开成幂级数,并称该幂级数为函数 $f(x)$ 的展开式.

下面的定理说明,如果 $f(x)$ 在含有 x_0 的区间 (a,b) 内能展开成幂级数,则该幂级数是唯一的.

定理 5-13(唯一性定理)   如果函数 $f(x)$ 在包含 x_0 的区间可以展开成幂级数,即

$$f(x) = a_0 + a_1(x-x_0)^1 + a_2(x-x_0)^2 + \cdots + a_n(x-x_0)^n + \cdots, \quad (5\text{-}19)$$

则其系数必为

$$a_n = \frac{f^{(n)}(x_0)}{n!} \quad (n = 0,1,2,\cdots). \tag{5-20}$$

即 $f(x)$ 的幂级数展开式是唯一的.

证   将 $x = x_0$ 代入(5-19)得 $a_0 = f(x_0)$,即(5-20)式在 $n = 0$ 时成立.

由于幂级数在收敛区间内可以逐项求导,所以

$$f'(x) = a_1 + 2a_2(x-x_0) + 3a_3(x-x_0)^2 + \cdots + na_n(x-x_0)^{n-1} + \cdots,$$

$$f''(x) = 2a_2 + 3 \cdot 2a_3(x-x_0) + \cdots + n(n-1)a_n(x-x_0)^{n-2} + \cdots,$$

$$\cdots\cdots$$

$$f^{(n)}(x) = n!a_n + (n+1)n\cdots2(x-x_0) + \cdots,$$

$$\cdots\cdots$$

将 $x = x_0$ 代入,有

$$f^{(n)}(x_0) = n!a_n \quad (n = 1,2,\cdots).$$

综上所述,得

$$a_n = \frac{f^{(n)}(x_0)}{n!} \quad (n = 0,1,2,\cdots).$$

为了进一步讨论函数的幂级数展开,我们引入如下公式.

2. 泰勒(Taylor)公式

定理 5-14(泰勒公式)   如果函数 $f(x)$ 在含有 x_0 的某个开区间 (a,b) 内具有 $n+1$ 阶导数,则对任一 $x \in (a,b)$,有

$$f(x) = f(x_0) + f'(x_0)(x-x_0) + \frac{f''(x_0)}{2!}(x-x_0)^2 + \cdots$$

$$+ \frac{f^{(n)}(x_0)}{n!}(x-x_0)^n + R_n(x), \tag{5-21}$$

其中

$$R_n(x) = \frac{f^{(n+1)}(\xi)}{(n+1)!}(x-x_0)^{n+1}, \tag{5-22}$$

这里 ξ 是介于 x_0 与 x 之间的某个值.

证　令

$$P_n(x) = f(x_0) + f'(x_0)(x-x_0) + \frac{f''(x_0)}{2!} + \cdots + \frac{f^{(n)}(x_0)}{n!}(x-x_0)^n,$$

$$R_n(x) = f(x) - P_n(x).$$

只需证明

$$R_n(x) = \frac{f^{(n+1)}(\xi)}{(n+1)!}(x-x_0)^{n+1} \quad (\xi \text{ 介于 } x_0 \text{ 与 } x \text{ 之间}).$$

事实上,由假设可知,$R_n(x)$ 在 (a,b) 内具有直到 $n+1$ 阶的导数,且

$$R_n(x_0) = R_n'(x_0) = \cdots = R_n^{(n)}(x_0) = 0,$$

对函数 $R_n(x)$ 及 $(x-x_0)^{n+1}$ 在以 x_0 及 x 为端点的区间上应用柯西中值定理,得

$$\frac{R_n(x)}{(x-x_0)^{n+1}} = \frac{R_n(x) - R_n(x_0)}{(x-x_0)^{n+1} - (x_0-x_0)^{n+1}} = \frac{R_n'(\xi_1)}{(n+1)(\xi_1-x_0)^n}$$

$$(\xi_1 \text{ 在 } x_0 \text{ 与 } x \text{ 之间}).$$

再对函数 $R_n'(x)$ 与 $(n+1)(x-x_0)^n$ 在以 x_0 及 ξ_1 为端点的区间上应用柯西中值定理,得

$$\frac{R_n'(\xi_1)}{(n+1)(\xi_1-x_0)^n} = \frac{R_n'(\xi_1) - R_n'(x_0)}{(n+1)(\xi_1-x_0)^n - (n+1)(x_0-x_0)^n} = \frac{R_n''(\xi_2)}{n(n+1)(\xi_2-x_0)^{n-1}}$$

$$(\xi_2 \text{ 在 } x_0 \text{ 与 } \xi_1 \text{ 之间}).$$

依此方法做下去,经过 $(n+1)$ 次后,有

$$\frac{R_n(x)}{(x-x_0)^{n+1}} = \frac{R_n^{(n+1)}(\xi)}{(n+1)!} \quad (\xi \text{ 在 } x_0 \text{ 与 } \xi_n \text{ 之间,从而在 } x_0 \text{ 与 } x \text{ 之间}).$$

注意到由 $P_n^{(n+1)}(x) = 0$ 得 $R_n^{(n+1)}(x) = f^{(n+1)}(x)$,则上式可表为

$$R_n(x) = \frac{f^{(n+1)}(\xi)}{(n+1)!}(x-x_0)^{n+1} \quad (\xi \text{ 在 } x_0 \text{ 与 } x \text{ 之间}).$$

公式(5-21)称为函数 $f(x)$ 按 $(x-x_0)$ 的幂展开的带有拉格朗日型余项的 n 阶泰勒公式,而 $R_n(x)$ 的表达式(5-22)叫做拉格朗日型余项.

当 $n=0$ 时,泰勒公式变成拉格朗日中值公式

$$f(x) = f(x_0) + f'(\xi)(x-x_0) \quad (\xi \text{ 介于 } x_0 \text{ 与 } x \text{ 之间}).$$

因此泰勒公式是拉格朗日中值公式的推广.

3. 泰勒级数及泰勒展开式

设 $f(x)$ 在 x_0 的某邻域 $U(x_0)$ 内具有任意阶导数,则幂级数

$$f(x_0) + f'(x_0)(x - x_0) + \frac{f''(x_0)}{2!}(x - x_0)^2 + \cdots + \frac{f^{(n)}(x_0)}{n!}(x - x_0)^n + \cdots$$

$$(5\text{-}23)$$

叫做 $f(x)$ 在点 x_0 处的泰勒级数，$a_n = \dfrac{f^{(n)}(x_0)}{n!}$ $(n = 0,1,2,\cdots)$ 叫做 $f(x)$ 在 x_0 处的泰勒系数. 如果幂级数(5-23)在 $U(x_0)$ 内的和函数为 $f(x)$，则幂级数(5-23)叫做 $f(x)$ 在点 x_0 处的泰勒展开式.

我们关心的是级数(5-23)在 $U(x_0)$ 内是否收敛到 $f(x)$，或说 $f(x)$ 在点 x_0 处能否有泰勒展开式. 下面的定理回答了上述问题.

定理 5-15 设函数 $f(x)$ 在点 x_0 的某邻域 $U(x_0)$ 内具有各阶导数，则 $f(x)$ 在该邻域内可以展开成泰勒级数的充分必要条件是在该邻域内 $f(x)$ 的泰勒公式中的余项 $R_n(x)$ 当 $n \to \infty$ 时的极限为零，即

$$\lim_{n \to \infty} R_n(x) = 0, \quad x \in U(x_0).$$

证 函数 $f(x)$ 的 n 阶泰勒公式为

$$f(x) = f(x_0) + f'(x_0)(x - x_0) + \frac{f''(x_0)}{2!}(x - x_0)^2 + \cdots$$
$$+ \frac{f^{(n)}(x_0)}{n!}(x - x_0)^n + R_n(x).$$

必要性 设 $f(x)$ 在 $U(x_0)$ 内可以展开为泰勒级数，即

$$f(x) = f(x_0) + f'(x_0)(x - x_0) + \frac{f''(x_0)}{2!}(x - x_0)^2 + \cdots$$
$$+ \frac{f^{(n)}(x_0)}{n!}(x - x_0)^n + \cdots, \quad x \in U(x_0), \qquad (5\text{-}24)$$

则

$$f(x) = S_{n+1}(x) + R_n(x),$$
$$R_n(x) = f(x) - S_{n+1}(x). \qquad (5\text{-}25)$$

其中 $S_{n+1}(x)$ 为 $f(x)$ 的泰勒级数的前 $n+1$ 项部分和. 由于对一切 $x \in U(x_0)$，有 $\lim\limits_{n \to \infty} S_{n+1}(x) = f(x)$，所以

$$\lim_{n \to \infty} R_n(x) = \lim_{n \to \infty} [f(x) - S_{n+1}(x)] = 0, \quad x \in U(x_0).$$

充分性 设 $\lim\limits_{n \to \infty} R_n(x) = 0$，对一切 $x \in U(x_0)$，则由(5-25)式 $\lim\limits_{n \to \infty} [f(x) - S_{n+1}(x)] = 0$，即 $\lim\limits_{n \to \infty} S_{n+1}(x) = f(x)$. 这说明 $f(x)$ 的泰勒级数在 $U(x_0)$ 内每一点都收敛到 $f(x)$，即 $f(x)$ 在 $U(x_0)$ 内可以展开成泰勒级数.

在(5-23)式中，取 $x_0 = 0$，得

$$f(0) + f'(0)x + \cdots + \frac{f^{(n)}(0)}{n!}x^n + \cdots = \sum_{n=0}^{\infty} \frac{f^{(n)}(0)}{n!}x^n. \qquad (5\text{-}26)$$

级数(5-26)称为函数 $f(x)$ 的麦克劳林(Maclaurin)级数. 如果函数 $f(x)$ 能在 $(-r,r)$ 内展开成 x 的幂级数,则有

$$f(x) = \sum_{n=0}^{\infty} \frac{f^{(n)}(0)}{n!} x^n \quad (\,|\,x\,|\,<\,r), \tag{5-27}$$

(5-27)式称为函数 $f(x)$ 的麦克劳林展开式.

4. 函数展开成幂级数举例

将函数 $f(x)$ 展开成 x 的幂级数,可以依照下列步骤进行:

(1) 求 $f(x)$ 的各阶导数 $f'(x), f''(x), \cdots, f^{(n)}(x), \cdots$.

(2) 求 $f(x)$ 及其各阶导数在 $x = 0$ 处的值:

$$f(0), f'(0), f''(0), \cdots, f^{(n)}(0), \cdots.$$

(3) 写出幂级数($f(x)$ 的麦克劳林级数)

$$f(0) + f'(0)x + \frac{f''(0)}{2!}x^2 + \cdots + \frac{f^{(n)}(0)}{n!}x^n + \cdots$$

并求出收敛半径 R.

(4) 考察当 x 在区间$(-R, R)$ 内时余项 $R_n(x)$,是否有

$$\lim_{n \to \infty} R_n(x) = 0.$$

如果 $\lim\limits_{n \to \infty} R_n(x) = 0$,则函数 $f(x)$ 在$(-R, R)$ 内的幂级数展开式为

$$f(x) = \sum_{n=0}^{\infty} \frac{f^{(n)}(0)}{n!} x^n \quad (-R < x < R).$$

下面讨论几个常见函数的麦克劳林展开式.

例 5-19　将函数 $f(x) = e^x$ 展开成 x 的幂级数.

解　由于 $(e^x)^{(n)} = e^x$,因此 $f^{(n)}(0) = 1\ (n = 1, 2, \cdots)$. 于是 $f(x)$ 的麦克劳林级数为

$$1 + x + \frac{1}{2!}x^2 + \cdots + \frac{1}{n!}x^n + \cdots,$$

它的收敛半径为 $R = +\infty$.

对于任何实数 $x, \xi(\xi$ 介于 0 与 x 之间),有

$$|\,R_n(x)\,| = \left|\,\frac{e^\xi}{(n+1)!} x^{n+1}\,\right| < e^{|x|} \cdot \frac{|\,x\,|^{n+1}}{(n+1)!}.$$

因 $\dfrac{|\,x\,|^{n+1}}{(n+1)!}$ 是收敛级数 $\sum\limits_{n=0}^{\infty} \dfrac{|\,x\,|^{n+1}}{(n+1)!}$ 的一般项,而 $e^{|x|}$ 为有限值,所以

$$\lim_{n \to \infty} \left(e^{|x|} \cdot \frac{|\,x\,|^{n+1}}{(n+1)!} \right) = 0.$$

于是 $\lim\limits_{n \to \infty} |\,R_n(x)\,| = 0$,从而 $\lim\limits_{n \to \infty} R_n(x) = 0.$ 故

$$e^x = 1 + x + \frac{x^2}{2!} + \cdots + \frac{x^n}{n!} + \cdots \quad (-\infty < x < +\infty).$$

例 5-20 求函数 $f(x) = \sin x$ 的麦克劳林展开式.

解 $f^{(n)}(x) = \sin\left(x + n \cdot \frac{\pi}{2}\right) \quad (n = 1, 2, \cdots).$

$$f^{(n)}(0) = \sin\left(n \cdot \frac{\pi}{2}\right) = \begin{cases} 0, & n = 2k, \\ (-1)^k, & n = 2k+1 \end{cases} \quad (k \in \mathbf{N}).$$

于是得 $f(x)$ 的麦克劳林级数

$$x - \frac{x^3}{3!} - \cdots + (-1)^k \frac{x^{2k+1}}{(2k+1)!} + \cdots,$$

它的收敛半径 $R = +\infty$.

对任意实数 $x, \xi(\xi$ 介于 0 与 x 之间)，余项 $R_n(x)$ 的绝对值

$$|R_n(x)| = \left| \frac{\sin\left[\xi + \frac{(n+1)\pi}{2}\right]}{(n+1)!} x^{n+1} \right| \leqslant \frac{|x|^{n+1}}{(n+1)!} \to 0 \quad (n \to \infty),$$

从而

$$\lim_{n \to \infty} R_n(x) = 0, \quad x \in (-\infty, +\infty).$$

因此得展开式

$$\sin x = x - \frac{1}{3!}x^3 + \frac{1}{5!}x^5 - \cdots + (-1)^k \frac{1}{(2k+1)!}x^{2k+1} + \cdots \quad (-\infty < x < +\infty).$$

上述两个例子，是直接用公式 $a_n = \frac{f^{(n)}(0)}{n!}$ 求幂级数的系数，最后考察余项 $R_n(x)$ 当 $n \to \infty$ 时是否趋于零. 这种直接展开的方法不仅计算量较大，而且研究余项也不是一件容易的事. 我们有时用间接展开的方法，也就是利用一些已知的函数展开式，通过幂级数的运算(如四则运算，逐项求导与逐项求积)以及变量代换，将所给的函数展开成幂级数.

已经求得的幂级数展开式有

$$e^x = \sum_{n=0}^{\infty} \frac{1}{n!} x^n \quad (-\infty < x < +\infty), \tag{5-28}$$

$$\sin x = \sum_{n=0}^{\infty} \frac{(-1)^k}{(2k+1)!} x^{2k+1} \quad (-\infty < x < +\infty), \tag{5-29}$$

$$\frac{1}{1-x} = \sum_{n=1}^{\infty} x^n \quad (-1 < x < 1). \tag{5-30}$$

利用上述三个展开式，很容易得到下列函数的幂级数展开式.

将 (5-30) 式中的 x 换成 $-x$，得

$$\frac{1}{1+x} = \sum_{n=0}^{\infty} (-1)^n x^n \quad (-1 < x < 1). \tag{5-31}$$

将(5-31)式中的 x 换成 x^2，可得

$$\frac{1}{1+x^2} = \sum_{n=0}^{\infty} (-1)^n x^{2n} \quad (-1 < x < 1). \tag{5-32}$$

对(5-31)式两边从 0 到 x 积分，得

$$\ln(1+x) = \sum_{n=0}^{\infty} \frac{(-1)^n}{(n+1)} x^{n+1} = \sum_{n=1}^{\infty} \frac{(-1)^{n-1}}{n} x^n \quad (-1 < x \leqslant 1). \tag{5-33}$$

对(5-29)式两边求导，得

$$\cos x = \sum_{k=0}^{\infty} \frac{(-1)^k}{(2k)!} x^{2k} \quad (-\infty < x < +\infty). \tag{5-34}$$

将(5-28)式中的 x 换成 $x\ln a$，得

$$a^x = e^{x\ln a} = \sum_{n=0}^{\infty} \frac{(\ln a)^n}{n!} x^n \quad (-\infty < x < +\infty).$$

对(5-32)式从 0 到 x 积分，得

$$\arctan x = \sum_{n=0}^{\infty} \frac{(-1)^n}{2n+1} x^{2n+1} \quad (-1 < x \leqslant 1).$$

下面再举一个用间接法将函数展开成幂级数的例子.

例 5-21 将函数 $f(x) = \dfrac{1}{x^2+4x+3}$ 展开成 $(x-1)$ 的幂级数.

解 由于

$$f(x) = \frac{1}{x^2+4x+3} = \frac{1}{(x+1)(x+3)} = \frac{1}{2}\left(\frac{1}{1+x} - \frac{1}{3+x}\right),$$

而

$$\frac{1}{1+x} = \frac{1}{2}\frac{1}{1+\dfrac{x-1}{2}} = \frac{1}{2}\sum_{n=0}^{\infty} \frac{(-1)^n}{2^n}(x-1)^n \quad (-1 < x < 3),$$

$$\frac{1}{3+x} = \frac{1}{4}\frac{1}{1+\dfrac{x-1}{4}} = \frac{1}{4}\sum_{n=0}^{\infty} \frac{(-1)^n}{4^n}(x-1)^n \quad (-3 < x < 5),$$

故

$$f(x) = \frac{1}{2^2}\sum_{n=0}^{\infty} \frac{(-1)^n}{2^n}(x-1)^n - \frac{1}{2^3}\sum_{n=0}^{\infty} \frac{(-1)^n}{4^n}(x-1)^n$$

$$= \sum_{n=0}^{\infty} (-1)^n \left(\frac{1}{2^{n+2}} - \frac{1}{2^{2n+3}}\right)(x-1)^n \quad (-1 < x < 3).$$

最后再举一个函数展开成幂级数的例子.

例 5-22 将函数 $f(x) = (1+x)^m$ 展开成 x 的幂级数，其中 m 为任意实数.

解 由于

$$f^{(n)}(x) = m(m-1)(m-2)\cdots(m-n+1)x^{m-n} \quad (n=0,1,2,\cdots),$$

所以

$$f(0) = 1, \quad f'(0) = m, \quad f''(0) = m(m-1), \quad \cdots,$$
$$f^{(n)}(0) = m(m-1)\cdots(m-n+1),$$
$$\cdots\cdots$$

于是得下列幂级数

$$1 + mx + \frac{m(m-1)}{2!}x^2 + \cdots + \frac{m(m-1)\cdots(m-n+1)}{n!}x^n + \cdots,$$

此级数相邻两项的系数之比的绝对值

$$\left| \frac{a_{n+1}}{a_n} \right| = \left| \frac{m-n}{n+1} \right| \to 1 \quad (n \to \infty),$$

因此,对于任意实数 m,这个级数的收敛区间为 $(-1,1)$.

为了避免直接研究余项,设级数在区间 $(-1,1)$ 内的和函数为 $F(x)$,即

$$F(x) = 1 + mx + \frac{m(m-1)}{2}x^2 + \cdots + \frac{m(m-1)\cdots(m-n+1)}{n!}x^n + \cdots$$
$$(-1 < x < 1). \quad (5\text{-}35)$$

下面证明

$$F(x) = (1+x)^m \quad (-1 < x < 1).$$

对 (5-35) 逐项求导,得

$$F'(x) = m\left[1 + \frac{m-1}{1}x + \cdots + \frac{(m-1)\cdots(m-n+1)}{(n-1)!}x^{n-1} + \cdots \right],$$

两边各乘以 $(1+x)$,并将含有 $x^n (n=1,2,\cdots)$ 的两项合并,由

$$\frac{(m-1)\cdots(m-n+1)}{(n-1)!} + \frac{(m-1)\cdots(m-n)}{n!} = \frac{m(m-1)\cdots(m-n+1)}{n!}$$
$$(n = 1,2,\cdots),$$

得

$$(1+x)F'(x) = mF(x) \quad (-1 < x < 1).$$

它是一个可分离变量的微分方程,解之得

$$F(x) = C(1+x)^m.$$

注意到 $F(0) = 0$,从而 $C = 1$,于是

$$F(x) = (1+x)^m.$$

因此在区间 $(-1,1)$ 内有展开式

$$(1+x)^m = 1 + mx + \frac{m(m-1)}{2!}x^2 + \cdots + \frac{m(m-1)\cdots(m-n+1)}{n!}x^n + \cdots$$
$$(-1 < x < 1). \quad (5\text{-}36)$$

在 $x = -1$ 或 $x = 1$ 点,展开式是否成立要看 m 的数值而定.

公式 (5-36) 称为二项展开式.特别地,当 m 为正整数时,级数为 x 的 m 次多项

式,即是代数学中的二项式定理.

另外,$m = \dfrac{1}{2}, -\dfrac{1}{2}$ 的二项展开式分别为

$$\sqrt{1+x} = 1 + \frac{1}{2}x - \frac{1}{2 \cdot 4}x^2 + \frac{1 \cdot 3}{2 \cdot 4 \cdot 6}x^3 - \frac{1 \cdot 3 \cdot 5}{2 \cdot 4 \cdot 6 \cdot 8}x^4 + \cdots$$
$$(-1 \leqslant x \leqslant 1),$$

$$\frac{1}{\sqrt{1+x}} = 1 - \frac{1}{2}x + \frac{1 \cdot 3}{2 \cdot 4}x^2 - \frac{1 \cdot 3 \cdot 5}{2 \cdot 4 \cdot 6}x^3 + \frac{1 \cdot 3 \cdot 5 \cdot 7}{2 \cdot 4 \cdot 6 \cdot 8}x^4 - \cdots$$
$$(-1 \leqslant x \leqslant 1).$$

习　题　5.4

1. 将下列函数展开成 x 的幂级数,并求其成立的区间.

(1) $f(x) = \cos^2 x$;

(2) $f(x) = a^x$;

(3) $f(x) = \ln(a+x) \quad (a > 0)$;

(4) $f(x) = \dfrac{x}{x^2 - 2x - 3}$.

2. 将 $f(x) = \sqrt[3]{x}$ 展开成 $x+1$ 的幂级数.

3. 将 $f(x) = \dfrac{1}{x}$ 展开成 $(x-3)$ 的幂级数.

4. 将 $f(x) = \arctan \dfrac{1+x}{1-x}$ 展开成 x 的幂级数.

复习题 五

1. 幂级数 $\sum\limits_{n=1}^{\infty} \dfrac{n}{2^n + (-3)^n} x^n$ 的收敛半径为 _____.

2. 设级数 $\sum\limits_{n=1}^{\infty} u_n$ 收敛,则必收敛的级数为(   ).

A. $\sum\limits_{n=1}^{\infty} (-1)^n \dfrac{u_n}{n}$ B. $\sum\limits_{n=1}^{\infty} u_n^2$

C. $\sum\limits_{n=1}^{\infty} (u_{2n-1} - u_n)$ D. $\sum\limits_{n=1}^{\infty} (u_n + u_{n+1})$

3. 如果幂级数 $\sum\limits_{n=1}^{\infty} a_n (x-1)^n$ 在 $x = -1$ 处条件收敛,则级数 $\sum\limits_{n=1}^{\infty} a_n$(   ).

A. 条件收敛   B. 绝对收敛

C. 发散   D. 敛散性不能确定

4. 判断下列级数的收敛性:

(1) $\sum\limits_{n=1}^{\infty} (\sqrt[n]{2} - 1)$;   (2) $\sum\limits_{n=1}^{\infty} \dfrac{2^n \cdot n!}{n^n}$;

(3) $\sum\limits_{n=1}^{\infty} n\tan \dfrac{\pi}{2^{n+1}}$;   (4) $\sum\limits_{n=1}^{\infty} \dfrac{n^2}{\left(n + \dfrac{1}{n}\right)^n}$.

5. 证明 $\lim\limits_{n\to\infty} \dfrac{n^n}{(n!)^2} = 0$.

6. 讨论下列级数的绝对收敛与条件收敛:

(1) $\sum\limits_{n=1}^{\infty} (-1)^n \ln\left(\dfrac{n+1}{n}\right)$;   (2) $\sum\limits_{n=1}^{\infty} (-1)^n \dfrac{1}{n^p}$;

7. 设级数 $\sum\limits_{n=1}^{\infty} u_n^2$ 和级数 $\sum\limits_{n=1}^{\infty} v_n^2$ 都收敛,证明级数 $\sum\limits_{n=1}^{\infty} u_n v_n$,$\sum\limits_{n=1}^{\infty} (u_n + v_n)^2$,$\sum\limits_{n=1}^{\infty} \dfrac{u_n}{n}$ 也都收敛.

8. 求下列幂级数的收敛区间:

(1) $\sum\limits_{n=1}^{\infty} \dfrac{3^n + 5^n}{n} x^n$;   (2) $\sum\limits_{n=1}^{\infty} \left(1 + \dfrac{1}{n}\right)^{n^2} x^n$;

(3) $\sum\limits_{n=1}^{\infty} n(x-1)^n$;   (4) $\sum\limits_{n=1}^{\infty} \dfrac{n}{2^n} x^{2n+1}$.

9. 求下列幂级数的和函数:

(1) $\sum\limits_{n=1}^{\infty} \dfrac{x^{4n+1}}{4n+1}$;   (2) $\sum\limits_{n=0}^{\infty} \dfrac{n^2+1}{2^n} x^n$.

10. 将下列函数展开成麦克劳林级数.

(1) $\dfrac{1}{(2-x)^2}$;

(2) $\ln(x+\sqrt{1+x^2})$.

第**6**章

微 分 方 程

微分方程是一个重要的数学分支,并有其完整的理论体系.本章主要介绍微分方程的一些基本概念,以及几种常用的微分方程的求解方法.

6.1　微分方程的基本概念

下面先举两个具体例子,然后引入微分方程的基本概念.

例 6-1　平面上的一条曲线过点 (x_0, y_0),且该曲线上任一点 (x, y) 处的切线的斜率为 $2x$,求该曲线的方程.

为求曲线的方程,可以先设曲线方程为 $y = y(x)$.由导数的几何意义,可知 $y = y(x)$ 应满足等式

$$\frac{\mathrm{d}y}{\mathrm{d}x} = 2x. \tag{6-1}$$

根据题设,$y(x)$ 还需满足

$$y\mid_{x=x_0} = y_0. \tag{6-2}$$

例 6-2　设一质量为 m 的物体只受重力作用由静止开始自由垂直降落,求自由垂直降落的运动方程.

取物体降落的铅垂线为 x 轴,其正向朝下,物体下落的起点为原点,并设开始下落的时间为 $t = 0$.物体下落的距离 x 与时间 t 的函数关系为 $x(t)$.根据牛顿第二定律,$x(t)$ 满足

$$\frac{\mathrm{d}^2 x}{\mathrm{d}t^2} = g \quad (g \text{ 为重力加速度}). \tag{6-3}$$

且 $x(t)$ 还需满足

$$x(0) = 0, \quad \frac{\mathrm{d}x}{\mathrm{d}t}\bigg|_{t=0} = 0. \tag{6-4}$$

上述两个例子中等式(6-1)、(6-3)都含有未知函数的导数,它们都为微分方程.一般地,将含有未知函数、未知函数的导数及自变量的方程叫做**微分方程**.微分方程中出现的未知函数的最高阶导数的阶数,叫微分方程的阶.

未知函数为一元函数的微分方程称为常微分方程.如在例 6-1 中的微分方程(6-1)称为一阶常微分方程,例 6-2 中的微分方程(6-3)称为二阶常微分方程.

未知函数为多元函数的微分方程称为偏微分方程.例如

$$x \frac{\partial z}{\partial x} + y \frac{\partial z}{\partial y} = z$$

和

$$\frac{\partial^2 u}{\partial x^2} + \frac{\partial^2 u}{\partial y^2} + \frac{\partial^2 u}{\partial z^2} = 0$$

分别是一阶和二阶偏微分方程.

本章只讨论常微分方程. 微分方程的一般形式是

$$F(x, y, y', \cdots, y^{(n)}) = 0. \tag{6-5}$$

在方程(6-5)中, $y^{(n)}$ 是必须出现的, 而 $x, y, \cdots, y^{(n-1)}$ 等变量可以不出现. 例如 n 阶微分方程

$$y^{(n)} + 1 = 0$$

中, 变量 $x, y, y', \cdots, y^{(n-1)}$ 都未出现.

如果能从方程(6-5)中解出最高阶导数, 则得微分方程

$$y^{(n)} = f(x, y, y', \cdots, y^{(n-1)}).$$

如果微分方程可表为如下形式

$$y^{(n)} + a_1(x) y^{(n-1)} + \cdots + a_{n-1}(x) y' + a_n(x) y = g(x), \tag{6-6}$$

则称方程(6-6)为 n 阶线性微分方程. 其中 $a_i(x)$ $(i = 1, 2, \cdots, n)$ 和 $g(x)$ 都为已知函数.

另外, 将不能表示成(6-6)的方程统称为非线性微分方程.

在研究实际问题时, 首先要建立微分方程, 然后寻找满足微分方程的函数, 也就是说, 找出这样的函数, 将它代入微分方程能使该方程成为恒等式, 这个函数就称为微分方程的解. 更确切地说, 设函数 $y = \varphi(x)$ 在区间 I 上有 n 阶连续导数, 且在区间 I 上

$$F[x, \varphi(x), \varphi'(x), \cdots, \varphi^{(n)}(x)] \equiv 0,$$

则称函数 $y = \varphi(x)$ 为微分方程(6-5)在区间 I 上的解.

例如, 不难验证 $y = x^2 + 1$ 和 $y = x^2 + C$ 都是微分方程(6-1)的解, 其中 C 为任意常数; 而函数 $x = \frac{1}{2} g t^2$ 和 $x = \frac{1}{2} g t^2 + C_1 t + C_2$ 都是微分方程(6-3)的解, 其中 C_1, C_2 均为任意常数.

如果微分方程的解中含有任意相互独立的常数, 且任意常数的个数与微分方程的阶数相同, 称这样的解叫做微分方程的通解. 这里所说的相互独立的任意常数, 是指它们不能通过合并而使得通解中的任意常数的个数减少. 例如 $y = x^2 + C$ 是方程(6-1)的通解; 而 $x = \frac{1}{2} g t^2 + C_1 t + C_2$ 是方程(6-3)的通解.

由于通解中含有任意常数, 所以它还不能完全确定地反映某一事物的规律性. 要完全确定地反映客观事物的规律性, 必须确定这些常数的值. 为此, 要根据问题的实际情况, 提出确定这些常数的条件.

确定了通解中的任意常数以后,就得到微分方程的特解. 如 $y = x^2 + 1$ 为方程 (6-1) 满足条件(6-2)的特解;而 $x = \dfrac{1}{2} gt^2$ 为方程(6-3)满足条件(6-4)的特解.

如果微分方程是一阶的,通常用来确定任意常数的值的条件是

$$x = x_0 \text{ 时}, y = y_0,$$

或写成

$$y \mid_{x=x_0} = y_0,$$

其中 x_0, y_0 都是给定的值;如果微分方程是二阶的,通常用来确定任意常数的值的条件是

$$x = x_0 \text{ 时}, y = y_0, y' = y'_0,$$

或写成

$$y \mid_{x=x_0} = y_0, \quad y' \mid_{x=x_0} = y'_0,$$

其中 x_0, y_0, y'_0 都是给定的值. 上述这种条件叫做**初始条件**.

求微分方程 $y' = f(x, y)$ 满足初始条件 $y \mid_{x=x_0} = y_0$ 的特解的问题,叫做一阶微分方程的初值问题,记作

$$\begin{cases} y' = f(x, y), \\ y \mid_{x=x_0} = y_0. \end{cases} \tag{6-7}$$

二阶微分方程的初值问题,记作

$$\begin{cases} y'' = f(x, y, y'), \\ y \mid_{x=x_0} = y_0, \quad y' \mid_{x=x_0} = y'_0. \end{cases} \tag{6-8}$$

微分方程的解的图形是一条曲线,称为微分方程的积分曲线. 初值问题(6-7)的几何意义是:求微分方程的通过点 (x_0, y_0) 的那条积分曲线;初值问题(6-8)的几何意义是:求微分方程的通过点 (x_0, y_0) 且在该点处的切线的斜率为 y'_0 的那条积分曲线.

例 6-3 验证函数

$$x = C_1 \cos t + C_2 \sin t \tag{6-9}$$

是微分方程

$$\frac{\mathrm{d}^2 x}{\mathrm{d} t^2} + x = 0 \tag{6-10}$$

的通解,并求满足初始条件 $x \mid_{t=0} = A, \dfrac{\mathrm{d} x}{\mathrm{d} t} \Big|_{t=0} = 0$ 的特解.

解 求 $x = C_1 \cos t + C_2 \sin t$ 的导数,得

$$\frac{\mathrm{d} x}{\mathrm{d} t} = -C_1 \sin t + C_2 \cos t, \tag{6-11}$$

$$\frac{\mathrm{d}^2 x}{\mathrm{d} t^2} = -C_1 \cos t - C_2 \sin t.$$

将 $\dfrac{\mathrm{d}^2 x}{\mathrm{d}t^2}$ 及 x 的表达式代入方程(6-10),得

$$-(C_1\cos t + C_2\sin t) + (C_1\cos t + C_2\sin t) \equiv 0,$$

所以 $x = C_1\cos t + C_2\sin t$ 是方程(6-10)的通解.

将 $t = 0, x = A$ 代入(6-9) 式,得 $C_1 = A$.

将 $t = 0, \dfrac{\mathrm{d}x}{\mathrm{d}t} = 0$ 代入(6-11) 式,得 $C_2 = 0$.

因此所求特解为

$$x = A\cos t.$$

习　题　6.1

1. 指出下列各题中的函数是否为所给方程的解:

(1) $xy' = 2y, y = 5x^2$;

(2) $y'' - \dfrac{2}{x}y' + \dfrac{2y}{x^2} = 0, y = C_1 x + C_2 x^2$.

2. 验证 $y = (C_1 + C_2 x)\mathrm{e}^{-x}(C_1, C_2$ 为任意常数) 是方程 $y'' + 2y' + y = 0$ 的通解,并求满足初始条件 $y\big|_{x=0} = 4, y'\big|_{x=0} = 2$ 的特解.

3. 设曲线上点 $P(x, y)$ 处的法线与 x 轴交点为 Q,且线段 PQ 被 y 轴平分,试写出该曲线所满足的微分方程.

6.2　可分离变量的微分方程、齐次方程

从本节开始,我们将根据微分方程的不同类型,讨论微分方程的一些解法. 本节介绍可分离变量的微分方程以及可化为可分离变量方程的齐次方程的解法.

1. 可分离变量的微分方程

设一阶微分方程

$$\frac{\mathrm{d}y}{\mathrm{d}x} = f(x, y), \tag{6-12}$$

如果 $f(x, y) = \varphi(x) \cdot g(y)$,即有

$$\frac{\mathrm{d}y}{\mathrm{d}x} = \varphi(x) \cdot g(y), \tag{6-13}$$

则称方程(6-13)为可分离变量的微分方程,其中 $\varphi(x), g(y)$ 都是连续函数.

设 $g(y) \neq 0$,用 $g(y)$ 除方程两端,用 $\mathrm{d}x$ 乘方程两端,得

$$\frac{1}{g(y)}\mathrm{d}y = \varphi(x)\mathrm{d}x.$$

对上述等式两边积分,即得

$$\int \frac{1}{g(y)}\mathrm{d}y = \int \varphi(x)\mathrm{d}x.$$

设 $G(y)$ 及 $\Phi(x)$ 为 $\frac{1}{g(y)}$ 及 $\varphi(x)$ 的原函数,于是有

$$G(y) = \Phi(x) + C. \tag{6-14}$$

可以证明,在 $g(y) \neq 0$ 的条件下,由(6-14)式所确定的隐函数是方程(6-13)的解;反之方程(6-13)的解也满足关系式(6-14).所以(6-14)式叫做微分方程(6-13)的隐式通解.

如果 $g(y_0) = 0$,则易知 $y = y_0$ 也是(6-13)的解.

上述求解可分离变量的微分方程的方法称为分离变量法.

例 6-4 求微分方程 $\frac{\mathrm{d}y}{\mathrm{d}x} = 2xy$ 的通解.

解 方程 $\frac{\mathrm{d}y}{\mathrm{d}x} = 2xy$ 是可分离变量微分方程.分离变量得

$$\frac{\mathrm{d}y}{y} = 2x\mathrm{d}x,$$

两端积分得

$$\int \frac{\mathrm{d}y}{y} = \int 2x\mathrm{d}x,$$

则有

$$\ln|y| = x^2 + C_1,$$

从而

$$y = \pm \mathrm{e}^{C_1} \cdot \mathrm{e}^{x^2}.$$

因 $\pm \mathrm{e}^{C_1}$ 是任意非零常数,又 $y \equiv 0$ 也是方程的解,故所求方程的通解为

$$y = C\mathrm{e}^{x^2} \quad (C \text{ 为任意常数}).$$

例 6-5 设一物体的温度为 $100\,℃$,将其放置在空气温度为 $20\,℃$ 的环境中冷却,试求物体温度随时间 t 的变化规律.

解 物体温度 T 随时间 t 的变化规律也就是 T 与 t 的函数关系,设为 $T = T(t)$,根据冷却定律:物体温度的变化率与物体温度和当时空气温度之差成正比,因此 $T = T(t)$ 应满足

$$\frac{\mathrm{d}T}{\mathrm{d}t} = -k(T - 20), \tag{6-15}$$

其中 $k(> 0)$ 为比例常数,且 $T = T(t)$ 还应满足初始条件

$$T\mid_{t=0} = 100.$$

方程(6-15)是可分离变量微分方程,将它分离变量得

$$\frac{\mathrm{d}T}{T-20} = -k\mathrm{d}t,$$

两边积分,得

$$\int \frac{\mathrm{d}T}{T-20} = -\int k\mathrm{d}t,$$

$$\ln |T-20| = -kt + C_1 \quad (C_1 \text{ 为任意常数}),$$

$$T-20 = \pm \mathrm{e}^{-kt+C_1} = \pm \mathrm{e}^{C_1} \mathrm{e}^{-kt}.$$

记 $C = \pm \mathrm{e}^{C_1}$,从而

$$T = 20 + C\mathrm{e}^{-kt}. \tag{6-16}$$

又 $T|_{t=0} = 100$,代入(6-16)得 $C = 80$,于是物体的温度与时间 t 的函数关系为

$$T = 20 + 80\mathrm{e}^{-kt}.$$

2. 齐次方程

形如

$$\frac{\mathrm{d}y}{\mathrm{d}x} = f\left(\frac{y}{x}\right) \tag{6-17}$$

的一阶微分方程叫做齐次微分方程,简称齐次方程.

对于齐次方程(6-17),我们引入新的未知函数

$$u = \frac{y}{x} \tag{6-18}$$

就可以将它化为可分离变量的微分方程. 因为由(6-18)式,有

$$y = ux, \frac{\mathrm{d}y}{\mathrm{d}x} = u + x \cdot \frac{\mathrm{d}u}{\mathrm{d}x}.$$

代入方程(6-17)得

$$u + x\frac{\mathrm{d}u}{\mathrm{d}x} = f(u),$$

即

$$x\frac{\mathrm{d}u}{\mathrm{d}x} = f(u) - u.$$

分离变量,得

$$\frac{\mathrm{d}u}{f(u)-u} = \frac{\mathrm{d}x}{x}$$

两端积分,得

$$\int \frac{1}{f(u)-u}\mathrm{d}u = \int \frac{\mathrm{d}x}{x}.$$

求出积分后,再将 $u = \frac{y}{x}$ 回代,即得到方程(6-17)的通解.

例 6-6 求初值问题的解

$$\begin{cases} \dfrac{\mathrm{d}y}{\mathrm{d}x} = \dfrac{y}{x} + \tan\dfrac{y}{x}, \\[2mm] y\mid_{x=1} = \dfrac{\pi}{6}. \end{cases}$$

解 设 $u = \dfrac{y}{x}$ 或 $y = xu$，于是

$$\frac{\mathrm{d}y}{\mathrm{d}x} = u + x\frac{\mathrm{d}u}{\mathrm{d}x}.$$

代入原方程，得

$$x\frac{\mathrm{d}u}{\mathrm{d}x} = \tan u.$$

分离变量，得

$$\cot u \, \mathrm{d}u = \frac{1}{x}\mathrm{d}x.$$

两端积分，得

$$\ln\mid\sin u\mid = \ln\mid x\mid + \ln\mid C\mid,$$

即 $\sin u = Cx$. 将 $u = \dfrac{y}{x}$ 代入，则得方程的通解为

$$\sin\frac{y}{x} = Cx.$$

由 $y\mid_{x=1} = \dfrac{\pi}{6}$，得 $C = \dfrac{1}{2}$，从而所求初值问题的解为

$$\sin\frac{y}{x} = \frac{1}{2}x.$$

例 6-7 求微分方程

$$y^2 + x^2\frac{\mathrm{d}y}{\mathrm{d}x} = xy\frac{\mathrm{d}y}{\mathrm{d}x}$$

的通解.

解 方程可写成

$$\frac{\mathrm{d}y}{\mathrm{d}x} = \frac{y^2}{xy - x^2} = \frac{\left(\dfrac{y}{x}\right)^2}{\dfrac{y}{x} - 1}.$$

易见该方程为齐次方程. 令 $\dfrac{y}{x} = u$，则

$$y = ux, \quad \frac{\mathrm{d}y}{\mathrm{d}x} = u + x\frac{\mathrm{d}u}{\mathrm{d}x}.$$

于是原方程可变为

$$u + x \frac{\mathrm{d}u}{\mathrm{d}x} = \frac{u^2}{u-1},$$

即

$$x \frac{\mathrm{d}u}{\mathrm{d}x} = \frac{u}{u-1}.$$

分离变量,得

$$\left(1 - \frac{1}{u}\right)\mathrm{d}u = \frac{\mathrm{d}x}{x},$$

两端积分,得

$$u - \ln|u| + C = \ln|x| \quad 或 \quad \ln|xu| = u + C.$$

将 $u = \frac{y}{x}$ 回代,得微分方程的通解

$$\ln|y| = \frac{y}{x} + C.$$

习　题　6.2

1. 求下列可分离变量微分方程的通解:

(1) $x\mathrm{d}y = y\mathrm{d}x$;

(2) $x(y^2 - 1)\mathrm{d}x + y(x^2 - 1)\mathrm{d}y = 0$;

(3) $xy' - y\ln y = 0$;

(4) $\mathrm{d}x + xy\mathrm{d}y = y^2\mathrm{d}x + y\mathrm{d}y$.

2. 求下列齐次方程的通解:

(1) $y' = \mathrm{e}^{\frac{y}{x}} + \frac{y}{x}$; (2) $xy' = y + \sqrt{x^2 - y^2}$.

3. 求下列各初值问题的解:

(1) $y'\sin^2 x = y\ln y, y\big|_{x=\frac{\pi}{2}} = \mathrm{e}$;

(2) $y' = \frac{x}{y} + \frac{y}{x}, y\big|_{x=-1} = 2$.

6.3　一阶线性微分方程

方程

$$\frac{\mathrm{d}y}{\mathrm{d}x} + P(x)y = Q(x) \tag{6-19}$$

叫做一阶线性微分方程,其中 $P(x),Q(x)$ 是某一区间 I 上的连续函数. 如果 $Q(x) \equiv 0$,则称方程(6-19)为一阶齐次线性方程;如果 $Q(x) \not\equiv 0$,则称方程(6-19)为一阶非齐次线性方程.

设(6-19)为非齐次线性微分方程,为求其通解,把 $Q(x)$ 换成零而得出方程

$$\frac{\mathrm{d}y}{\mathrm{d}x} + P(x)y = 0. \tag{6-20}$$

方程(6-20)叫做对应于非齐次线性方程(6-19)的齐次线性方程.

我们先来求方程(6-20)的通解. 显然,方程(6-20)是可分离变量的,分离变量后得

$$\frac{\mathrm{d}y}{y} = -P(x)\mathrm{d}x.$$

两端积分,得

$$\ln|y| = -\int P(x)\mathrm{d}x + \ln|C|,$$

或

$$y = C\mathrm{e}^{-\int P(x)\mathrm{d}x}. \tag{6-21}$$

这是对应的齐次线性方程(6-20)的通解. 这里记号 $\int P(x)\mathrm{d}x$ 表示 $P(x)$ 的某确定的原函数.

现在我们使用所谓的常数变易法求非齐次线性方程(6-19)的通解. 这种方法是把(6-20)的通解(6-21)中的常数 C 换成 x 的未知函数 $u(x)$,即作变换

$$y = u(x)\mathrm{e}^{-\int P(x)\mathrm{d}x}, \tag{6-22}$$

于是有

$$\frac{\mathrm{d}y}{\mathrm{d}x} = u'\mathrm{e}^{-\int P(x)\mathrm{d}x} - uP(x)\mathrm{e}^{-\int P(x)\mathrm{d}x}. \tag{6-23}$$

将(6-22)和(6-23)式代入方程(6-19),得

$$u'\mathrm{e}^{-\int P(x)\mathrm{d}x} - uP(x)\mathrm{e}^{-\int P(x)\mathrm{d}x} + P(x)u\mathrm{e}^{-\int P(x)\mathrm{d}x} = Q(x),$$

即

$$u' = Q(x)\mathrm{e}^{\int P(x)\mathrm{d}x}.$$

两端积分,得

$$u = \int Q(x)\mathrm{e}^{\int P(x)\mathrm{d}x}\mathrm{d}x + C.$$

将上式代入(6-22),得一阶非齐次线性方程(6-19)的通解为

$$y = \left[\int Q(x)\mathrm{e}^{\int P(x)\mathrm{d}x}\mathrm{d}x + C\right]\mathrm{e}^{-\int P(x)\mathrm{d}x}. \tag{6-24}$$

将(6-24)式改写成

$$y = C\mathrm{e}^{-\int P(x)\mathrm{d}x} + \mathrm{e}^{-\int P(x)\mathrm{d}x} \cdot \int Q(x)\mathrm{e}^{\int P(x)\mathrm{d}x}\mathrm{d}x.$$

上式右端第一项为对应的齐次方程(6-20)的通解,第二项是非齐次方程(6-19)的

一个特解. 由此可知, 一阶非齐次线性方程的通解等于它对应的齐次线性方程的通解与其本身的一个特解之和. 以后我们还将看到, 这个结论对于高阶非齐次线性方程也成立.

例 6-8 求微分方程

$$y' + \frac{1}{x}y = \frac{\sin x}{x}$$

的通解.

解 所求方程是一个非齐次线性方程, 它对应的线性齐次方程为

$$y' + \frac{1}{x}y = 0.$$

分离变量, 得

$$\frac{\mathrm{d}y}{y} = -\frac{1}{x}\mathrm{d}x,$$

两端积分, 得

$$\ln|y| = -\ln|x| + \ln C,$$

即

$$y = \frac{C}{x}. \tag{6-25}$$

用常数变易法, 令 $y = \dfrac{u}{x}$, 则

$$\frac{\mathrm{d}y}{\mathrm{d}x} = u'\frac{1}{x} - \frac{1}{x^2}u,$$

代入所给非齐次方程, 得

$$u' = \sin x.$$

所以

$$u = -\cos x + C.$$

将上式代入 (6-25) 式, 即得所求微分方程的通解为

$$y = -\frac{1}{x}\cos x + \frac{1}{x}C.$$

通过变量代换 $y = xu$, 将齐次方程 $y' = f\left(\dfrac{y}{x}\right)$ 化成可分离变量的微分方程, 求得通解. 对于一阶非齐次线性方程

$$y' + P(x)y = Q(x),$$

也是通过变量代换

$$y = u\mathrm{e}^{-\int P(x)\mathrm{d}x}$$

将非齐次线性方程化为可分离变量的方程, 从而得到其通解.

利用变量代换, 把一个微分方程化为可分离变量的方程, 或化为已经知其求解

途径的方程,这是解微分方程最常用的方法. 为此,我们再举一例.

例 6-9 解方程$\dfrac{\mathrm{d}y}{\mathrm{d}x} = \dfrac{1}{x+y}$.

解 令 $x + y = u$,则 $y = u - x$,$\dfrac{\mathrm{d}y}{\mathrm{d}x} = \dfrac{\mathrm{d}u}{\mathrm{d}x} - 1$,代入原方程得

$$\frac{\mathrm{d}u}{\mathrm{d}x} - 1 = \frac{1}{u},$$

即

$$\frac{\mathrm{d}u}{\mathrm{d}x} = \frac{u+1}{u}.$$

分离变量,得

$$\frac{u}{u+1}\mathrm{d}u = \mathrm{d}x,$$

两端积分,得

$$u - \ln |u+1| = x + C_1.$$

将 $u = x + y$ 代入上式,得

$$y - \ln |x + y + 1| = C_1$$

或

$$x = Ce^y - y + 1 \quad (C = \pm e^{-C_1}).$$

习 题 6.3

1. 求下列微分方程的通解:

(1) $y' + \dfrac{y}{x} = x^2$;

(2) $y' + 2xy = xe^{-x^2}$;

(3) $y' + y\cos x = \dfrac{1}{2}\sin 2x$;

(4) $y'\cos x + y\sin x = 1$.

2. 求下列微分方程满足所给初始条件的特解:

(1) $\dfrac{\mathrm{d}y}{\mathrm{d}x} + 3y = 8$,$y\big|_{x=0} = 2$;

(2) $\dfrac{\mathrm{d}y}{\mathrm{d}x} + \dfrac{y}{x} = \dfrac{\sin x}{x}$,$y\big|_{x=\pi} = 1$.

3. 求一曲线的方程,该曲线通过原点,并且它在点 (x, y) 处的切线斜率等于 $2x + y$.

4. 设连续函数 $\varphi(x)$ 满足方程

$$\varphi(x) = \int_0^x \varphi(t)\mathrm{d}t + e^x,$$

求 $\varphi(x)$.

5. 利用适当的变换求下列微分方程的通解:

(1) $\dfrac{\mathrm{d}y}{\mathrm{d}x} = \dfrac{1}{x-y} + 1$;

(2) $y' = \cos x \cos y + \sin x \sin y$;

(3) $xy' + y = y(\ln x + \ln y)$.

6.4　可降阶的高阶微分方程

二阶及二阶以上的微分方程,称为高阶微分方程.本节我们讨论通过变换将它化成较低阶的的方程来求解.下面介绍三种容易降阶类型的高阶微分方程的求解方法.

1. $y^{(n)} = f(x)$ 型的微分方程

微分方程

$$y^{(n)} = f(x) \tag{6-26}$$

的右端仅含有自变量 x. 只要将 $y^{(n-1)}$ 作为新的未知函数,那么(6-26)式就是新未知函数的一阶方程. 两端积分,得

$$y^{(n-1)} = \int f(x)\mathrm{d}x + C_1,$$

同理可得

$$y^{(n-2)} = \int \left[\int f(x)\mathrm{d}x \right] \mathrm{d}x + C_1 x + C_2.$$

依此类推,接连积分 n 次,使得方程(6-26)的含有 n 个任意常数的通解.

例 6-8　求微分方程

$$y'' = \mathrm{e}^x - \cos x$$

的通解.

解　对所给方程接连积分两次得

$$y' = \mathrm{e}^x - \sin x + C_1,$$
$$y = \mathrm{e}^x + \cos x + C_1 x + C_2$$
$$(C_1, C_2 \text{ 为任意常数}).$$

2. $y'' = f(x, y')$ 型的微分方程

方程

$$y'' = f(x, y') \tag{6-27}$$

的特点是方程右端函数不显含未知函数 y.

令 $p = y'$,则 $y'' = p'$,方程(6-27)转化为一阶微分方程

$$p' = f(x, p). \tag{6-28}$$

设方程(6-28)的通解为

$$p = \varphi(x, C_1),$$

而 $p = \dfrac{\mathrm{d}y}{\mathrm{d}x}$，因此又得到一个一阶微分方程

$$\frac{\mathrm{d}y}{\mathrm{d}x} = \varphi(x, C_1) \quad 或 \quad \mathrm{d}y = \varphi(x, C_1)\mathrm{d}x.$$

两端积分，即得方程(6-27)的通解为

$$y = \int \varphi(x, C_1)\mathrm{d}x + C_2.$$

例 6-9 求初值问题

$$\begin{cases} (1+x^2)y'' = 2xy', \\ y\mid_{x=0} = 1, y'\mid_{x=0} = 3 \end{cases}$$

的特解.

解 令 $y' = p$，则 $y'' = p'$，代入原方程得

$$(1+x^2)p' = 2xp.$$

分离变量，得

$$\frac{\mathrm{d}p}{p} = \frac{2x}{1+x^2}\mathrm{d}x.$$

两端积分，得

$$\ln p = \ln(1+x^2) + \ln C_1,$$

即

$$p = C_1(1+x^2).$$

由 $y'\mid_{x=0} = 3$，得 $C_1 = 3$，于是有

$$p = 3(1+x^2).$$

将 $p = y'$ 代入上式，得

$$y' = 3(1+x^2).$$

再次对方程两边积分，得

$$y = 3x + x^3 + C_2.$$

由 $y\mid_{x=0} = 1$，得 $C_2 = 1$，故所求得特解为

$$y = x^3 + 3x + 1.$$

例 6-10 设子弹以 200 m/s 的速度射入厚 0.1 m 的木板，受到的阻力大小与子弹的速度平方成正比，如果子弹穿出木板时的速度为 80 m/s，求子弹穿过木板所需的时间.

解 设子弹的质量为 m，子弹射入木板的时刻记为 $t = 0$，穿出木板的时刻记为 $t = t_1$，并设 x 轴沿着子弹运动的路径，x 轴的正向与子弹运动方向一致，$t = 0$ 时子弹所在的位置(即射入木板的那一点)为坐标原点. 根据牛顿第二定律可得方程

$$m\frac{\mathrm{d}^2 x}{\mathrm{d}t^2} = -k\left(\frac{\mathrm{d}x}{\mathrm{d}t}\right)^2, \tag{6-29}$$

其中 $k(>0)$ 为比例系数. 记 $\dfrac{k}{m} = a^2$, 方程(6-29) 变为

$$\frac{\mathrm{d}^2 x}{\mathrm{d}t^2} = -a^2\left(\frac{\mathrm{d}x}{\mathrm{d}t}\right)^2, \tag{6-30}$$

且满足初始条件 $x\,|_{t=0} = 0, \dfrac{\mathrm{d}x}{\mathrm{d}t}\Big|_{t=0} = v\,|_{t=0} = 200$.

用 $v = v(t)$ 表示子弹在时刻 t 的速度, 即 $v = \dfrac{\mathrm{d}x}{\mathrm{d}t}$, 则 $\dfrac{\mathrm{d}v}{\mathrm{d}t} = \dfrac{\mathrm{d}^2 x}{\mathrm{d}t^2}$, 代入式(6-30),

得

$$\frac{\mathrm{d}v}{\mathrm{d}t} = -a^2 v^2.$$

分离变量, 得

$$\frac{\mathrm{d}v}{v^2} = -a^2\,\mathrm{d}t,$$

两端积分, 得

$$\frac{1}{v} = a^2 t + C_1.$$

由条件 $v\,|_{t=0} = 200$ 得 $C_1 = \dfrac{1}{200}$, 于是

$$\frac{1}{v} = a^2 t + \frac{1}{200}. \tag{6-31}$$

将 $v\,|_{t=t_1} = 80$ 代入(6-31) 式, 得 $a^2 = \dfrac{3}{400t_1}$, 方程(6-31) 即为

$$\frac{1}{v} = \frac{3t}{400t_1} + \frac{1}{200}.$$

因 $v = \dfrac{\mathrm{d}x}{\mathrm{d}t}$, 故上述方程变为

$$\frac{\mathrm{d}t}{\mathrm{d}x} = \frac{3t}{400t_1} + \frac{1}{200},$$

它是一个可分离变量的方程, 解得

$$x = \frac{400t_1}{3}\ln\left(\frac{3t}{400t_1} + \frac{1}{200}\right) + C_2.$$

由 $x\,|_{t=0} = 0$ 得 $C_2 = \dfrac{400t_1}{3}\ln 200$, 所以

$$x = \frac{400t_1}{3}\left[\ln\left(\frac{3t}{400t_1} + \frac{1}{200}\right) + \ln 200\right].$$

将 $x\,|_{t=t_1} = 0.1$ 代入上式, 便得

$$t_1 = \frac{3}{4000(\ln 5 - \ln 2)} \approx 0.000\,818\,5,$$

即子弹通过木板所需时间大约为 $0.000\,818\,5$ 秒.

3. $y'' = f(y, y')$ 型的微分方程

方程
$$y'' = f(y, y') \tag{6-32}$$

的特点是方程右端函数不显含自变量 x.

令 $y' = p$, 根据复合函数的求导法则, 有
$$y'' = \frac{\mathrm{d}p}{\mathrm{d}x} = \frac{\mathrm{d}p}{\mathrm{d}y} \cdot \frac{\mathrm{d}y}{\mathrm{d}x} = p \frac{\mathrm{d}p}{\mathrm{d}y},$$

于是方程 (6-32) 化成
$$p \frac{\mathrm{d}p}{\mathrm{d}y} = f(y, p). \tag{6-33}$$

方程 (6-33) 为关于变量 p, y 的一阶微分方程. 设其通解为
$$p = \varphi(y, C_1),$$

即
$$\frac{\mathrm{d}y}{\mathrm{d}x} = \varphi(y, C_1) \quad \text{或} \quad \frac{\mathrm{d}y}{\varphi(y, C_1)} = \mathrm{d}x.$$

对上式两端积分, 则得方程 (6-32) 的通解
$$\int \frac{\mathrm{d}y}{\varphi(y, C_1)} = x + C_2.$$

例 6-11 求二阶微分方程 $2yy'' + y'^2 = 0$ 的通解.

解 所给方程是 $y'' = f(y, y')$ 型的微分方程. 令 $y' = p$, 则
$$y'' = \frac{\mathrm{d}p}{\mathrm{d}y} \cdot \frac{\mathrm{d}y}{\mathrm{d}x} = p \frac{\mathrm{d}p}{\mathrm{d}y}.$$

代入所给方程, 得
$$2yp \frac{\mathrm{d}p}{\mathrm{d}y} + p^2 = 0.$$

当 $y \neq 0$ 且 $p \neq 0$ 时, 分离变量得
$$\frac{\mathrm{d}p}{p} = -\frac{\mathrm{d}y}{2y},$$

两端积分得 $\ln p = -\frac{1}{2}\ln y + \ln C$, 即
$$p = C \frac{1}{\sqrt{y}}.$$

将 $p = \frac{\mathrm{d}y}{\mathrm{d}x}$ 代入上式, 得

$$\frac{\mathrm{d}y}{\mathrm{d}x} = \frac{C}{\sqrt{y}},$$

即

$$\sqrt{y}\mathrm{d}y = C\mathrm{d}x.$$

两端积分,得

$$y\sqrt{y} = C_1 x + C_2 \quad (\text{其中 } C_1 = \frac{3}{2}C),$$

于是得原方程的通解为

$$y = (C_1 x + C_2)^{\frac{2}{3}}.$$

当 $y = 0$ 或 $p = 0$ 时,解 $y = 0$ 或 $y = C$ 仍然包含在上述通解中.

习　题　6.4

1. 求下列各微分方程的通解;

(1) $y'' = x + \mathrm{e}^x$;　　　　　　(2) $y'' = y' + x$;

(3) $xy'' + y' = 0$;　　　　　　(4) $xy'' = y' + x\sin\dfrac{y'}{x}$;

(5) $y'' = \dfrac{1}{\sqrt{y}}$.

2. 求下列各微分方程满足所给初始条件的解:

(1) $y'' - ay'^2 = 0, y\big|_{x=0} = 0, y'\big|_{x=0} = -1$;

(2) $y'' = 3\sqrt{y}; y\big|_{x=0} = 1, y'\big|_{x=0} = 2$.

3. 设有一质量为 m 的物体,在空中由静止开始下落,如果空气阻力为 $R = cv$(其中 c 为常数,v 为物体运动的速度).试求物体下落的距离 s 与时间 t 的函数关系.

6.5　线性微分方程解的结构

本节主要讨论二阶线性微分方程的解的一些性质,这些性质不难推广到 n 阶线性微分方程.

二阶线性微分方程的一般形式是

$$y'' + P(x)y' + Q(x)y = f(x), \tag{6-34}$$

其中 $P(x), Q(x)$ 及 $f(x)$ 是自变量 x 的已知函数.

当 $f(x) \equiv 0$ 时,方程(6-34)变为

$$y'' + P(x)y' + Q(x)y = 0. \tag{6-35}$$

方程(6-35)称为二阶齐次线性微分方程.

当 $f(x) \not\equiv 0$ 时, 方程(6-34)称为二阶非齐次线性微分方程.

我们先来讨论齐次线性方程(6-35)的解的性质.

定理 6-1 如果函数 $y_1(x)$ 与 $y_2(x)$ 是方程(6-35)的两个解, 那么

$$y = C_1 y_1(x) + C_2 y_2(x) \tag{6-36}$$

也是方程(6-35)的解, 其中 C_1, C_2 是任意常数.

证 将(6-36)式代入(6-35)式的左端, 有

$$[C_1 y_1'' + C_2 y_2''] + P(x)[C_1 y_1' + C_2 y_2'] + Q(x)[C_1 y_1 + C_2 y_2]$$
$$= C_1[y_1'' + P(x)y_1' + Q(x)y_1] + C_2[y_2'' + P(x)y_2' + Q(x)y_2],$$

由于 $y_1(x)$ 与 $y_2(x)$ 是方程(6-35)的两个解, 上式右端方括号中的表达式都恒等于零, 因此整个式子恒等于零, 从而(6-36)式是(6-35)的解.

解(6-36)从形式上来看含有 C_1 与 C_2 两个任意常数, 但它不一定是方程(6-35)的通解. 例如, 设 $y_1(x)$ 是(6-35)的解, 则 $y_2(x) = 2y_1(x)$ 也是(6-35)的解. 这时(6-36)式成为 $y = C_1 y_1(x) + 2C_2 y_2(x) = (C_1 + 2C_2)y_1(x)$, 它可以改写成 $y = Cy_1(x)$, 其中 $C = C_1 + 2C_2$, 这显然不是(6-35)的通解. 那么(6-36)式在什么条件下才是(6-35)的通解呢? 为了解决这个问题, 我们要引入一个新的概念, 即函数的线性相关与线性无关的概念.

设 $y_1(x), y_2(x)$ 是定义在区间 I 内的两个函数, 如果存在两个不全为零的常数 k_1, k_2, 使得在区间 I 内恒有

$$k_1 y_1(x) + k_2 y_2(x) \equiv 0,$$

则称这两个函数在区间 I 内线性相关, 否则称为线性无关.

由上述定义可知, 在区间 I 内两个函数是否线性相关, 只要看它们的比是否为常数. 如果比为常数, 则它们就线性相关, 否则就线性无关.

例如函数 $y = e^x$ 与 $y = 2e^x$ 是两个线性相关的函数, 而 $y = e^x$ 与 $y = e^{2x}$ 是两个线性无关的函数.

有了关于两个函数线性相关与线性无关的概念, 我们有如下关于二阶齐次线性微分方程(6-35)的通解结构的定理.

定理 6-2 如果 $y_1(x)$ 与 $y_2(x)$ 是方程(6-35)的两个线性无关的特解, 则

$$y = C_1 y_1(x) + C_2 y_2(x)$$

就是方程(6-35)的通解, 其中 C_1, C_2 为任意的常数.

例如, 对于二阶齐次线性方程 $y'' + y = 0$(这里 $P(x) \equiv 0, Q(x) \equiv 1$). 易证 $y_1 = \cos x, y_2 = \sin x$ 是它的两个特解, 且 $\dfrac{y_2}{y_1} = \dfrac{\sin x}{\cos x} = \tan x \not\equiv$ 常数, 即它们线性无关. 因此方程 $y'' + y = 0$ 的通解为

$$y = C_1 \cos x + C_2 \sin x.$$

又如, 方程 $y'' - \dfrac{x}{x-1}y' + \dfrac{1}{x-1}y = 0$ 也是二阶齐次线性方程, 容易验证 $y_1 =$

$x, y_2 = \mathrm{e}^x$ 是它的两个特解,且它们线性无关. 因此方程的通解为

$$y = C_1 x + C_2 \mathrm{e}^x.$$

在一阶线性微分方程的讨论中,我们已经看到,一阶非齐次线性微分方程的通解可以表为对应的齐次方程的通解与一个非齐次方程的特解之和. 实际上,二阶及更高阶的非齐次线性方程的通解也具有同样的结构.

定理 6-3　设 $y^*(x)$ 是二阶非齐次线性方程

$$y'' + P(x)y' + Q(x)y = f(x) \tag{6-37}$$

的一个特解,$Y(x)$ 是与(6-35)对应的齐次方程

$$y'' + P(x)y' + Q(x)y = 0 \tag{6-38}$$

的通解,则

$$y = Y(x) + y^*(x) \tag{6-39}$$

是二阶非齐次线性方程(6-37)的通解.

证　将(6-39)式代入方程(6-37)的左端,得

$$(Y + y^*)'' + P(x)(Y + y^*)' + Q(x)(Y + y^*)$$
$$= (Y'' + y^{*\prime\prime}) + P(x)(Y' + y^{*\prime}) + Q(x)(Y + y^*)$$
$$= [Y'' + P(x)Y' + Q(x)Y] + [y^{*\prime\prime} + P(x)y^{*\prime} + Q(x)y^*]$$
$$= 0 + f(x) = f(x),$$

即

$$(Y + y^*)'' + P(x)(Y + y^*)' + Q(x)(Y + y^*) \equiv f(x).$$

所以 $y = Y + y^*$ 是方程(6-37)的解.

另一方面,由于齐次方程(6-38)的通解 $Y = C_1 y_1 + C_2 y_2$ 中含有两个独立的任意常数,所以 $y = Y + y^*$ 中也含有两个独立的任意常数,从而它就是二阶非齐次线性方程(6-37)通解.

例如,方程 $y'' + y = 2\mathrm{e}^x$ 是二阶非齐次线性方程,而 $Y = C_1 \cos x + C_2 \sin x$ 是其对应的齐次方程 $y'' + y = 0$ 通解;又容易验证 $y^* = \mathrm{e}^x$ 是它的一个特解,因此

$$y = C_1 \cos x + C_2 \sin x + \mathrm{e}^x$$

是 $y'' + y = 2\mathrm{e}^x$ 的通解.

本节最后我们再给出一个求二阶非齐次线性微分方程的解常用到的一个定理.

定理 6-4　设 y_1^* 与 y_2^* 分别为

$$y'' + P(x)y' + Q(x)y = f_1(x)$$

与

$$y'' + P(x)y' + Q(x)y = f_2(x)$$

的特解,则 $y_1^* + y_2^*$ 是方程

$$y'' + P(x)y' + Q(x)y = f_1(x) + f_2(x) \tag{6-40}$$

的特解.

证　将 $y_1^* + y_2^*$ 代入方程(6-40)的左端,得

$$y_1^* {}'' + y_2^* {}'' + P(x)(y_1^* {}' + y_2^* {}') + Q(x)(y_1^* + y_2^*)$$
$$= [y_1^* {}'' + P(x)y_1^* {}' + Q(x)y_1^*] + [y_2^* {}'' + P(x)y_2^* {}' + Q(x)y_2^*]$$
$$= f_1(x) + f_2(x),$$

所以 $y_1^* + y_2^*$ 是方程(6-40)的解.

定理 6-4 通常称为二阶非齐次线性微分方程解的叠加原理.

习　题　6.5

1. 判断下列各组函数是线性相关还是线性无关.

(1) x, x^2;　　　　　　　　　　(2) $\sin x, \sin 2x$;

(3) $\ln x, x\ln x$;　　　　　　　　(4) e^x, e^{x+1}.

2. 验证 $y_1 = e^{x^2}, y_2 = xe^{x^2}$ 都是 $y'' - 4xy' + (4x^2 - 2)y = 0$ 的解,并写出该方程的通解.

3. 验证 $\omega \neq 0$ 时,$y_1 = \cos\omega x, y_2 = \sin\omega x$ 是微分方程 $y'' + \omega^2 y = 0$ 的解,并求该方程的通解.

4. 验证 $y = C_1 x^5 + \dfrac{C_2}{x} - \dfrac{x^2}{9}\ln x$ 是微分方程 $x^2 y'' - 3xy' - 5y = x^2\ln x$ 的通解.

5. 设 y_1, y_2, y_3 都是微分方程 $y'' + P(x)y' + Q(x)y = f(x)$ 的解,且 $\dfrac{y_1 - y_3}{y_2 - y_3} \neq$ 常数,求所给方程的通解.

6.6　二阶常系数齐次线性微分方程

本节先讨论二阶常系数齐次线性微分方程及其解法,然后把此解法推广到 n 阶常系数齐次线性微分方程.

1. 二阶常系数齐次线性微分方程及其解法

对于二阶齐次线性微分方程
$$y'' + P(x)y' + Q(x)y = 0, \tag{6-41}$$
如果 y', y 的系数 $P(x)$、$Q(x)$ 均为常数,而(6-41)式成为
$$y'' + py' + qy = 0, \tag{6-42}$$
其中 p, q 均为常数,则方程(6-42)称为二阶常系数齐次线性微分方程.

根据二阶线性方程解的结构,要求(6-42)的通解,只要求出方程(6-42)的两个线性无关的特解 $y_1(x)$ 与 $y_2(x)$,则 $y = C_1 y_1(x) + C_2 y_2(x)$(其中 C_1 与 C_2 为任意常数)就是方程(6-42)的通解.下面讨论这两个特解的求法.

从方程(6-42)的形式看,它的特点是 y'', y' 与 y 各乘常数因子后相加等于零,

而我们知道,当 $r \neq 0$,函数 $y = \mathrm{e}^{rx}$ 和它的各阶导数只相差一个常数因子.因此,我们用 $y = \mathrm{e}^{rx}$ 来尝试,看能否选取适当的常数 r,使 $y = \mathrm{e}^{rx}$ 满足方程(6-42).

设 $y = \mathrm{e}^{rx}$,对它求导有

$$y' = r\mathrm{e}^{rx}, \quad y'' = r^2\mathrm{e}^{rx}.$$

将 y, y', y'' 代入方程(6-42),得

$$(r^2 + pr + q)\mathrm{e}^{rx} = 0.$$

由于 $\mathrm{e}^{rx} \neq 0$,所以

$$r^2 + pr + q = 0. \tag{6-43}$$

由此可见,如果 r 是一元二次方程(6-42)的根,则 $y = \mathrm{e}^{rx}$ 就是方程(6-42)的特解.这样方程(6-42)的求解问题就归结为一元二次方程(6-43)的求根问题了.我们称方程(6-43)为微分方程(6-42)的特征方程,并称特征方程的两个根 r_1, r_2 为特征根.

由初等代数知识,特征根有三种可能的情况,下面分别进行讨论.

1) 特征方程(6-43)有两个不相等的实根 r_1, r_2

此时 $p^2 - 4q > 0$,$\mathrm{e}^{r_1 x}, \mathrm{e}^{r_2 x}$ 是方程(6-42)的两个线性无关的特解,因而齐次方程(6-42)的通解为

$$y = C_1\mathrm{e}^{r_1 x} + C_2\mathrm{e}^{r_2 x}, \tag{6-44}$$

其中 C_1, C_2 为任意常数.

2) 特征方程(6-43)两个相等的实根 $r_1 = r_2$

此时 $p^2 - 4q = 0$,特征根 $r_1 = r_2 = -\dfrac{p}{2}$,这样由特征方程(6-43)只能得到方程(6-42)的一个特解 $y_1 = \mathrm{e}^{r_1 x}$.为此我们设另一特解为 y_2,且 $\dfrac{y_2}{y_1} = u$,即 $y_2 = u\mathrm{e}^{r_1 x}$,其中 u 为待定的函数,将 y_2, y_2', y_2'' 的表达式代入方程(6-42)并整理得

$$[u'' + (2r_1 + p)u' + (r_1^2 + pr_1 + q)u]\mathrm{e}^{r_1 x} = 0.$$

消去非零因子 $\mathrm{e}^{r_1 x}$,得

$$u'' + (2r_1 + p)u' + (r_1^2 + pr_1 + q) = 0.$$

因 r_1 为特征方程(6-43)的重根,所以 $2r_1 + p = 0$,$r_1^2 + pr_1 + q = 0$,于是上式成为

$$u'' = 0.$$

取上述方程的一个特解 $u = x$,就得到方程(6-42)的又一特解 $y_2 = x\mathrm{e}^{r_1 x}$,且 y_1 与 y_2 线性无关,从而得到方程(6-42)的通解为

$$y = (C_1 + C_2 x)\mathrm{e}^{r_1 x}, \tag{6-45}$$

其中 C_1, C_2 为任意常数.

3）特征方程(6-43)有一对共轭虚根 $r_1 = \alpha + i\beta, r_2 = \alpha - i\beta (\alpha, \beta \in \mathbf{R}$，且 $\beta \neq 0)$

此时 $p^2 - 4q < 0$，方程(6-42)的两个特解为

$$y_1 = e^{(\alpha + i\beta)x}, \quad y_2 = e^{(\alpha + i\beta)x},$$

所以，方程(6-42)的通解为

$$y = C_1 e^{(\alpha + i\beta)x} + C_2 e^{(\alpha - i\beta)x}.$$

上述是方程(6-42)的复值函数形式的解，为了得到实值函数形式的通解，为此可借助欧拉公式 $e^{i\theta} = \cos\theta + i\sin\theta$ 将 y_1, y_2 改写为

$$y_1 = e^{(\alpha + i\beta x)} = e^{\alpha x} \cdot e^{i\beta x} = e^{\alpha x}(\cos\beta x + i\sin\beta x),$$
$$y_2 = e^{(\alpha - i\beta x)} = e^{\alpha x} \cdot e^{-i\beta x} = e^{\alpha x}(\cos\beta x - i\sin\beta x),$$

令

$$\overline{y}_1 = \frac{1}{2}(y_1 + y_2) = e^{\alpha x}\cos\beta x,$$

$$\overline{y}_2 = \frac{1}{2i}(y_1 - y_2) = e^{\alpha x}\sin\beta x,$$

由于 $\overline{y}_1, \overline{y}_2$ 仍然是方程(6-42)的解，且 $\dfrac{\overline{y}_2}{\overline{y}_1} = \cot\beta x$ 不是常数，所以方程(6-42)的通解为

$$y = e^{\alpha x}(C_1\cos\beta x + C_2\sin\beta x),$$

其中 C_1, C_2 为任意常数.

我们把这种由二阶常系数齐次线性方程的特征方程的根直接确定其通解的方法称为特征方程法.

例 6-12　求方程 $y'' - 2y' - 3y = 0$ 的通解.

解　方程的特征方程为

$$r^2 - 2r - 3 = 0.$$

它的两个不相等的实根为 $r_1 = -1, r_2 = 3$，所以所求方程的通解为

$$y = C_1 e^{-x} + C_2 e^{3x}.$$

例 6-13　求方程 $y'' - 2y' + y = 0$ 满足初始条件 $y|_{x=0} = 2, y'|_{x=0} = 1$ 的特解.

解　所给方程的特征方程为

$$r^2 - 2r + 1 = 0,$$

它有两个相等的实根 $r_1 = r_2 = 1$，因此所求方程的通解为

$$y = (C_1 + C_2 x)e^x.$$

将条件 $y|_{x=0} = 2$ 代入通解得 $C_1 = 2$，从而

166

$$y = (2 + C_2 x)e^x, \quad y' = (C_2 + 2 + C_2 x)e^x.$$

又 $y'|_{x=0} = 1$，所以 $C_2 = -1$，从而所求满足初始条件的特解为

$$y = (2 - x)e^x.$$

例 6-14 求方程 $y'' + 2y' + 5y = 0$ 的通解.

解 所给方程的特征方程为

$$r^2 + 2r + 5 = 0,$$

它有一对共轭虚根 $r_1 = -1 + 2\mathrm{i}, r_2 = -1 - 2\mathrm{i}$，因而所求通解为

$$y = \mathrm{e}^{-x}(C_1 \cos 2x + C_2 \sin 2x).$$

2. n 阶常系数齐次线性微分方程及其解法

上面讨论的关于二阶常系数齐次线性微分方程所用到的特征方程法，可推广到 n 阶常系数齐次线性微分方程的情形. 这里我们不作详细讨论，只简单叙述如下：

n 阶常系数齐次线性微分方程的一般形式为

$$y^{(n)} + p_1 y^{(n-1)} + \cdots + p_{n-1} y' + p_n y = 0, \tag{6-46}$$

其特征方程为

$$r^n + p_1 r^{n-1} + \cdots + p_{n-1} r + p_n = 0. \tag{6-47}$$

根据特征方程 (6-47) 的根的情况，可依下表直接写出其对应的微分方程的解：

表 6-1 n 阶常系数齐次线性微分方程的解

特征方程的根	微分方程通解中的对应项
单实根 r	给出一项：$C\mathrm{e}^{rx}$
一对单复根 $r_{1,2} = \alpha \pm \mathrm{i}\beta$	给出二项：$\mathrm{e}^{\alpha x}(C_1 \cos\beta x + C_2 \sin\beta x)$
k 重实根 r	给出 k 项：$\mathrm{e}^{rx}(C_1 + C_2 x + \cdots + C_k x^{k-1})$
一对 k 重复根 $r_{1,2} = \alpha \pm \mathrm{i}\beta$	给出 $2k$ 项：$\mathrm{e}^{\alpha x}[(C_1 + C_2 x + \cdots + C_{k-1} x^{k-1})\cos\beta x$ $+ (D_1 + D_2 x + \cdots + D_k x^{k-1})\sin\beta x]$

由代数学知识知道，n 次代数方程有 n 个根（重根按重数计算），而特征方程的每一个根都对应着通解中的一项，且每项各含一个任意常数. 这样我们就得到 n 阶常系数齐次线性微分方程的通解：

$$y = C_1 y_1 + C_2 y_2 + \cdots + C_n y_n.$$

例 6-15 求方程 $y''' - y'' + 4y' - 4y = 0$ 的通解.

解 所给方程的特征方程为

$$r^3 - r^2 + 4r - 4 = 0,$$

即

$$(r-1)(r^2 + 4) = 0.$$

它的特征根为 $r_1 = 1, r_{2,3} = \pm 2i$, 故所求通解为
$$y = C_1 e^x + C_2 \cos 2x + C_3 \sin 2x.$$

习　题　6.6

1. 求下列微分方程的通解:

(1) $y'' + y' = 0$;

(2) $4 \dfrac{\mathrm{d}^2 x}{\mathrm{d}t^2} - 20 \dfrac{\mathrm{d}x}{\mathrm{d}t} + 25x = 0$;

(3) $y'' - 3y' + 2y = 0$;

(4) $y''' - 2y'' + y' - 2y = 0$.

2. 求下列微分方程初值问题的特解:

(1) $\begin{cases} y'' + 5y' + 6y = 0, \\ y\,|_{x=0} = 2, y'\,|_{x=0} = 5; \end{cases}$

(2) $\begin{cases} y'' + 4y' + 29y = 0, \\ y\,|_{x=0} = 0, y'\,|_{x=0} = 15. \end{cases}$

3. 已知二阶常系数齐次线性微分方程的两个特解为 $y_1 = e^x, y_2 = x e^x$, 求该二阶微分方程及其通解.

6.7　二阶常系数非齐次线性微分方程

二阶常系数非齐次线性微分方程的一般形式为
$$y'' + py' + qy = f(x), \tag{6-48}$$
其中 p, q 为常数, $f(x)$ 为不恒为零. 根据我们在 6.6 节讨论的线性微分方程的解的结构定理可知, 只要求出方程 (6-48) 的一个特解及其对应的齐次方程的通解, 两个解相加即得方程 (6-48) 的通解. 由于我们在上一节已经解决了求其对应齐次方程通解的方法, 因此, 在这一节要解决的问题是如何求得方程 (6-48) 的一个特解 y^*.

在一般情形下, 要求出方程 (6-48) 的特解并非易事, 下面, 我们仅仅就 $f(x)$ 的两种常见的情形讨论其特解的求法:

(1) $f(x) = P_m(x) e^{\lambda x}$, 其中 λ 是常数, $P_m(x)$ 是 x 的 m 次多项式:
$$P_m(x) = a_0 x^m + a_1 x^{m-1} + \cdots + a_{m-1} x + a_m;$$

(2) $f(x) = e^{\lambda x}[P_l(x) \cos \omega x + P_n(x) \sin \omega x]$, 其中 λ, ω 为常数, $P_l(x), P_n(x)$ 分别是 x 的 l 次和 n 次多项式, 且有一个可为零.

1. $f(x) = P_m(x) e^{\lambda x}$ 型

在这种情况下, $f(x)$ 是一个多项式与指数函数 $e^{\lambda x}$ 的乘积, 而多项式与指数函数乘积的导数仍是同类型的函数, 因此, 我们推测方程 (6-48) 是有如下形式的特解:
$$y^* = Q(x) e^{\lambda x} \quad (\text{其中 } Q(x) \text{ 为某个多项式}). \tag{6-49}$$
下面的问题是如何选取适当的多项式 $Q(x)$, 使 (6-49) 式满足方程 (6-48). 为此对

(6-49) 式求导得

$$y^{*\prime} = [\lambda Q(x) + Q'(x)]e^{\lambda x},$$

$$y^{*\prime\prime} = [\lambda^2 Q(x) + 2\lambda Q'(x) + Q''(x)]e^{\lambda x}.$$

将 $y^*, y^{*\prime}$ 及 $y^{*\prime\prime}$ 代入方程 (6-48)，整理并消去因子 $e^{\lambda x}$ 得

$$Q''(x) + (2\lambda + p)Q'(x) + (\lambda^2 + p\lambda + q)Q(x) = P_m(x). \tag{6-50}$$

根据 λ 是否为方程

$$y'' + py' + qy = 0 \tag{6-51}$$

的特征方程

$$r^2 + pr + q = 0 \tag{6-52}$$

的特征根,有以下三种情况:

(1) 如果 λ 不是特征方程 (6-52) 的根,则 $\lambda^2 + p\lambda + q \neq 0$,由于 (6-50) 式右端 $P_m(x)$ 是 m 次多项式,要使 (6-50) 式两端恒等,那么 $Q(x)$ 也应为 m 次多项式,因此可设

$$Q(x) = Q_m(x) = b_0 x^m + b_1 x^{m-1} + \cdots + b_{m-1} x + b_m.$$

代入 (6-50) 式,比较等式两端 x 的同次幂的系数,可得以 $b_i(i = 0, 1, 2, \cdots, m)$ 为未知数的 $m+1$ 个方程联立的方程组,确定出这些特定的系数 $b_i(i = 0, 1, 2, \cdots, m)$,即得所求特解

$$y^* = Q_m(x)e^{\lambda x}.$$

(2) 如果 λ 是特征方程 (6-52) 的单根,则

$$\lambda^2 + p\lambda + q = 0, \quad 2\lambda + p \neq 0,$$

要使方程 (6-50) 两端恒等,则 $Q'(x)$ 必须是 m 次多项式,故可设

$$Q(x) = xQ_m(x),$$

用同样的方法来确定 $Q_m(x)$ 的特定系数,从而得到所求特解

$$y^* = xQ_m(x)e^{\lambda x}.$$

(3) 如果 λ 是特征方程 (6-52) 的重根,则

$$\lambda^2 + p\lambda + q = 0, \quad 2\lambda + p = 0.$$

要使方程 (6-50) 两端恒等,则 $Q''(x)$ 必须是 m 次多项式,故可设

$$Q(x) = x^2 Q_m(x).$$

用同样的方法确定 $Q_m(x)$ 的系数后,得到所求方程的特解

$$y^* = x^2 Q_m(x)e^{\lambda x}.$$

以上求二阶常系数非齐次方程特解的方法叫做待定系数法. 并且从上述讨论中,我们得到如下结论:

如果 $f(x) = P_m(x)e^{\lambda x}$,则二阶常系数非齐次线性方程 (6-48) 具有形式为

$$y^* = x^k Q_m(x)e^{\lambda x} \tag{6-53}$$

的特解. 其中 $Q_m(x)$ 是与 $P_m(x)$ 同次的多项式,而 k 按 λ 不是特征方程的根,是特

征方程的单根或特征方程的重根依次取 0、1 或 2.

上述结论可推广到 n 阶常系数非齐次线性微分方程,这时(6-53)式中 k 是特征方根的根 λ 的重数(即 λ 不是特征方程的根,k 取零;λ 是特征方程的 s 重根,k 取 s).

例 6-16 写出下列微分方程的特解形式:

(1) $y'' + 5y' + 6y = e^{3x}$;

(2) $y'' + 2y' + y = -(3x^2 + 1)e^{-x}$.

解 (1) 因 $\lambda = 3$ 不是特征方程 $r^2 + 5r + 6 = 0$ 的根,因此方程的特解形式为
$$y^* = b_0 e^{3x}.$$

(2) 因 $\lambda = -1$ 为特征方程 $r^2 + 2r + 1 = 0$ 的二重根,所以方程的特解形式为
$$y^* = x^2 (b_0 x^2 + b_1 x + b_2) e^{-x}.$$

例 6-17 求微分方程 $y'' - 3y' + 2y = 2xe^x$ 的通解.

解 方程对应的齐次方程 $y'' - 3y' + 2y = 0$ 的两个特征根为 $r_1 = 1, r_2 = 2$,其通解为
$$Y = C_1 e^x + C_2 e^{2x}.$$
由于 $r_1 = 1$ 为特征方程的单根,所以原方程的特解可设为
$$y^* = x(ax + b) e^x.$$
将 $y^*, y^{*\prime}$ 及 $y^{*\prime\prime}$ 代入原方程,得
$$-2ax + (2a - b) = 2x.$$
比较系数,得 $a = -1, b = -2$,故所求通解为
$$y = C_1 e^x + C_2 e^{2x} - x(x + 2) e^x.$$

例 6-18 求方程 $y''' + 3y'' + 3y' + y = e^x$ 的通解.

解 方程对应的齐次方程的特征方程为
$$r^3 + 3r^2 + 3r + 1 = 0.$$
特征根 $r_1 = r_2 = r_3 = -1$,所求齐次方程的通解为
$$Y = (C_1 + C_2 x + C_3 x^2) e^{-x}.$$
由于 $\lambda = 1$ 不是特征方程的根,因此所求方程的特解可设为 $y^* = b_0 e^x$,代入题设方程易知 $b_0 = \dfrac{1}{8}$. 因此原方程的通解为
$$y = Y + y^* = (C_1 + C_2 x + C_3 x^2) e^{-x} + \frac{1}{8} e^x.$$

2. $f(x) = e^{\lambda x} [P_l(x) \cos\omega x + P_n(x) \sin\omega x]$ 型

可以证明,如果 $f(x) = e^{\lambda x} [P_l(x) \cos\omega x + P_n(x) \sin\omega x]$,那么二阶常系数非齐次线性微分方程(6-48)的特解可设为

$$y^* = x^k e^{\lambda x} [R_m^{(1)}(x)\cos\omega x + R_m^{(2)}(x)\sin\omega x], \tag{6-54}$$

其中 $R_m^{(1)}(x), R_m^{(2)}(x)$ 是 m 次多项式, $m = \max\{l, n\}$, 而 k 按 $\lambda + i\omega$ (或 $\lambda - i\omega$) 不是特征方程的根, 或是特征方程的单根依次取 0 或 1.

例 6-19 求微分方程 $y'' - y = e^x \cos 2x$ 的一个特解.

解 对于所给的二阶常系数非齐次线性方程, $f(x)$ 属于 $e^{\lambda x}[P_l(x)\cos\omega x + P_n(x)\sin\omega x]$ 型(这里 $\lambda = 1, \omega = 2, P_l(x) = 1, P_n(x) = 0$).

对应的齐次方程的特征方程为 $r^2 - 1 = 0$, 由于 $\lambda + i\omega = 1 + 2i$ 不是特征方程的根, 所以特解应设为

$$y^* = e^x(a\cos 2x + b\sin 2x).$$

将 $y^*, y^{*\prime}$ 及 $y^{*\prime\prime}$ 代入所给方程并约掉非零项 e^x, 得

$$(-a + b)\cos 2x - (a + b)\sin 2x = \cos 2x,$$

比较两端同类项的系数, 得

$$\begin{cases} -a + b = \dfrac{1}{4}, \\ a + b = 0, \end{cases}$$

因此

$$\begin{cases} a = -\dfrac{1}{8}, \\ b = \dfrac{1}{8}, \end{cases}$$

故所给方程的一个特解为

$$y^* = \frac{1}{8} e^x(\sin 2x - \cos 2x).$$

习 题 6.7

1. 写出下列微分方程的特解形式:

(1) $y'' + 2y' = x + 1$;   (2) $y'' - 6y' + 9y = e^{3x}$;

(3) $y'' + 4y = x\cos x$.

2. 求下列微分方程的通解;

(1) $y'' + y' + 2y = x^2 - 3$;   (2) $y'' + y = e^x$;

(3) $y'' + 3y' + 2y = 3xe^{-x}$;   (4) $y'' + y = e^x + \cos x$.

3. 求下列微分方程满足所给初始条件的特解

(1) $\begin{cases} y'' - 4y' = 5, \\ y\,|_{x=0} = 1, y'\,|_{x=0} = 0; \end{cases}$ (2) $\begin{cases} y'' - y = 4xe^x, \\ y\,|_{x=0} = 0, y'\,|_{x=0} = 1. \end{cases}$

4. 一个质量为 m 的质点从水面由静止开始下沉, 所受阻力与下沉速度成正比 (比例系数为 k). 求此质点下沉深度 x 与时间 t 的函数关系.

复习题六

1. 填空题

(1) 微分方程是指_____;

(2) 微分方程的通解是指_____;

(3) 如果 $y = e^x, y = e^{3x}$ 是某二阶常系数齐次线性微分方程的两个解,则该微分方程为_____;

(4) 以 $y = Cx^2 + x$ (C 为任意常数) 为通解的微分方程是_____;

(5) 微分方程 $y'' - y' - 2y = xe^x$ 的一个特解可设为_____.

2. 求下列微分方程的通解:

(1) $xy'\ln x + y = x(\ln x + 1)$;

(2) $e^y dx = (2y - xe^y)dx$;

(3) $yy'' - y'^2 = 0$;

(4) $y'' + 4y = \dfrac{1}{2}\sin 2x$.

3. 求下列微分方程满足初始条件的特解:

(1) $\begin{cases} \dfrac{dy}{dx} + y\cot x = 5e^{\cos x}, \\ y\,|_{x=\frac{\pi}{2}} = -4; \end{cases}$
  (2) $\begin{cases} y'' - 2y' = e^x(x^2 + x - 3), \\ y\,|_{x=0} = 2, y'\,|_{x=0} = 2. \end{cases}$

4. 设可导函数 $\varphi(x)$ 满足

$$\varphi(x)\cos x + 2\int_0^x \varphi(t)\sin t\,dt = x + 1,$$

求 $\varphi(x)$.

5. 已知某曲线经过点 $(1,1)$,它的切线在纵轴上的截距等于切点的横坐标,求它的方程.

6. 细菌是通过分裂而繁殖的,细菌繁殖的速率与当时细菌的数量成正比(比例系数 $k_1 > 0$),在细菌培养液中加入毒素可将细菌杀死,毒素杀死细菌的速度与当时的细菌数量和毒素浓度之积成正比(比例系数 $k_2 > 0$). 现在假设时刻 t 时的细菌数量为 $y(t)$, $t = 0$ 时 $y = y_0$. 又设毒素浓度始终保持为常数 d.

(1) 求出细菌数量随时间变化的规律;

(2) 当 $t \to +\infty$ 时,细菌的数量将发生怎样的变化?(分 $k_1 - k_2 d$ 大于零、等于零、小于零三种情况讨论).

第7章

数 学 实 验

实验是科学研究的基本方法之一,数学作为科学的基础,也需借助实验方法来获得新知. 数学实验是在典型环境或特定条件下所进行的一种发现某种数学理论的探索活动,其特征是通过实际尝试,产生假设或猜想,然后加以验证,最终形成有待于严密论证的数学命题,或者是形成解决问题的思路.

本章将介绍数学常用的 Mathematica 软件的基本知识及一些简单易做的数学实验. 目的是使同学们通过亲自动手做数学,进一步了解数学的意义,学会使用数学.

7.1   Mathematica 软件简介

1. 符号计算系统与 Mathematica 软件

一提起计算机求解数学问题人们立刻想到的是数值求解,这是因为计算机的早期应用范围主要是数值求解. 但数值求解只是计算机求解的一个方面,计算机求解数学问题的另一方面是处理数学表达式. 用计算机处理数学表达式的学问称为符号计算或计算机代数,它专门研究使用计算机进行数学公式推导与符号演算的理论和方法.

符号计算系统是包括数值计算、符号计算、图形演示和程序设计等四个部分的计算机数学软件. 其对象几乎涉及所有的数学分支. 这当然包括各种数学表达式的化简,多项式的四则运算,求最大公因式,因式分解,求常微分方程和偏微分方程的解函数,各种特殊函数的推导,函数的级数展开,矩阵的各种运算以及线性方程组的求解等等.

Mathematica 软件是美国 Wolfram 研究公司开发的符号计算系统. 其创始人 Stephen Wolfram 是当今科学计算的领军人物,他领导一个小组开发了 Mathematica 软件,并负责该软件的总体设计和大部分核心代码的编写. 1987 年推出了该软件的 1.0 版,以后不断升级更新.

Mathematica 软件集符号运算、数值计算与图示显示功能于一体,并且还是功能强大的程序设计语言. 它可以定义用户需要的各种函数,完成用户需要的各种工作. 系统本身还提供了一大批用这个语言写出的专门程序和软件包.

Mathematica软件因为这些优点而成为了"数学模型"和"数学实验"课程最好的工具之一.

2. 基本知识

在 Windows 桌面的"开始"菜单中单击"Mathematica"就进入了该软件的 Notebook 窗口. 软件暂时给 Notebook 取名为 Untitled-1,直到用户保存时另命名为止. 现在 Mathematica 已经准备好接受用户的指令,一切都已准备就绪.

输入一些基本的命令,如键入 1+2+3+4,Notebook 窗口将作相应的变化,当竖条状标示在公式所在行的最右边出现时,同时按下 Shift 键和 Enter 键,Mathematica 就开始运算以上表达式,然后将结果返回到 Notebook 上,即

In[1]:= 1+2+3+4

Out[1]:= 10

在 Mathematica 中的这些输入都称为表达式,Mathematica 的工作过程实际上是表达式的不断求值的过程,我们可以看到 Mathematica 自动给每一个输入与输出编号,分别为 In[n] 和 Out[n],在整个运行的过程中,可以引用以前的输入与输出. 今后在书写程序时,我们往往省略 In[n] 和 Out[n],也常不给出结果. 因为所有的例子均在 Mathematica 软件中测试过,同学们只要在实际的计算机环境下运行,都应当能得到相同的结果.

Mathematica 系统包含前端与核心两大部分,由核心进行实际运算,前端负责与用户交流. 一般情况下,系统核心并不是预先装入的,当你的第一个指令(即按下 Shift 和 Enter 键时)下达时,核心才开始装载、运行,这可以解释为什么在做第一次运算时,哪怕是 1+2+3+4 都要花费一些时间. 但请不要对 Mathematica 失去信心,核心通常只需装载一次,之后的运算将会变得很快. 比如,希望 Mathematica 求 100 的阶乘的准确值,当你按下 Shift 键和 Enter 键后,结果马上就出来了.

学习 Mathematica 的一个很好的途径是利用它的"Help"菜单. 在这个帮助菜单中除了提供必要的函数,基本操作的指导外,还有一本电子图书(The Mathematica Book),它是学习 Mathematica 软件的一本很全面的教材.

3. Mathematica 的数值计算与符号演算

下面我们介绍 Mathematica 的数值计算与符号演算功能.

Mathematica 可以作为一个功能超强的计算器来使用. 对于基本的运算如加、减、乘、除和乘方分别用 +、-、*、/ 和 ^ 表示,其运算的次序和通常的数学习惯完全一样,即先乘除后加减,如果有乘方,乘方优先于乘除. 也可以用圆括号(和)来

改变运算的次序,圆括号可以嵌套使用. 乘号可以用空格代替,在没有歧义的情况下可以省略. 值得注意的是方括号[和]与花括号{和}有另外的用途,在一般表达式中就不要使用了.

例 7-1　计算:

(1) $2+5+8\times6-7^2$;

(2) $\dfrac{1}{2}+\dfrac{1}{3}$;

(3) $3(1+2)(2+3)$.

解　In[1]: = 2 + 5 + 8* 6 - 7^2

Out[1]: = 6

In[2]: = 1/2 + 1/3

Out[2]: = $\dfrac{5}{6}$

In[3]: = 3(1+ 2)(2+ 3)

Out[3]: = 45

Mathematica 不但可以十分方便的作为计算器来使用,还可以处理常用的数学函数,复数等,并能达到足于满足需要的精度.

例 7-2　计算:

(1) $10!$　　(2) $\cos\dfrac{\pi}{3}\cdot\sin\dfrac{\pi}{3}$;　　(3) $\sqrt{-9}$.

解　In[4] = 10!

Out[4] = 3628800

In[5]: = Cos[Pi/3]Sin[Pi/3]

Out[5]: = $\dfrac{\sqrt{3}}{4}$

In[6]: = Sqrt[- 9]

Out[6]: = 3I

例 7-3　对多项式 $x^3-12x^2-145x+1716$ 进行因式分解.

解　In[7]: = Factor[x^3- 12x^2- 145x+ 1716]

Out[7]: = (- 13+ x) (- 11+ x) (12+ x)

上面的!表示一个数的阶乘,I 表示虚数单位,Pi 表示圆周率 π,类似的还有 E(表示自然对数底 e),Degree(角度,即 Pi/180),Infinity(表示无穷大 ∞). 例子中出现的 Cos,Sin,Sqrt,Factor 等均是 Mathematica 的函数,函数的自变量或参数用方括号[和]括起来. 值得注意的是,Mathematica 中的函数名与其他符号名一样,都是区分大小写的,也就是说,Cos 不能写成 cos. 以下是一些常用的数学函数.

表 7-1　Mathematica 中常用数学函数的表示

函数	含义
Sqrt[x]	求数 x 的平方根
Exp[x]	x 的指数函数 e^x
Log[x],Log[b,x]	自然对数和指定底为 b 的对数
Sin[x],Cos[x],Tan[x]	正弦函数,余弦函数,正切函数
ArcSin[x],ArcCos[x],ArcTan[x]	反三角函数
Abs[x]	实数 x 的绝对值或复数 x 的模
Round[x]	最接近实数 x 的整数
Quotient[n,m]	n 除以 m 的商
Random[]	取 0 到 1 之间的一个伪随机数
N[expr]	以实数形式输出表达式 expr
N[expr,n]	以 n 位精度的实数形式输出表达 expr
Factor[expr]	对多项式 expr 进行因式分解

这里 expr 表示表达式. 具体的使用及更多的函数可以参看 The Mathematica Book.

使用 Mathematica 还可以做微积分运算,也可以解方程(组).

例 7-4　计算 $\dfrac{\mathrm{d}}{\mathrm{d}x}(x^2\sin x)$.

解　In[8]:= D[x^2Sin[x],x]

Out[8]:= x²Cos[x] + 2xSin[x]

例 7-5　计算不定积分 $\displaystyle\int x^2\sin x\mathrm{d}x$.

解　In[9]:= Integrate[x^2Sin[x],x]

Out[9]:= - (- 2 + x²)Cos[x] + 2xSin[x]

例 7-6　计算定积分 $\displaystyle\int_{1.1}^{1.3}\dfrac{\cos x+2}{\sin^2 x}\mathrm{d}x$.

解　In[10]:= Integrate[(Cos[x] + 2)/Sin[x]^2,{x,1.1,1.3}]

Out[10]:= 0.546958

例 7-7　解方程组

$$\begin{cases}3x-2y=5,\\ x+y=5.\end{cases}$$

解　In[11]:= Solve[{3x - 2y == 5,x + y == 5},{x ,y}]

Out[11]:= {{x → 3,y → 2}}

这里 → 表示规则(Ruler),如果 $x → 3$,表示 x 用 3 代替或者变换 x 为 3.

4. Mathematica 的图形功能

Mathematica 具有强大而灵活的作图能力. 一般的二维图形采用 Plot 函数来作图,三维图形采用 Plot3D 函数来作图. 另外还可以用 ParametricPlot 和 ParametricPlot3D 函数来绘制平面曲线、空间曲线和曲面的图形. 下面举例说明.

例 7-8　绘制 $y = \sin x$ 在 $[-2\pi, 2\pi]$ 范围的图像.

解　In[12]:= Plot[Sin[x],{x,-2Pi,2Pi}]

　　　　Out[12]:=-Graphics-

结果见图 7-1.

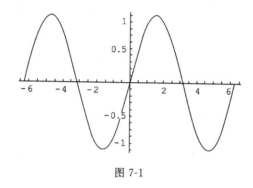

图 7-1

例 7-9　绘制 $y = x\sin\dfrac{1}{x}, x \in [-0.5, 0.5]$ 的图像.

解　In[13]:= Plot[x Sin[1/x],{x,-0.5,0.5}]

　　　　Out[13]:=-Graphics-

见图 7-2.

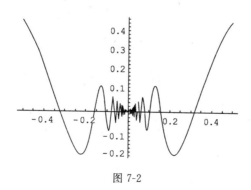

图 7-2

例 7-10　绘制 $z = \sin xy$ 在 $\{(x,y) \,|\, -\pi \leqslant x \leqslant \pi, -2 \leqslant y \leqslant 2\}$ 范围内的图像.

解　In[14]:= Plot3D[Sin[x,y],{x,-Pi,Pi},{y,-2,2},PlotPoints→45,Axes

```
    → False, Boxed → False]
Out[14]:=-Graphics-
```

见图 7-3.

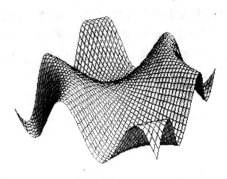

图 7-3

例 7-11 绘出圆锥面

$$\begin{cases} x = v\cos u \\ y = v\sin u, \\ z = v \end{cases}$$

的图形.

解 `In[15]:= ParametricPlot3D[{v* Cos[u],v* Sin[u],v},{v,-1,1},`
`{u,0,2Pi},Boxed→False,Axes→{None}]`

`Out[15]:=-Graphics-`

见图 7-4.

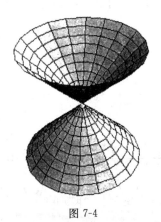

图 7-4

限于篇幅,这里不可能对 Mathematica 作完整介绍,希望通过这些简单例子使同学们对这个软件有所了解. 更进一步地学习,大家可以阅读 The Mathematica Book.

7.2　函数性态研究

本节将运用 Mathematica 软件的符号计算功能和绘图功能来做有关函数性态的实验,体会在一元微积分学习中关于函数性态的诸多结论的正确性.

1. 自定义函数

Mathematica 系统内部定义有几百种函数,大致可分为通常数学中的常用函数,例如 Sin[x],Cos[x];实现某些数学运算的函数,如 Factor[expr];完成某些操作的命令函数,如 Plot. 我们常不加区别地统称为函数.

要了解系统内某一函数的信息,可以键入?或??来从系统中获取帮助信息.

例 7-12　向系统查询求和函数 Sum 的用法.

解　?Sum

或者

```
??Sum
```

例 7-13　显示所有以 Plot 为开头的函数.

解　?Plot*

除了使用 Mathematica 内部定义的函数外,往往还要自定义一些函数,自定义函数的方法如下.

例 7-14　定义函数 $f(x) = ax^2 + bx + c$.

解　键入

```
f[x_]: = a* x^2+b* x+c
```

按下 Shift 键和 Enter 键后,函数就可以使用了.

例 7-15　定义函数 $g(x) = \sin x + 2\cos x$,并求 $g\left(\dfrac{\pi}{3}\right)$.

解　g[x_]: = Sin[x] + 2Cos[x];

　　　g[Pi/3]

这里分号表示由一串命令组成的过程(或称为复合表达式).

2. 函数的极限与求导运算

在求一个函数的极限之前,可以用 Plot 命令非常方便地看到函数在某点附近的情况. 例如,可以用下面的命令观察函数 Sin[x]/x 在零点附近的情况

```
Plot[Sin[x]/x,{x, - 2Pi,2Pi}]
```

这样的图对于我们理解一个函数的性态很有帮助. 接下来求 $\lim\limits_{x\to 0}\dfrac{\sin x}{x}$:

```
Limit[Sin[x]/x,x → 0]
```

这里 Limit 是求极限的函数(命令),→ 用减号和大于号来实现输入. 运行后,可得到重要极限 $\lim\limits_{x\to 0}\dfrac{\sin x}{x}=1$.

类似地,为了研究重要极限 $\lim\limits_{x\to\infty}\left(1+\dfrac{1}{x}\right)^x$,可以首先定义函数

```
h[x_]:= Exp[x* Log[1+1/x]]
```

然后绘制函数 $h(x)$ 在较大范围里的图形

```
Plot[h[x],{x,-50,50}]
```

通过图像观察 x 趋向无穷大时的性态,最后求极限

```
Limit[h[x],x→ Infinity]
```

这样我们得到 $\lim\limits_{x\to\infty}\left(1+\dfrac{1}{x}\right)^x=\mathrm{e}$.

实验 7-1 观察函数 $y=x^4\sin\dfrac{1}{x}$ 在 $x=0$ 附近的图像,然后求极限 $\lim\limits_{x\to 0}x^4\sin\dfrac{1}{x}$.

实验 7-2 观察函数 $y=\sin\dfrac{1}{x}$ 在远离坐标原点处的图像,然后求极限 $\lim\limits_{x\to\infty}\sin\dfrac{1}{x}$.

下面我们举例说明如何求函数的导数.

例 7-16 求函数 $y=x^5+4x^2-5$ 的导数.

解
```
y[x_]:= x^5+4x^2-5;
D[y[x],x]
```

或者

```
D[x^5+4x^2-5,x]
```

例 7-17 求函数 $y=2x^3\sin 2x$ 的导数.

解
```
W[x_]:= 2x^3Sin[2x];
D[W[x],x]
```

或者

```
D[2x^3Sin[2x],x]
```

例 7-18 求函数 $y=4x^n\sin(2x)$ 的二阶导数.

解
```
u[x_]:= 4x^nSin[2x];
D[u[x],{x,2}]
```

练习 7-1 求函数 $y=\sin^3 x\cos^2 x$ 的导数.

练习 7-2 求函数 $y=\dfrac{x-1}{x^2+1}$ 的导数.

练习 7-3 求函数 $y=\mathrm{e}^x+\ln x$ 的二阶导数.

3. 通过绘制函数图像来了解函数的性态

在前面已经提到绘图函数 Plot、ParametricPlot 等,但没有提及这类函数中的

可选项. Mathematica 允许用户设置可选项值对绘制图形的细节提出各种要求. 每一个可选项都有一个确定的名称,以"可选项名 → 可选项值"的形式放在 Plot 函数中. 一次可设置多个可选项,可选项间以逗号隔开. 当然,也可以不设置任何可选项. 下面举例说明如何在 Plot 函数中加入可选项.

例 7-19　绘制函数 $v(x) = (x^2 - x)\sin x$ 的图像,并在坐标轴上分别标记 $x, v(x)$.

解　`Plot[(x^2 - x)Sin[x],{x,2,16},AxesLabel → {"x","v(x)"}]`

例 7-20　在同一坐标系中分别绘出 $y = \sin x$, $y = \cos x$ 的图像,并用不同颜色区别两条曲线.

解　`Plot[{Sin[x],Cos[x]},{x,0,4Pi},`
　　`PlotStyle → {RGBColor[0,1,1],Graylevel[0.5]}]`

例 7-21　在同一坐标系中绘出 $y = \sin x$, $y = \sin 2x$, $y = \sin 4x$ 的图像,并用不同粗细的曲线加以区分.

解　`Plot[{Sin[x],Sin[2x],Sin[4x]},{x,0,2Pi},`
　　`PlotStyle → {{Thickness[0.01],Thickness[0.15],Thickness[0.02]}}]`

例 7-22　在同一坐标系中绘出 $y = x^2$, $y = x^3$, $y = x^4$ 的图像,并用不同的点划线来区分.

解　`Plot[{x^2,x^3,x^4},{x,-1,1},`
　　`PlotStyle → {{Dashing[{0.01,0.02,0.01,0.02}],Dashing[0.02],`
　　`Dashing[0.03]}}]`

在 Mathematica 中绘制参数方程所表示的曲线的命令是 ParametricPlot. 举例说明如下.

例 7-23　绘制星形线

$$\begin{cases} x = 2\cos^3 t, \\ y = 2\sin^3 t, \end{cases} \quad t \in [0, 2\pi]$$

的图像.

解　`ParametricPlot[{2Cos[t]^3,2Sin[t]^3},{t,0,2Pi},`
　　`PlotStyle → {RGBColor[1,0,0],AspectRatio → 1}].`

实验 7-3　对不同的系数 a, b, c, d 作出三次函数

$$ax^3 + bx^2 + cx + d \quad (a \neq 0)$$

的图像. 研究其单调性、凹凸性及极值点,并利用求导工具验证你的判断.

实验 7-4　在同一坐标系中绘出可以区别的函数 $f(x)$, $f'(x)$, $f''(x)$ 的图像,验证一阶导数的符号对 $f(x)$ 单调性及二阶导数的符号对 $f(x)$ 的凹凸性的判别作用.

实验 7-5　作有理函数 $y = 1 + \dfrac{36x}{(x+3)^2}$ 的图像,并研究其单调区间,凸凹区间,拐点,极值及渐近线.

7.3 方程近似解

在一元微积分中我们学习了零点定理. 对于在闭区间 $[a,b]$ 上连续的函数 $y=f(x)$,若有 $f(a)f(b)<0$,则在开区间 (a,b) 内至少有一个根. 本节将运用实验方法来求方程的根.

1. 迭代与不动点

函数迭代是数学研究中的一个非常重要的思想. 迭代在各种数值计算算法以及其他科学领域中的诸多算法中处于核心地位. 给定某个连续函数 $f(x)$ 以及一个初值 x_0,定义数列

$$x_{n+1} = f(x_n) \quad (n=0,1,2,\cdots),\tag{7-1}$$

这个数列称为 $f(x)$ 的一个迭代数列.

如果数列 $\{x_n\}$ 收敛于某个 x^*,(7-1)式两端取极限,则有

$$x^* = f(x^*),$$

即 x^* 是方程 $x=f(x)$ 的一个根,x^* 也称为函数 $f(x)$ 的不动点. 由此启发我们用如下方法求方程 $g(x)=0$ 的近似解. 即将方程 $g(x)=0$ 改写为等价的方程 $x=g(x)+x$,然后令 $f(x)=g(x)+x$. 选取某一初值 x_0,利用(7-1)式做迭代. 如果迭代数列 $\{x_n\}$ 收敛,则数列 $\{x_n\}$ 的极限就是方程 $g(x)=0$ 的解.

在 Mathematica 中,迭代过程语句是

```
NestList[f,x₀,m]
```

其中 f 是方程 $x=f(x)$ 右边的函数或表达式,x_0 与 m 分别是迭代的初始值与迭代次数.

例 7-24 求方程 $\cos x - x^3 - 1 = 0$ 的非零解.

解 首先将给定方程化为等价方程

$$x = \cos x - x^3 + x - 1.$$

取初始值为 $x_0 = -0.5$,迭代 40 次. 程序如下

```
f[x_]:=Cos[x]-x^3+x-1;
NestList[f,-0.5,40]
```

实验 7-6 求方程 $e^{2x}\sin x - \cos x = 0$ 在 0.5 附近的近似解.

实验 7-7 求方程 $x^3 - 2x + 1 = 0$ 的根.

实验 7-8 在什么值处 $\cos x = 2x$?

2. 牛顿法

牛顿法也称为切线法,它要求函数 $f(x)$ 可导,利用曲线的切线来代替曲线,即

曲线的局部线性化,其几何意义如图 7-5.

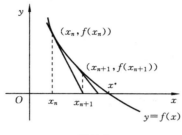

图 7-5

计算公式是

$$x_{n+1} = x_n - \frac{f(x_n)}{f'(x_n)} \quad (n = 0, 1, 2, \cdots). \tag{7-2}$$

从初始值 x_0 开始,假设已算出 x_n,从 x_n 作 Ox 轴的垂线与 $y = f(x)$ 交于点 $M_n(x_n, f(x_n))$,再从点 M_n 引曲线 $y = f(x)$ 的切线 $M_n T_n$ 与 Ox 交于 x_{n+1},如此继续. 切线 $M_n T_n$ 的方程是

$$y - f(x_n) = f'(x_n)(x - x_n).$$

令 $y = 0$,可解得 x_{n+1},即表达式(7-2).

如果极限 $\lim\limits_{n \to \infty} x_n = x^*$ 存在,则该极限就是方程 $f(x) = 0$ 的一个根. 在实际计算中,常将充分大的 n 相应的 x_n 作为方程的近似解.

例 7-15　求方程 $x^2 - 2 = 0$ 的正根.

解　令 $f(x) = x^2 - 2$,则 $f'(x) = 2x$. 于是牛顿法迭代公式为

$$x_{n+1} = x_n - \frac{x_n^2 - 2}{2x_n},$$

也即

$$x_{n+1} = \frac{x_n}{2} + \frac{1}{x_n}.$$

右端表达式为 $\frac{x}{2} + \frac{1}{x}$,程序如下:

```
NestList[x/2 + 1/x, 1, 5]
```

例 7-26　用牛顿法求方程 $x^3 - x - 1 = 0$ 的根.

解　令 $f(x) = x^3 - x - 1$,则 $f'(x) = 3x^2 - 1$,于是得到牛顿迭代公式

$$x_{n+1} = x_n - \frac{x_n^3 - x_n - 1}{3x_n^2 - 1},$$

也即

$$x_{n+1} = \frac{2x_n^3 + 1}{3x_n^2 - 1}.$$

右端表达式为 $\dfrac{2x^3+1}{3x^2-1}$. 程序设计如下

```
NestList[(2x^3+1)/(3x^2-1),1,5]
```

实验 7-9　用牛顿法求方程 $x^3+3x+1=0$ 的一个实根.

实验 7-10　作图求曲线 $y=x^3$ 与 $y=3x+1$ 的交点的坐标,再用牛顿法求方程 $x^3-3x-1=0$ 的根. 验证你的判断.

实验 7-11　用零点定理证明 $y=x^3-2x-4$ 在 $x=1$ 和 $x=2$ 之间有一个零点,再求出这个零点.

3. 二分法

设函数 $f(x)$ 在区间 $[a,b]$ 上连续,$f(a)f(b)<0$,且方程 $f(x)=0$ 在 (a,b) 内仅有一个实根 x^*,则我们可以采用二分法来求出这个实根. 具体做法是:

取 $[a,b]$ 的中点 $x_1=\dfrac{a+b}{2}$,计算 $f(x_1)$.

如果 $f(x_1)=0$,那么 $x^*=x_1$;否则,如果 $f(x_1)$ 与 $f(a)$ 同号,则取 $a_1=x_1$,$b_1=b$,由 $f(a_1)f(b_1)<0$ 知,$a_1<x^*<b_1$,且 $b_1-a_1=\dfrac{1}{2}(b-a)$;如果 $f(x_1)$ 与 $f(b)$ 同号,则取 $a_1=a,b_1=x_1$,那么 $a_1<x^*<b_1$,且 $b_1-a_1=\dfrac{1}{2}(b-a)$.

以 $[a_1,b_1]$ 作为新的 $[a,b]$ 重复上述做法,我们就可以得到任意精度的 x^* 的近似解.

例 7-27　用二分法求方程
$$x^3+1.1x^2+0.9x-1.4=0$$
的实根的近似值.

解　令 $f(x)=x^3+1.1x^2+0.9x-1.4$,由于 $f(0)=-1.4<0,f(1)=1.6>0$,及在 $[0,1]$ 内有 $f'(x)>0$,故 $f(x)$ 在 $[0,1]$ 内有唯一实根. 程序如下

```
f[x_]:= x^3+ 1.1x^2+ 0.9x- 1.4;
a = 0;b = 1;n = 25;
Do[{c = (a+b)/2;
    If[Abs[f[c]] < 10^(-5),Return[c],
     If[f(a)f(c) > 0,{a = c},{b = c}]]},
  {n}]
```

在上面的例题中,我们使用了循环语句与条件语句. 循环语句 Do 的一般形式为

$$\text{Do}[循环体,\{循环次数\}]$$

条件语句 If 的一般形式为

$$\text{If}[逻辑表达式,表达式 1,表达式 2]$$

当逻辑表达式的值是 True 时,执行表达式 1,当逻辑表达式的值是 False 时,执行表达式 2. Return 语句帮助退出循环,并返回 c 的值.

实验 7-12　试证明方程 $x^3 - 3x^2 + 6x - 1 = 0$ 在区间 $(0,1)$ 内有唯一的实根,并用二分法求这个根的近似值.

实验 7-13　试证明方程 $x^5 + 5x + 1 = 0$ 在区间 $(-1,0)$ 内有唯一的实根,并用二分法求这个根的近似值.

7.4　圆周率 π 的计算

圆周率 π 是平面上圆的周长与直径的比值,它是一个无理数,等于 3.141 592 6 ……. 早在我国秦汉时期,人们就把 3 作为它的近似值,后来魏晋时期的数学家刘徽将它改进为 3.14. 祖冲之进一步得到 π 的近似值 $\frac{22}{7}$(约率)和 $\frac{355}{113}$(密率),密率化成小数后等于 3.141 592…,与 π 的误差在 10^{-6} 以内,显示了我国古代数学家达到了很高的数学成就.

现在利用计算机作为工具,已经可以计算到 π 的小数点后数万位. 但这是怎么实现的呢?本节我们就尝试用几种方法来计算 π 的近似值.

1. 数值积分法

由于
$$\int_0^1 \frac{4}{1+x^2} dx = 4\arctan x \big|_0^1 = 4(\arctan 1 - \arctan 0) = 4\left(\frac{\pi}{4} - 0\right) = \pi,$$

所以通过计算定积分 $\int_0^1 \frac{4}{1+x^2} dx$ 可以求出 π 的近似值. 但一般地要计算定积分 $S = \int_a^b f(x) dx$,当 $f(x) \geqslant 0$ 时,就是要计算曲线 $y = f(x)$ 与直线 $y = 0, x = a, x = b$ 所围成的曲边梯形的面积. 为此,我们用一组平行于 y 轴的直线 $x = x_i (1 \leqslant i \leqslant n, a = x_0 < x_1 < \cdots < x_{n-1} < x_n = b)$ 将曲边梯形分成 n 个底边长度相等的曲边梯形,计算出这 n 个小曲边梯形的面积的近似值. 再作和就得到 S 的近似值.

由于是将区间 $[a,b]$ n 等分,即 $x_i = a + \frac{i}{n}(b-a), 0 \leqslant i \leqslant n$,所有小曲边梯形的宽度均为 $\Delta x = \frac{b-a}{n}$. 记 $y_i = f(x_i)$,在小区间 $[x_{i-1}, x_i]$ 上,取 $\xi_i = x_{i-1}$,则有
$$\int_a^b f(x) dx = \lim_{n \to \infty} \frac{b-a}{n} \sum_{i=1}^n f(x_{i-1}).$$

从而对于任一确定的正整数 n 有

$$\int_a^b f(x)\mathrm{d}x \approx \frac{b-a}{n}\sum_{i=1}^{n} f(x_{i-1}) = \frac{b-a}{n}(y_0 + y_1 + \cdots + y_{n-1}). \qquad (7\text{-}3)$$

如果取 $\xi_i = x_i$,则可得近似值

$$\int_a^b f(x)\mathrm{d}x \approx \frac{b-a}{n}(y_1 + y_2 + \cdots + y_n). \qquad (7\text{-}4)$$

以上求定积分近似值的方法称为矩形法. 公式(7-3)、(7-4) 称为矩形法公式.

矩形法的几何意义是:用窄条矩形的面积作为小曲边梯形的面积的近似值.

如果将曲线 $y = f(x)$ 上的小弧段 $\overset{\frown}{M_{i-1}M_i}$ 用直线段 $\overline{M_{i-1}M_i}$ 代替. 也就是把小曲边梯形用窄条梯形代替,我们得到定积分的近似值为

$$\int_a^b f(x)\mathrm{d}x \approx \frac{b-a}{n}\left(\frac{y_0 + y_1}{2} + \frac{y_1 + y_2}{2} + \cdots + \frac{y_{n-1} + y_n}{2}\right)$$

$$= \frac{b-a}{n}\left(\frac{y_0 + y_n}{2} + y_1 + y_2 + \cdots + y_{n-1}\right). \qquad (7\text{-}5)$$

这个公式称为梯形法公式. 显然,梯形法公式(7-5)就是矩形法公式(7-3) 和(7-4) 所得的两个近似值的平均值.

如果将 $y = f(x)$ 上的两个小弧段 $\overset{\frown}{M_{i-1}M_i}$ 和 $\overset{\frown}{M_iM_{i+1}}$ 合起来,用过 M_{i-1}、M_i、M_{i+1} 这三点的抛物线 $y = px^2 + qx + r$ 代替,经推导可得以此抛物线弧段为曲边,以 $[x_{i-1}, x_{i+1}]$ 为底的曲边梯形面积为

$$\frac{1}{6}(y_{i-1} + 4y_i + y_{i+1})2\Delta x = \frac{b-a}{3n}(y_{i-1} + 4y_i + y_{i+1})$$

取 n 为偶数,得到定积分的近似值为

$$\int_a^b f(x)\mathrm{d}x \approx \frac{b-a}{3n}((y_0 + 4y_1 + y_2) + (y_2 + 4y_3 + y_4) + \cdots\cdots + (y_{n-2} + 4y_{n-1} + y_n))$$

$$= \frac{b-a}{3n}(y_0 + y_n + 4(y_1 + y_3 + \cdots + y_{n-1}) + 2(y_2 + y_4 + \cdots + y_{n-2}))$$

$$(7\text{-}6)$$

这个公式称为辛普逊公式.

例 7-28　分别用矩形法公式. 梯形法公式和辛普逊公式计算定积分 $\int_0^1 \frac{4}{1+x^2}\mathrm{d}x$ 的近似值.

解　程序如下:

```
a = 0;b = 1;y[x_]:= 4/(1+x^2);
n = 1000;
pivalue1 = N[(b-a)/n* Sum[y[a+i* (b-a)/n],{i,1,n}],50]
pivalue2 = N[(b-a)/n* (Sum[y[a+i(b-a)/n],{i,1,n-1}]+
           (y[a]+ y[b])/2),50]
pivalue3 = N[(b-a)/(3* n)* (y[a]+y[b]+4* Sum[y[a+i* (b-a)/n],
```

```
{i,1,n-1,2}]+2* Sum[y[a+i* (b-a)/n],{i,2,n-2,2}]),50]
```

上面程序的最后三个语句分别加以执行,就获得了矩形法公式、梯形法公式和辛普逊公式算得的定积分 $\int_0^1 \dfrac{4}{1+x^2}dx$ 的近似值,也是圆周率 π 的近似值.

练习7-4　已知 $\ln2 = \int_0^1 \dfrac{1}{1+x}dx$,试用矩形法公式、梯形法公式和辛普逊公式求 ln2 的近似值.

2. 泰勒级数法

利用反正切函数的泰勒级数

$$\arctan x = x - \frac{x^3}{3} + \frac{x^5}{5} - \cdots + (-1)^{k-1}\frac{x^{2k-1}}{2k-1} + \cdots \tag{7-7}$$

也可以计算 π 的近似值.

虽然将 $x=1$ 代入上面的级数,可以得到

$$\frac{\pi}{4} = \arctan 1 = 1 - \frac{1}{3} + \frac{1}{5} - \cdots.$$

这就可以用来计算 π 了,但通过下节内容我们会了解到,这个级数收敛太慢,计算效率太低了. 因此我们必须另想办法.

回忆一下反正切函数的加法公式

$$\arctan x + \arctan y = \arctan \frac{x+y}{1-xy},$$

我们选取两个真分数 x 和 y,使得

$$\frac{x+y}{1-xy} = 1 \quad 或 \quad (x+1)(y+1)=2,$$

则有

$$\frac{\pi}{4} = \arctan x + \arctan y = \left(x - \frac{x^3}{3} + \cdots\right) + \left(y - \frac{y^3}{3} + \cdots\right).$$

例如,令 $x = \dfrac{1}{2}, y = \dfrac{1}{3}$,我们得到

$$\frac{\pi}{4} = \left(\frac{1}{2} - \frac{1}{3}\cdot\frac{1}{2^3} + \frac{1}{5}\cdot\frac{1}{2^5} - \cdots\right) + \left(\frac{1}{3} - \frac{1}{3}\cdot\frac{1}{3^3} + \frac{1}{5}\cdot\frac{1}{3^5} - \cdots\right).$$

但这一组数仍然不够好,因为要使泰勒级数收敛,$|x|$ 远小于 1 才好.

令 $\alpha = \arctan\dfrac{1}{5}$,于是

$$\tan\alpha = \frac{1}{5}, \quad \tan2\alpha = \frac{\frac{2}{5}}{1-\frac{1}{25}} = \frac{5}{12}, \quad \tan4\alpha = \frac{\frac{10}{12}}{1-\frac{25}{144}} = \frac{120}{119}.$$

由于 $\frac{120}{119}$ 接近于 1，显然角度 4α 接近于 $\frac{\pi}{4}$；令 $\beta = 4\alpha - \frac{\pi}{4}$，即有 $\tan\beta = \dfrac{\frac{120}{119} - 1}{1 + \frac{120}{119}} =$

$\frac{1}{239}$，于是 $\beta = \arctan\frac{1}{239}$. 由此得到

$$\pi = 16\alpha - 4\beta = 16\left(\frac{1}{5} - \frac{1}{3}\cdot\frac{1}{5^3} + \frac{1}{5}\cdot\frac{1}{5^5} - \cdots\right) - 4\left(\frac{1}{239} - \frac{1}{3}\cdot\frac{1}{239^3} + \cdots\right).$$

这个公式称为梅钦（Machin）公式.

Mathematica 程序如下

```
n = 100;
pimachin = N[16* Sum[(-1)^(k-1)* (1/5)^(2k-1)/(2k-1),
        {k,1,n}] - 4* Sum[(-1)^(k-1)* (1/239)^(2k-1)/(2k-1),{k,1,n}],50]
```

实验 7-14　取不同的 n 值，应用梅钦公式计算圆周率 π 的近似值.

实验 7-15　令 $x = \dfrac{1}{\sqrt{3}}$，$\arctan x = \dfrac{1}{6}$，得到级数

$$\frac{\pi}{6} = \frac{1}{\sqrt{3}}\left(1 - \frac{1}{3}\cdot\frac{1}{3} + \frac{1}{5}\cdot\frac{1}{3^2} - \frac{1}{7}\cdot\frac{1}{3^2} + \cdots\right).$$

试利用这个级数计算圆周率 π 的近似值.

3. 蒙特卡罗（Monte Carlo）法

设定义在闭区间 $[a,b]$ 上的连续函数 $f(x)$ 满足 $0 \leqslant f(x) \leqslant M$，则由曲线 $y = f(x)$ 及直线 $x = a, x = b, y = 0$ 围成的曲边梯形是矩形（由 $x = a, x = b, y = 0$ 和 $y = M$ 围成）的一部分. 若将大量的点等可能地放入矩形中，则落在曲边梯形内的点的个数与总点数之比约等于曲边梯形面积与矩形面积之比.

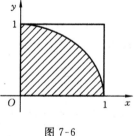

图 7-6

为了计算圆周率 π，我们在平面直角坐标系的第一象限内作一个单位正方形，再在正方形内作半径为 1 的四分之一圆周，如图 7-6 所示.
于是

$$\frac{\text{四分之一圆周的面积}}{\text{单位正方形的面积}} \approx \frac{\text{落在四分之一圆周内的点数 } m}{\text{随机点的总数 } n}$$

由于单位正方形的面积为 1，四分之一圆周的面积为 $\frac{\pi}{4}$，所以

$$\pi \approx \frac{4m}{n}.$$

随机投点可以这样来实现. 任意产生区间 $[0,1]$ 内的一组随机数 x,y, 则 $(x,$ $y)$ 就代表随机点的坐标. 这个点落在四分之一圆周内的充要条件是 $x^2 + y^2 \leqslant 1$. 程序如下

```
n = 10000;
pimontecarlo = Block[{i,m = 0},
For[i = n,i > 0,i --,m = m + If[Random[]^2 + Random[]^2 <= 1,1,0]];
N[4* m/n,10]]
```

实验 7-16　试选定不同的值, 用蒙特卡罗法计算圆周率 π 的近似值, 观察 π 的精确度与 n 的关系.

实验 7-17　试用蒙特卡罗法求曲线 $y = x^2, x = 1, y = 0$ 围成的曲线梯形的面积, 并与 $\int_0^1 x^2 \mathrm{d}x$ 作比较.

7.5　级数的收敛与发散

无穷级数是表示函数、研究函数的性质以及进行数值计算的一种工具. 本节我们通过数学实验来认识级数的基本特性.

1. 预备知识

一般地, 如果给定一个数列

$$u_1, u_2, \cdots, u_n, \cdots, \tag{7-9}$$

则由这数列构成的表达式

$$u_1 + u_2 + \cdots + u_n + \cdots \tag{7-10}$$

叫做无穷级数, 简称级数, 记作 $\sum\limits_{n=1}^{\infty} u_n$, 即

$$\sum_{n=1}^{\infty} u_n = u_1 + u_2 + \cdots + u_n + \cdots.$$

作数列 $\{u_n\}$ 的前 n 项和

$$s_n = u_1 + u_2 + \cdots + u_n$$

称 s_n 为级数 $\sum\limits_{n=1}^{\infty} u_n$ 的部分和. 如果级数 $\sum\limits_{n=1}^{\infty} u_n$ 的部分和数列 $\{s_n\}$ 有极限 s, 则称级数 $\sum\limits_{n=1}^{\infty} u_n$ 收敛, 极限值 s 叫做这级数的和, 并写成

$$s = u_1 + u_2 + \cdots + u_n + \cdots. \tag{7-11}$$

如果 $\{s_n\}$ 没有极限, 则称级数 $\sum\limits_{n=1}^{\infty} u_n$ 发散.

无穷级数

$$\sum_{n=1}^{\infty} \frac{1}{n^p} = \frac{1}{1^p} + \frac{1}{2^p} + \cdots + \frac{1}{n^p} + \cdots \tag{7-12}$$

称为 p 级数. 当 $p \leqslant 1$ 时级数发散,当 $p > 1$ 时级数收敛. 特别地,当 $p = 1$ 时,级数 (7-12) 称为调和级数. 一个令人感兴趣的问题是,调和级数发散到无穷的速度有多快?或者换句话说,数列

$$s_n = 1 + \frac{1}{2} + \frac{1}{3} + \cdots + \frac{1}{n}$$

趋于无穷的速度有多快?

若级数的各项符号正负相间,那么级数可以写成

$$u_1 - u_2 + u_3 - u_4 + \cdots + (-1)^{n+1} u_n + \cdots \quad (u_n > 0, n = 1, 2, \cdots),$$

称为交错级数. 根据莱布尼茨判别法可知,交错级数

$$1 - \frac{1}{2} + \frac{1}{3} - \frac{1}{4} + \frac{1}{5} - \cdots + (-1)^{n+1} \frac{1}{n} + \cdots \tag{7-13}$$

是收敛的.

我们把自然数列 $\{1, 2, \cdots, n, \cdots\}$ 到它自身的一一对应映射 $f: n \to k(n)$ 称为自然数列的重排. 相应的数列 $\{u_n\}$ 按映射 $f: u_n \to u_{k(n)}$ 所得到的数列 $\{u_{k(n)}\}$ 称为原数列 $\{u_n\}$ 的重排,级数 $\sum_{n=1}^{\infty} u_{k(n)}$ 是级数 $\sum_{n=1}^{\infty} u_n$ 的重排. 关于级数的重排,十分重要的结论是:绝对收敛级数任意重排后所得到的级数仍是绝对收敛的,并且与原级数有相同的和数. 但对于条件收敛的级数,这个结论不一定成立. 我们想通过实验来证明,对条件收敛的级数 (7-13) 适当重排后可得到发散级数或收敛于任何事先给定的数.

2. 调和级数的发散

对于调和级级

$$\sum_{n=1}^{\infty} \frac{1}{n} = 1 + \frac{1}{2} + \frac{1}{3} + \cdots + \frac{1}{n} + \cdots, \tag{7-14}$$

显然有下列不等式

$$\frac{1}{n+1} + \frac{1}{n+2} + \cdots + \frac{1}{2n} > n \cdot \frac{1}{2n} = \frac{1}{2}.$$

如果舍去前两项,把调和级数 (7-14) 其余的项逐次按 $2, 4, 8, \cdots, 2^{k-1}, \cdots$ 个项分成若干组:

$$\underbrace{\frac{1}{3} + \frac{1}{4}}_{2}, \underbrace{\frac{1}{5} + \frac{1}{6} + \frac{1}{7} + \frac{1}{8}}_{4}, \underbrace{\frac{1}{9} + \cdots + \frac{1}{16}}_{2^3}, \cdots, \underbrace{\frac{1}{2^{k-1}+1} + \cdots + \frac{1}{2^k}}_{2^{k-1}}, \cdots$$

那么这些和中的每一个和都大于 $\frac{1}{2}$，我们用 H_n 表示调和级数的前 n 项和，则有

$$H_2k > k \cdot \frac{1}{2}.$$

由此可知，调和级数的部分和数列 $\{H_n\}$ 不可能有上界，故级数有无穷和.

据说，伟大的数学家欧拉曾经计算过下面的值

$$H_{1000} = 7.48, \cdots, H_{1\,000\,000} = 14.39, \cdots \text{ 等等}.$$

今天，运用 Mathematica 软件，我们很容易检验上述结果的可靠性.

实验 7-18　计算 $H_{1000}, H_{5000}, H_{10\,000}$ 和 $H_{1\,000\,000}$ 的值.

调和级数发散到无穷的速度有多快？一个直观的方法是画出 (n, H_n) $(n = 1, 2, \cdots)$ 构成的折线图，观察曲线的走向. 程序如下

```
HamoSum[n_Integer] := Module[{i},Sum[1/i,{i,1,n}]];
FitHamo[n_Integer] := Module[{t = {},i},
For[i = 1,i < = n,i++,Append To[t,{i,HamoSum[i]}]];
ListPlot[t,PlotJoined → True]];
FitHamo[30]
```

实验 7-19　取不同的 n 值，画出 (n, H_n) 构成的折线图，比较不同 n 值绘制的效果.

实验 7-20　将 (n, H_n) 构成的折线图与 $y = x, y = x^{\frac{1}{2}}, y = x^{\frac{1}{4}}, y = \ln x$ 等曲线作比较. 观察它与哪个函数图像比较接近.

从上述实验结果可以看出，调和级数发散速度较慢. 对于 H_n，有一个著名的公式

$$H_n = \ln n + C + \nu_n. \tag{7-15}$$

这里 ν_n 表示某一无穷小，C 叫做欧拉常数，这个常数的数值

$$C = 0.577\,215\,664\,90\cdots.$$

这个公式表明，当 n 无限增大时，调和级数的部分和 H_n 像 $\ln n$ 一样增大.

实验 7-21　试通过实验验证公式 (7-15) 的正确性.

3. 交错级数的重排

对于交错级数

$$1 - \frac{1}{2} + \frac{1}{3} - \frac{1}{4} + \cdots + (-1)^{n+1} \frac{1}{n} + \cdots,$$

容易证得它的和是 $\ln 2$，即

$$\sum_{n=1}^{\infty} (-1)^{n+1} \frac{1}{n} = 1 - \frac{1}{2} + \frac{1}{3} - \frac{1}{4} + \cdots + (-1)^{n-1} \frac{1}{n} + \cdots = \ln 2.$$

乘以常数 $\frac{1}{2}$ 后，有

$$\frac{1}{2}\sum_{n=1}^{\infty}(-1)^{n+1}\frac{1}{n} = \frac{1}{2} - \frac{1}{4} + \frac{1}{6} - \frac{1}{8} + \cdots + (-1)^{n-1}\frac{1}{2n} + \cdots = \frac{1}{2}\ln 2.$$

将上述两个级数相加,就得到

$$1 + \frac{1}{3} - \frac{1}{2} + \frac{1}{5} + \frac{1}{7} - \frac{1}{4} + \cdots = \frac{3}{2}\ln 2.$$

这个级数是原交错级数的重排. 由此可见条件收敛级数重排后并不一定收敛于原来的和数.

实验 7-22 验证级数

$$1 + \frac{1}{3} - \frac{1}{2} + \frac{1}{5} + \frac{1}{7} - \frac{1}{4} + \cdots = \frac{3}{2}\ln 2.$$

实验 7-23 验证级数

$$1 - \frac{1}{2} - \frac{1}{4} - \frac{1}{6} - \frac{1}{8} + \frac{1}{3} - \frac{1}{10} - \frac{1}{12} - \frac{1}{14} - \frac{1}{16} + \frac{1}{5} - \cdots = 0.$$

把交错级数排成这样的次序:首先放 p 个正项与 q 个负项,然后又放 p 个正项与 q 个负项,如此下去. 用这种方法确定出级数

$$1 + \frac{1}{3} + \cdots + \frac{1}{2p-1} - \frac{1}{2} - \frac{1}{4} - \cdots - \frac{1}{2q} + \frac{1}{2p+1} + \cdots + \frac{1}{4p-1} - \frac{1}{2q+2} - \cdots,$$

其和为 $\ln\left(2\sqrt{\dfrac{p}{q}}\right)$.

实验 7-24 选取不同的 p、q 值,验证上述结论的正确性.

4. 级数收敛的速度

不同的级数作数值计算时,收敛速度是不一样的. 例如,计算 $\ln 2$ 的近似值,要求误差不超过 0.0001,利用公式

$$\ln 2 = 1 - \frac{1}{2} + \frac{1}{3} - \frac{1}{4} + \cdots + (-1)^{n+1}\frac{1}{n} + \cdots$$

如果取前 n 项作为 $\ln 2$ 的近似值,其误差为

$$|r_n| \leqslant \frac{1}{n+1}.$$

为了保证误差不超过 10^{-4},就需要取级数的前 $10\,000$ 项进行计算. 这样做计算量太大了,我们必须用收敛较快的级数来计算 $\ln 2$.

由于

$$\ln(1+x) = x - \frac{x^2}{2} + \frac{x^3}{3} - \frac{x^4}{4} + \cdots \quad (-1 < x \leqslant 1),$$

$$\ln(1-x) = -x - \frac{x^2}{2} - \frac{x^3}{3} - \frac{x^4}{4} - \cdots \quad (-1 \leqslant x < 1),$$

两式相减,得到不含有偶次幂的展开式

$$\ln\frac{1+x}{1-x} = \ln(1+x) - \ln(1-x)$$

$$= 2\left(x + \frac{1}{3}x^3 + \frac{1}{5}x^5 + \cdots\right) \quad (-1 < x < 1). \qquad (7\text{-}16)$$

令 $\dfrac{1+x}{1-x} = 2$,解得 $x = \dfrac{1}{3}$. 以 $x = \dfrac{1}{3}$ 代入最后一个展开式,得

$$\ln 2 = 2\left(\frac{1}{3} + \frac{1}{3}\cdot\frac{1}{3^3} + \frac{1}{5}\cdot\frac{1}{3^5} + \frac{1}{7}\cdot\frac{1}{3^7} + \cdots\right). \qquad (7\text{-}17)$$

如果取前四项作为 ln2 的近似值,则误差为

$$|r_4| = 2\left(\frac{1}{9}\cdot\frac{1}{3^9} + \frac{1}{11}\cdot\frac{1}{3^{11}} + \cdots\right)$$

$$< \frac{2}{3^{11}}\left(1 + \frac{1}{9} + \left(\frac{1}{9}\right)^2 + \cdots\right)$$

$$= \frac{2}{3^{11}}\cdot\frac{2}{1-\frac{1}{9}} = \frac{1}{4\cdot 3^9} < \frac{1}{70\,000}.$$

由此可见,利用(7-17)式来计算 ln2 要快得多.

实验 7-25 在公式(7-13)和(7-17)中,选取级数的部分和来作为 ln2 的近似值. 比较计算结果.

在公式(7-16)中,令 $x = \dfrac{1}{2n+1}$,其中 n 是任意正整数;因为

$$\frac{1+x}{1-x} = \frac{1+\dfrac{1}{2n+1}}{1-\dfrac{1}{2n+1}} = \frac{n+1}{n},$$

所以我们得到

$$\ln\frac{n+1}{n} = \frac{2}{2n+1}\left(1 + \frac{1}{3}\cdot\frac{1}{(2n+1)^2} + \frac{1}{5}\cdot\frac{1}{(2n+1)^4} + \cdots\right).$$

当 $n=1$ 时,得到 ln2 的展开式

$$\ln 2 = \frac{2}{3}\left(1 + \frac{1}{3}\cdot\frac{1}{9} + \frac{1}{5}\cdot\frac{1}{9^2} + \frac{1}{7}\cdot\frac{1}{9^3} + \frac{1}{9}\cdot\frac{1}{9^4} + \cdots + \frac{1}{(2k+1)}\cdot\frac{1}{9^k} + \cdots\right).$$

$$(7\text{-}18)$$

实验 7-26 通过实验证明,利用公式(7-18)的前 9 项之和就可以找到有 9 位正确的十进位数字的 ln2.